装备科技译著出版基金

粗糙集推理

Reasoning with Rough Sets

［日］赤间诚树（Seiki Akama）
［日］工藤康夫（Tetsuya Murai）著
［日］村井哲也（Yasuo Kudo）
苏艳琴　张光轶　阎桂林　贯伟　译
杨利斌　审校

国防工業出版社
·北京·

著作权合同登记　图字：01-2023-1105 号

图书在版编目（CIP）数据

粗糙集推理/(日）赤间诚树（Seiki Akama），（日）工藤康夫（Tetsuya Murai），（日）村井哲也（Yasuo Kudo）著；苏艳琴等译．—北京：国防工业出版社，2024.6

书名原文：Reasoning with Rough Sets

ISBN 978-7-118-13178-9

Ⅰ.①粗…　Ⅱ.①赤… ②工… ③村… ④苏…　Ⅲ.①集论-推理　Ⅳ.①O144

中国国家版本馆 CIP 数据核字（2024）第 064124 号

※

国防工业出版社出版发行
（北京市海淀区紫竹院南路 23 号　邮政编码 100048）
三河市天利华印刷装订有限公司印刷
新华书店经售

*

开本 710×1000　1/16　**印张** 11¾　**字数** 206 千字
2024 年 6 月第 1 版第 1 次印刷　**印数** 1—1500 册　**定价** 89.00 元

（本书如有印装错误，我社负责调换）

国防书店：（010）88540777　　书店传真：（010）88540776
发行业务：（010）88540717　　发行传真：（010）88540762

序

近半个世纪以来，处理各种不确定性的数学模型得到了显著发展，包括：模糊集理论、DS 证据理论、粗糙集理论、区间分析、不精确概率等。它们通常不能采用经典的概率进行表示。在信息和计算机科学，尤其是在人工智能方面，存在不精确的知识，这是公认的。针对此类问题，哲学家、逻辑学家和数学家都已经进行了长期研究。这些研究的模型并不冲突，而是相辅相成地处理了不确定性的各个方面。

其中，粗糙集理论是 1982 年由 Zdzislaw Pawlak 教授提出的。在粗糙集理论中，对象根据它们的特征进行分类，将对象按其特征作为同构进行分组，组中的成员确定还是不确定，需要通过检查组中的所有成员是否属于该组来确定。粗糙集对于处理数据集分类非常有用。通过检查所有对象是否有相同的特征属性，决定是否归到同一个类，我们可以发现可信的、机密的数据和可疑的、相互矛盾的数据。通过约简对象组的特征属性，同时保留所有可信数据，我们得到了最小必要的属性。通过约简各类中可信数据，在不损失分类精度的前提下，获得了具有最少条件的规则。在这些方法中，粗糙集在数据分析中扮演着重要的角色，在现实世界中也是如此，粗糙集利用属性约简和规则归纳得到广泛应用。

众所周知，这种群处理类似于人类信息处理。通常，模糊集之父 Lotfi A. Zadeh 教授将其称为粒度计算。在粒度计算中，组可以是模糊集、离散集、区间等。人类的感知通常不是数字的，而是明确的或有序的。例如，温度，我们会说“热”“冷”“舒适”等，却从不说“31℃”或“64 ℉”，除非我们看到温度计。也就是说，我们脑海中的温度被粒度成“热”“冷”“舒适”等，人类对温度的感知是绝对的。粒度计算正朝着文字等类人信息处理的方向发展，粗糙集为粒度计算表达提供了一个很有价值的工具，估计会有进一步的发展。

这本书的作者是非经典逻辑、粗糙集理论和粒度计算领域的主要研究人员。不确定性条件下的人类推理由于其表征约束，不能很好地用经典逻辑来解释。非经典逻辑如模态逻辑、多值逻辑、直觉逻辑、弗协调逻辑自亚里士多德以来，就得到了研究和发展。在这本书中，粗糙集理论从代数和非经典逻辑角度进行研究。在非经典逻辑的基础上，研究了粗糙集的逻辑；然后，提出了基于粒度计算的推理框架，研究了粗糙集推理与非单调推理、条件逻辑中的关联规则和背景知识。

这本书是独一无二的，也是首次创新，从非经典逻辑的角度，系统研究了基于粒度的推理框架。本书对于非单调推理、粗糙集和相关主题方面的初学者和研究人员来说，结构合理、内容全面、思路清晰。这本书适用于对粗糙集和粒度计算感兴趣的研究人员。毫无疑问，这本书对粗糙集和粒度计算的发展做出了巨大的贡献。

菊野正弘
日本大阪
2017 年 10 月

前　言

1982年，Pawlak提出了粗糙集理论。它可以看作是一种集合扩展理论，其中域的一个子集是一对集合的形式，即下近似和上近似。这些近似可由域的两个子集计算进行描述。

在粗糙集理论中，一种等价关系，即反射、对称和传递关系起着重要的作用。下近似是指，给定集合是所有等价类的并集，这些等价类是集合的子集；上近似是指，与集合非空交的所有等价类的并集。

粗糙集的概念与非经典逻辑有诸多联系，尤其是模态逻辑。针对粗糙集理论逻辑基础，人们做了大量的研究工作。20世纪80年代，Orlowska提出了一种关于概念推理的逻辑——基于粗糙集的模态逻辑S5。Yao和Lin利用Kripke语义，用模态逻辑对粗糙集进行了推广。

现在，粗糙集理论成为不精确和不确定的数据和数据推理的最重要的框架之一，它也与粒度计算相联系。事实上，关于各种类型的粗糙集推理有许多相关问题。

这本书通过基于粒度框架来研究粗糙集推理。先简单介绍一下粗糙集理论。接着，研究了粗糙集理论与包括模态逻辑的非经典逻辑。我们还开发了一个基于粒度的推理框架，其中各种类型的推理可以形式化。这本书会使人工智能、数据库和逻辑领域的研究人员更感兴趣。

本书的结构如下。

第1章介绍对粗糙集进行研究的原因。粗糙集理论在理论和实践上都很有价值。接着，对粗糙集进行总体介绍，包括概述、发展史和应用等，对读者很有帮助。

第2章介绍粗糙集理论基础。简要描述了Pawlak的技术说明。介绍了Pawlak粗糙集的基本理论，提出了变精度粗糙集模型，以及变化和相关理论。

第3章研究非经典逻辑。它们与粗糙集理论的基础密切相关，提出基本模态、多值、直觉逻辑和弗协调逻辑。

第4章介绍粗糙集的几种逻辑特征。概述了文献中的一些方法，包括双Stone代数、Nelson代数和模态逻辑。研究了粗糙集逻辑学、知识推理逻辑学，以及知识表达逻辑。

第5章提出一个基于粒度的演绎、归纳和溯因框架，利用了Ziarko变精度粗糙集模型和Murai等提出的度量语义模态逻辑。这是一种非常重要的粗糙集一般推理方法。我们也讨论了非单调推理、条件逻辑的关联规则和背景知识。

第6章是结语，对全书研究工作进行了总结，并对几个待解决的问题进行说明。

我们非常感谢 Lakhmi C. Jain 教授和 Masahiro Inuiguchi 教授的建议。

赤间诚树
工藤康夫
村井哲也
2017年10月

目　录

第1章　绪论 …… 1

1.1　粗糙集理论 …… 1

1.2　发展史 …… 2

1.3　应用 …… 3

参考文献 …… 4

第2章　粗糙集理论 …… 6

2.1　Pawlak 方法 …… 6

2.2　变精度粗糙集模型 …… 10

2.3　相关理论 …… 14

2.4　形式概念分析 …… 15

2.5　决策逻辑 …… 21

2.6　知识的约简 …… 29

2.7　知识的表达 …… 32

2.8　决策表 …… 35

参考文献 …… 40

第3章　非经典逻辑 …… 42

3.1　模态逻辑 …… 42

3.2　多值逻辑 …… 44

3.3　直觉主义逻辑 …… 49

3.4　弗协调逻辑/不一致逻辑 …… 53

参考文献 …… 69

第4章　粗糙集的逻辑特征 …… 72

4.1　代数方法 …… 72

4.2　模态逻辑和粗糙集 …… 73

4.3　多阶和概率模态逻辑及粗糙集 …… 78

4.4　Nelson 代数与粗糙集 …… 82

4.5　三值逻辑与粗糙集 …… 84

4.6　粗糙集逻辑 …… 91

4.7　关于知识推理的逻辑 …… 93

4.8　知识表示逻辑 …… 101

参考文献 …… 106

第5章 基于粒度的推理框架 …… 108

5.1 演绎、归纳和溯因 …… 108

5.2 度量语义 …… 110

5.3 推理的统一表述 …… 113

5.4 非单调推理 …… 118

5.5 准一致性、Chellas 条件逻辑和关联规则 …… 134

5.6 推理的背景知识 …… 146

参考文献 …… 153

第6章 总结与展望 …… 155

6.1 总结 …… 155

6.2 展望 …… 156

参考文献 …… 157

参考文献 …… 158

索引 …… 167

第 1 章　绪论

摘要：本章对我们在粗糙集理论所做的工作进行总体介绍。粗糙集理论既具有理论意义，又具有实际意义，本章主要介绍其概述、发展史和应用。

1.1　粗糙集理论

1982 年，Pawlak 提出粗糙集理论[1-2]。它可以被看成是一个（标准）集合理论的扩展，其中集合的一个子集用一对形式化的集合表示，即上近似、下近似。上、下近似可由集合子集上的两个算子表示。

需要注意的是，在粗糙集理论中存在重要的等价关系，即自反、对称、传递关系。根据等价关系，将给定集合的下近似定义为集合所有等价类的并集；将集合的上近似定义为与集合有非空交集的所有等价类的并集。这些近似可以用来表示不完整的信息。

当然，粗糙集理论不只可以用等价关系来定义，但是，等价关系形式更简练，应用更容易。Pawlak 的相关文献中提到利用多种关系来表示粗糙集理论。

粗糙集理论利于从数据表中提取知识，并已成功地应用于数据分析、决策、机器学习等领域。

我们也注意到，集合论和逻辑是紧密相连的。这意味着基于粗糙集的知识表达方法和基于逻辑的知识表达方法是紧密相连的。事实上，粗糙集与非经典逻辑，尤其是模态逻辑，有诸多关联，人们已经就此做了大量的粗糙集理论的逻辑基础研究工作。

20 世纪 80 年代，Orlowska 研究了一种基于粗糙集的概念推理逻辑，即模态逻辑 S5[3]。Yao 和 Lin 利用 Kripke 语义的模态逻辑构建了粗糙集模型[4]。

目前，粗糙集理论已成为解决不精确数据和不确定问题的重要框架之一，这与粒计算有关。事实上，粗糙集理论相关推理有很多值得研究的问题。

本书研究基于粒度框架的粗糙集推理。首先简要介绍粗糙集理论。接下来，分析粗糙集理论与包括模态逻辑在内的非经典逻辑的关系。

然后，研究了基于粒度框架的各种类型的形式化推理，参见 Kudo、Murai 和 Akama[5]。这本书适用于人工智能、数据库等领域研究人员。

1.2 发展史

这里，简要回顾一下粗糙集理论的发展史。1981 年，Pawlak 在文献［6］中提出了信息系统。它与粗糙集理论有诸多相似之处，被认为是粗糙集理论的鼻祖。

1982 年，Pawlak 提出的粗糙集的概念，用于处理不精确数据[6]。1991 年，他的研究专著正式出版，参见文献［1］。

Pawlak 的出发点是对知识进行形式化的分类。因此，粗糙集与知识逻辑密切相关。实际中，1988 年，Orlowska 研究了学习概念的逻辑方面[7]。

1989 年，她提出一种知识推理的逻辑[8]。这些工作建立起粗糙集理论与模态逻辑的联系，因为其本质是模态逻辑 S5。

1985 年，Farinas del Cerro 和 Orlowska 研究了数据分析逻辑 DAL，参见文献［9］。DAL 是一种源于粗糙集理论的模态逻辑，揭示出模态逻辑对数据分析具有特殊的意义。

1993 年，Ziarko 提出了变精度粗糙集（VPRS）模型，参见文献［10］，它将粗糙集理论扩大到处理概率问题或不一致的信息。

1996 年，Yao 和 Lin 利用 Kripke 模型研究了一般粗糙集模型与模态逻辑的关系[4]，研究表明，粗糙集的上（下）近似与必要性（可能性）密切相关。

很自然会想到粗糙集理论与模糊集理论的统一，因为二者都用于处理模糊性。有一些这方面的研究。例如，Dubois 和 Prade 阐明了二者区别[11]，并于 1989 年提出了模糊粗糙集和粗糙模糊集。

前者对等价关系模糊化，后者对模糊集上、下近似。据应用不同，可以选择其中之一。1991 年，Nakamura 和 Gao 提出了一种模糊数据分析的模糊粗糙集[12]，该方法基于模态逻辑，且受 DAL 影响。

1996 年，Pagliani 提出建立在 Nelson 代数上的粗糙集理论，参见文献［13］。后来，他又研究了模糊表达的否定角色，参见文献［14］。

1997 年，Duntsch 首次提出了粗糙集逻辑[15]。基于 Pomykala 的结论，他提出了基于正则双 Stone 代数语义的粗糙集命题逻辑。

1998 年，Pomykala 等人表示粗糙集的近似空间集合构成正则双 Stone 代数[16]。这其实是一个著名的结论，即集合中所有子集的集合构成了一个 Boolean 代数，这正是经典命题逻辑。

粗糙集理论可以作为非经典逻辑的语义基础。例如，2005 年，Akama 和 Murai 提出三值逻辑粗糙集语义，参见文献［17］。

Miyamoto 等人采用格结构的模态指数的多模态系统[18]，研究了两种应用。一种是广义可能性测度，提出了格值测度，揭示了一般可能性测度和必然性测度的关系；另一种是作为表的信息系统，如关系数据库的表，研究了广义粗糙集，即多粗糙集。

2009 年，Kudo、Murai 等提出了基于 VPRS 模型和度量语义模态逻辑的粒度的演绎、归纳和溯因框架[19-21]，参见文献［5］。

这些研究提供了粗糙集理论框架下各类推理的统一公式，并介绍了粗糙集理论在人工智能中的应用，此部分内容将在第 5 章介绍。

2013 年，Akama 等提出 Duntsch 逻辑的拓展 Heyting-Brouwer 粗糙集逻辑[22]，该逻辑用于推理有含义的粗糙信息。值得注意的是，它的子系统可以作为模糊性逻辑[23]。

粗糙集理论的研究已经涉及各个领域。下一节将简要概述粗糙集理论的应用，粗糙集理论的教材可参见文献［24］。

1.3 应用

本书主要讨论粗糙集推理以及应用。当然，本书对于粗糙集应用的阐述不一定很全面，因为粗糙集理论涉及领域特别多，尤其对于工程应用具有特殊意义，其他领域包括机器学习、数据挖掘、决策、医学等。

粗糙集理论相较于其他理论的优点在于，它不需要任何先验信息或额外的附加信息，摒弃了 Dempster-Shafer 证据理论的概率、基本概率赋值和模糊集理论中的隶属度等概念，这些特性带来很多应用。

机器学习（machine learning，ML）是人工智能的一个分支领域，目的是给计算机提供学习能力。Orlowska[7] 运用模态逻辑研究了学习概念的逻辑方面。Pawlak[2] 提出了一种粗糙集学习方法，从例子中学习和归纳。

数据挖掘是从大量数据中进行挖掘的过程，也被称为数据库中的知识发现（KDD）。现在，随着大数据的出现，各行各业的人们都在研究数据挖掘，参见 Adriaans 和 Zatinge 文献[25]。

数据挖掘有许多不同的方法，其中粗糙集理论是非常有用的方法之一，参见 Lin 和 Cercone[26]。这是因为，粗糙集理论可以用决策表将信息系统和方法形式化。

决策是指从可能的选项中选择一个合乎逻辑的选项的过程。一个用于决策的系统称为决策支持系统，决策表及其简化可应用于决策，研究参见文献［27］。

图像处理考虑图像数据及其各种处理，这是模式识别的子领域。粗糙集理论有助于分割和提取[28]。其他应用包括图像分类和检索，与标准方法不同。

开关电路是硬件设计的基础和已经有一些有效的方法，如卡诺图。然而，粗糙集理论可以作为开关电路的替代基础。

事实上，开关函数可以描述为一个决策表，对它完全可以运用简化粗糙集方法[2]。

机器人技术属于机器人制造领域，包含多种类型，从单一系统到类人系统，涵盖于硬件和软件多种规范。

由于机器人在各个阶段都面临着不确定性，因此都可以运用粗糙集理论，参见文献［29］。

数学学科也可以在粗糙集的背景下重新研究。粗糙集可以看成是一种广义的标准集，也可以看成是标准集的拓展。粗糙集理论中有可能得出匪夷所思的结果，这方面的研究还很有限。

医学是粗糙集理论最重要的应用领域之一，因为医疗数据被认为是不完整的和模糊的。医生必须在不完备信息下诊断病人，给出最佳的治疗方法。

基于粗糙集理论的医学研究有很多。例如，Tsumoto[30] 提出了一种基于粗糙集的医学诊断规则模型。Hirano 和 Tsumoto[31] 将粗糙集理论应用于医学图像分析。

粗糙集理论提供了所谓的软计算理论的一个研究基础，可以得出问题的不精确解。其他理论基础还包括模糊逻辑、进化计算、机器学习和概率理论。粗糙集理论相比其他理论有许多优点。

参考文献

1. Pawlak, P.: Rough sets. Int. J. Comput. Inf. Sci. **11**, 341–356 (1982)
2. Pawlak, P.: Rough Sets: Theoretical Aspects of Reasoning about Data. Kluwer, Dordrecht (1991)
3. Orlowska, E.: Kripke models with relative accessibility relations and their applications to inferences from incomplete information. In: Mirkowska, G., Rasiowa, H. (eds.) Mathematical Problems in Computation Theory. pp. 327–337. Polish Scientific Publishers, Warsaw (1987)
4. Yao, Y., Lin, T.: Generalization of rough sets using modal logics. Intell. Autom. Soft Comput. **2**, 103–120 (1996)
5. Kudo, Y., Murai, T., Akama, S.: A granularity-based framework of deduction, induction, and abduction. Int. J. Approx. Reason. **50**, 1215–1226 (2009)
6. Pawlak, P.: Information systems: theoretical foundations. Inf. Syst. **6**, 205–218 (1981)
7. Orlowska, E.: Logical aspects of learning concepts. Int. J. Approx. Reason. **2**, 349–364 (1988)
8. Orlowska, E.: Logic for reasoning about knowledge. Zeitschrift für Mathematische Logik und Grundlagen der Mathematik **35**, 559–572 (1989)
9. Fariñas del Cerro, L., Orlowska, E.: DAL-a logic for data analysis. Theor. Comput. Sci. **36**, 251–264 (1985)
10. Ziarko, W.: Variable precision rough set model. J. Comput. Syst. Sci. **46**, 39–59 (1993)
11. Dubois, D., Prade, H.: Rough fuzzy sets and fuzzy rough sets. Int. J. Gen. Syst. **17**, 191–209 (1989)
12. Nakamura, A., Gao, J.: A logic for fuzzy data analysis. Fuzzy Sets Syst. **39**, 127–132 (1991)
13. Pagliani, P.: Rough sets and Nelson algebras. Fundam. Math. **27**, 205–219 (1996)
14. Pagliani, P., Intrinsic co-Heyting boundaries and information incompleteness in rough set analysis. In: Polkowski, L., Skowron, A. (eds.) Rough Sets and Current Trends in Computing. PP. 123–130. Springer, Berlin (1998)
15. Düntsch, I.: A logic for rough sets. Theor. Comput. Sci. **179**, 427–436 (1997)
16. Pomykala, J., Pomykala, J.A.: The stone algebra of rough sets. Bull. Pol. Acad. Sci. Math. **36**, 495–508 (1988)
17. Akama, S., Murai, T.: Rough set semantics for three-valued logics. In: Nakamatsu, K., Abe, J.M. (eds.) Advances in Logic Based Intelligent Systems. pp. 242–247. IOS Press, Amsterdam (2005)

18. Miyamoto, S., Murai, T., Kudo, Y.: A family of polymodal systems and its application to generalized possibility measure and multi-rough sets. JACIII **10**, 625–632 (2006)
19. Murai, T., Miyakoshi, M., Shinmbo, M.: Measure-based semantics for modal logic. In: Lowen, R., Roubens, M. (eds.) Fuzzy Logic: State of the Arts. pp. 395–405. Kluwer, Dordrecht (1993)
20. Murai, T., Miyakoshi, M., Shimbo, M.: Soundness and completeness theorems between the Dempster-Shafer theory and logic of belief. In: Proceedings of the 3rd FUZZ-IEEE on World Congress on Computational Intelligence (WCCI). pp. 855–858. (1994)
21. Murai, T., Miyakoshi, M. and Shinmbo, M.: A logical foundation of graded modal operators defined by fuzzy measures. In: Proceedings of the 4th FUZZ-IEEE, pp. 151–156. (Semantics for modal logic, Fuzzy Logic: State of the Arts, pp. 395–405, 1993) Kluwer, Dordrecht (1995)
22. Akama, S., Murai, T. and Kudo, Y.: Heyting-Brouwer Rough Set Logic. In: Proceedings of the KSE2013, Hanoi, pp. 135–145. Springer, Heidelberg (2013)
23. Akama, S., Murai, T., Kudo, Y.: Da Costa logics and vagueness. In: Proceedings of the GrC2014, Noboribetsu, Japan. (2014)
24. Polkowski, L.: Rough Sets: Mathematical Foundations. Pysica-Verlag, Berlin (2002)
25. Adsiaans, P., Zantinge, D.: Data Mining, Addison-Wesley, Reading, Mass (1996)
26. Lin, T., Cercone, N. (eds.): Rough Sets and Data Mining. Springer, Berlin (1997)
27. Slowinski, R., Greco, S., Matarazzo, B.: Rough sets and decision making. In: Meyers, R. (ed.) Encyclopedia of Complexity and Systems Science. pp. 7753–7787. Springer, Heidelberg (2009)
28. Pal, K., Shanker, B., Mitra, P.: Granular computing, rough entropy and object extraction. Pattern Recognit. Lett. **26**, 2509–2517 (2005)
29. Bit, M., Beaubouef, T.: Rough set uncertainty for robotic systems. J. Comput. Syst. Coll. **23**, 126–132 (2008)
30. Tsumoto, S.: Modelling medical diagnostic rules based on rough sets. In: Rough Sets and Current Trends in Computing. pp. 475–482. (1998)
31. Hirano, S., Tsumoto, S.: Rough representation of a region of interest in medical images. Int. J. Approx. Reason. **40**, 23–34 (2005)

第 2 章　粗糙集理论

摘要：本章介绍了粗糙集理论的基本概念，阐述了 Pawlak 的创新思想，介绍了 Pawlak 粗糙集理论和变精度粗糙集模型的基本原理，以及变量及其相关理论。

2.1　Pawlak 方法

首先，从 Pawlak[1] 方法开始阐述粗糙集理论。Pawlak 提出了一种知识和分类的集合理论——粗糙集理论。

对象指的是我们能想到的任何东西，如真实的事物、状态、抽象的概念等，知识是建立在对对象分类能力的基础上的。因此，知识是与真实世界或抽象世界的特定部分的各种分类联系在一起的，称为论域，或域。

假定集合理论的常用符号。设 U 为非空且有限的对象集合，称为论域。论域内的任何子集 $X \subseteq U$，称为 U 的概念或范畴。U 中的任何一个概念集合都被称为关于 U 的知识。注意，空集 $\varnothing$ 也是一个概念。

我们讨论的主要是某个论域 U 的区分（分类）概念，即 $C=\{X_1,X_2,\cdots,X_n\}$，其中 $X_i \subseteq U$，$X_i \neq \varnothing$，$X_i \cap X_j = \varnothing$，$i,j=1,2,\cdots,n$ 且 $\cup X_i = U$。关于 U 的一系列分类称为 U 的知识库。

可以通过等价关系进行分类。假设 R 是 U 上的一个等价关系，则 U/R 表示 R 的所有等价类（或 U 的分类）的集合，称为 R 的范畴或概念。$[x]_R$ 表示 R 中包含元素 $x \in U$ 的范畴。

知识库被定义为一个关系系统，$K=(U,R)$，其中论域 $U(\neq \varnothing)$ 为有限集，R 是关于 U 的等价关系类。$\mathrm{IND}(K)$ 定义为 K 的所有等价关系类，即 $\mathrm{IND}(K)=\{\mathrm{IND}(P) \mid \varnothing \neq P \subseteq R)\}$。因此，$\mathrm{IND}(K)$ 是包含 K 的所有元素关系的最小等价关系集合，并且在等价关系的集论交集下封闭。

如果 $P \subseteq R$ 且 $P \neq \varnothing$，则 $\cap P$ 表示属于 P 的所有等价关系的交集，记为 $\mathrm{IND}(P)$，称为 P 的不可分辨关系，也是一种等价关系，且满足：

$$[x]_{\mathrm{IND}(P)} = \bigcap_{R \in P} [x]_R$$

因此，等价关系 $\mathrm{IND}(P)$ 的所有等价类的簇为 $U/\mathrm{IND}(P)$。$U/\mathrm{IND}(P)$ 表示与 P 的等价关系类相关的知识。为了简单起见，用 U/P 代替 $U/\mathrm{IND}(P)$。

P 称为 P-基本知识。$\mathrm{IND}(P)$ 的等价类称为知识 P 的基本概念或基本范畴。

特别地，如果 $Q \in R$，则 Q 称为 K 中关于 U 的 Q 基本知识，Q 的等价类称为知识 R 的 Q-基本概念或基本范畴。

下面介绍粗糙集的基本原理。

令 $X \subseteq U$，R 是 U 上的一个等价关系。如果 X 是某些 R 的基本范畴的并集，则 X 是 R-可定义的，否则 X 是 R-不可定义的。

R-可定义集是指能在知识库 K 中精确定义的论域子集，而 R-不可定义集是不能在知识库 K 中定义的论域子集。R-可定义集称为 R-精确集，R-不可定义集称为 R-不精确集或 R-粗糙集。

如果存在一个等价关系 $R \in \mathrm{IND}(K)$，X 是 R-精确集，则称集合 $X \subseteq U$ 在 K 中是精确的；如果对于任何 $R \in \mathrm{IND}(K)$，X 都是 R-粗糙，则称 X 在 K 中是粗糙的。

粗糙集也可以通过两个精确集来近似定义，即上、下近似集。

假设知识库 $K=(U,R)$，对于每个子集 $X \subseteq U$ 和等价关系 $R \in \mathrm{IND}(K)$，可以定义两个子集：

$$\underline{R}X = \cup \{Y \in U/R : Y \subseteq X\}$$

$$\overline{R}X = \cup \{Y \in U/R : Y \cap X \neq \varnothing\}$$

分别称为 X 的 R-下近似集和 R-上近似集，也可简称为“下近似”和“上近似”。

下近似和上近似还有以下两种等价形式：

$$\underline{R}X = \{x \in U : [x]_R \subseteq X\}$$

$$\overline{R}X = \{x \in U : [x]_R \cap X \neq \varnothing\}$$

或

当且仅当 $[x]_R \subseteq X$ 时，$x \in \underline{R}X$。

当且仅当 $[x]_R \cap X \neq \varnothing$ 时，$x \in \overline{R}X$。

集合 $\underline{R}X$ 是根据知识 R 判定 U 中所有属于 X 的元素集合。集合 $\overline{R}X$ 是根据知识 R 判定 U 中可能属于 X 的元素集合。

X 的 R-正区域（$\mathrm{POS}_R(X)$）、R-负区域（$\mathrm{NEG}_R(X)$）和 R-边界区域（$\mathrm{BN}_R(X)$）定义如下：

$$\mathrm{POS}_R(X) = \underline{R}X$$

$$\mathrm{NEG}_R(X) = U - \overline{R}X$$

$$\mathrm{BN}_R(X) = \overline{R}X - \underline{R}X$$

X 的正区域 $\mathrm{POS}_R(X)$（或下近似）是根据知识 R 判定完全属于 X 的元素集合。

负区域 $\mathrm{NEG}_R(X)$ 是根据知识 R 判定不属于 X 的元素集合，属于 X 的补。

边界区域 $\mathrm{BN}_R(X)$ 是根据知识 R 不能判定属于 X 或 $-X$ 的元素集合，是论域的不确定区域。属于边界区域的任何元素根据知识 R 都不能确定地判定是否属于 X 或 $-X$。

下面一些基本公式的证明可以在 Pawlak[1] 中找到。

定理 2.1

(1) 当且仅当 $\overline{R}X=\underline{R}X$ 时，X 为 R-精确；

(2) 当且仅当 $\overline{R}X\neq\underline{R}X$ 时，X 为 R-粗糙。

定理 2.2 R-下近似和 R-上近似满足以下性质：

(1) $\underline{R}X\subseteq X\subseteq\overline{R}X$。

(2) $\underline{R}\varnothing=\overline{R}\varnothing=\varnothing$，$\underline{R}U=\overline{R}U=U$。

(3) $\overline{R}(X\cup Y)=\overline{R}X\cap\overline{R}Y$。

(4) $\underline{R}(X\cap Y)=\underline{R}X\cup\underline{R}Y$。

(5) $X\subseteq Y$ 意味着 $\underline{R}X\subseteq\underline{R}Y$。

(6) $X\subseteq Y$ 意味着 $\overline{R}X\subseteq\overline{R}Y$。

(7) $\underline{R}(X\cup Y)\supseteq\underline{R}X\cup\underline{R}Y$。

(8) $\overline{R}(X\cap Y)\subseteq\overline{R}X\cap\overline{R}Y$。

(9) $\underline{R}(-X)=-\overline{R}X$。

(10) $\overline{R}(-X)=-\underline{R}X$。

(11) $\underline{RR}X=\overline{R}\underline{R}X=\underline{R}X$。

(12) $\overline{RR}X=\underline{R}\overline{R}X=\overline{R}X$。

集合的“近似”概念也可以应用于隶属关系。在粗糙集理论中，因为集合的定义与集合的知识相关联，所以隶属关系也一定与知识相关。

因此，定义两个隶属关系 $\underline{\in}_R$和 $\overline{\in}_R$。$x\,\underline{\in}_R\,X$ 表示“x 必然属于 X”，$x\,\overline{\in}_R X$ 表示“x 可能属于 X”。$\underline{\in}_R$和 $\overline{\in}_R$分别称为 R-下从属关系和 R-上从属关系。

定理 2.3 R-下从属关系和 R-上从属关系满足以下性质：

(1) $x\,\underline{\in}_R\,X$，意味着 $x\in X$，意味着 $x\,\overline{\in}_R\,X$。

(2) $X\subseteq Y$，意味着 $x\,\underline{\in}_R\,X$，意味着 $x\,\underline{\in}_R\,Y$ 且 $x\,\overline{\in}_R\,X$，意味着 $x\,\overline{\in}_R\,Y$。

(3) 当且仅当 $x\,\overline{\in}_R\,X$ 或 $x\,\overline{\in}_R\,Y$ 时，$x\,\overline{\in}_R\,(X\cup Y)$。

(4) 当且仅当 $x\,\underline{\in}_R X$ 且 $x\,\underline{\in}_R Y$ 时，$x\,\underline{\in}_R(X\cap Y)$。

(5) $x\,\underline{\in}_R X$ 或 $x\,\underline{\in}_R Y$，意味着 $x\,\underline{\in}_R(X\cup Y)$。

(6) $x\,\overline{\in}_R(X\cap Y)$，意味着 $x\,\overline{\in}_R X$ 且 $x\,\overline{\in}_R Y$。

(7) 当且仅当 $x\,\overline{\in}_R X$ 不成立时，$x\,\underline{\in}_R(-X)$。

(8) 当且仅当 $x\,\underline{\in}_R X$ 不成立时，$x\,\overline{\in}_R(-X)$。

近似（粗糙）等式是粗糙集理论中的等式概念，下面介绍三种近似等式。

设 $K=(U,R)$ 为知识库，$X,Y\subseteq U,R\in\mathrm{IND}(K)$，

(1) 若 $\underline{R}X=\underline{R}Y$，则称 X 和 Y 为 R-下相等($X\eqsim_R Y$)。

(2) 若 $\overline{R}X=\overline{R}Y$，则称 X 和 Y 为 R-上相等($X\simeq_R Y$)。

(3) 若 $X \eqsim_R Y$ 且 $X \simeq_R Y$，则称 X 和 Y 为 R 相等($X \approx_R Y$)。

对于任何不可分辨关系 R，这些等式都是等价关系，其解释如下：$X \eqsim_R Y$ 表示集合 X 和 Y 的正例相同，$X \simeq_R Y$ 表示集合 X 和 Y 的反例相同，($X \approx_R Y$) 表示 X 和 Y 的正例和反例都是相同的。

这些等式满足以下定理（为了简单起见，这里省略下标 R）。

定理 2.4 对于任何等价关系，有以下性质：

(1) 当且仅当 $X \cap X \eqsim Y$ 且 $X \cap Y \eqsim Y$ 时，$X \eqsim Y$。

(2) 当且仅当 $X \cup Y \simeq X$ 且 $X \cup Y \simeq Y$ 时，$X \simeq Y$。

(3) 若 $X \simeq X'$ 且 $Y \simeq Y'$，则 $X \cup Y \simeq X' \cup Y'$。

(4) 若 $X \eqsim X'$ 且 $Y \eqsim Y'$，则 $X \cap Y \eqsim X' \cap Y'$。

(5) 若 $X \simeq Y$，则 $X \cup -Y \eqsim U$。

(6) 若 $X \eqsim Y$，则 $X \cap -Y \eqsim \varnothing$。

(7) 若 $X \subseteq Y$ 且 $Y \simeq \varnothing$，则 $X \simeq \varnothing$。

(8) 若 $X \subseteq Y$ 且 $Y \simeq U$，则 $X \simeq U$。

(9) 当且仅当 $-X \simeq -Y$ 时，$X \eqsim Y$。

(10) 若 $X \simeq \varnothing$ 或 $Y \simeq \varnothing$，则 $X \cap Y \simeq \varnothing$。

(11) 若 $X \eqsim U$ 或 $Y \eqsim U$，则 $X \cup Y \eqsim U$。

下列定理表明，集合的上、下近似可以用“粗糙等式”表示。

定理 2.5 对于任何等价关系 R：

(1) $\underline{R}X$ 是所有满足 $X \simeq_R Y$ 的集合的交集，其中 $Y \subseteq U$；

(2) $\overline{R}X$ 是所有满足 $X \eqsim_R Y$ 的集合的并集，其中 $Y \subseteq U$。

同样，我们可以定义三种粗包含的集合。

设 $X=(U,R)$ 为知识库，$X, Y \subseteq U$ 且 $R \in \mathrm{IND}(K)$，则

(1) 当且仅当 $\underline{R}X \subseteq \underline{R}Y$ 时，集合 X 是 R 下包含于 Y，即 $X \underset{\sim}{\subset}_R Y$；

(2) 当且仅当 $\overline{R}X \subseteq \overline{R}Y$ 时，集合 X 是 R 上包含于 Y，即 $X \tilde{\subset}_R Y$；

(3) 当且仅当 $X \tilde{\subset}_R Y$ 且 $X \underset{\sim}{\subset}_R Y$ 时，集合 X 是 R 包含于 Y，即 $X \underset{\sim}{\tilde{\subset}}_R Y$。

注意 $\underset{\sim}{\subset}_R$、$\tilde{\subseteq}_R$ 和 $\underset{\sim}{\tilde{\subset}}_R$ 是准序关系，分别称为下包含、上包含和粗包含关系，集合的粗包含并不意味着集合的包含。

定理 2.6 粗包含满足以下性质：

(1) 若 $X \subseteq Y$，则 $X \underset{\sim}{\subset} Y$，$X \tilde{\subset} Y$ 且 $X \underset{\sim}{\tilde{\subset}} Y$。

(2) 若 $X \underset{\sim}{\subset} Y$ 且 $Y \underset{\sim}{\subset} X$，则 $X \eqsim Y$。

(3) 若 $X \tilde{\subset} Y$ 且 $Y \tilde{\subset} X$，则 $X \simeq Y$。

(4) 若 $X \underset{\sim}{\tilde{\subset}} Y$ 且 $Y \underset{\sim}{\tilde{\subset}} X$，则 $X \approx Y$。

(5) 当且仅当 $X \cup Y \simeq Y$ 时，$X \tilde{\subset} Y$。

(6) 当且仅当 $X \cap Y \eqsim Y$ 时，$X \underset{\sim}{\subset} Y$。

(7) 若 $X \subseteq Y$，$X \eqsim X'$ 且 $Y \eqsim Y'$，则 $X' \underset{\sim}{\subset} Y'$。

(8) 若 $X \subseteq Y$，$X \simeq X'$ 且 $Y \simeq Y'$，则 $X' \overset{\sim}{\subset} Y'$。

(9) 若 $X \subseteq Y$，$X \approx X'$ 且 $Y \approx Y'$，则 $X' \overset{\sim}{\underset{\sim}{\subset}} Y'$。

(10) 若 $X' \overset{\sim}{\subset} X$ 且 $Y' \overset{\sim}{\subset} Y$，则 $X' \cup Y' \overset{\sim}{\subset} X \cup Y$。

(11) 若 $X' \underset{\sim}{\subset} X$ 且 $Y' \underset{\sim}{\subset} Y$，则 $X' \cap Y' \underset{\sim}{\subset} X \cap Y$。

(12) $X \cap Y \underset{\sim}{\subset} Y \overset{\sim}{\subset} X \cup Y$。

(13) 若 $X \underset{\sim}{\subset} Y$ 且 $X \eqsim Z$，则 $Z \underset{\sim}{\subset} Y$。

(14) 若 $X \overset{\sim}{\subset} Y$ 且 $X \simeq Z$，则 $Z \overset{\sim}{\subset} Y$。

(15) 若 $X \overset{\sim}{\underset{\sim}{\subset}} Y$ 且 $X \approx Z$，则 $Z \overset{\sim}{\underset{\sim}{\subset}} Y$。

如果将 $\eqsim$ 与 $\simeq$ 相互替换，则上述性质无效。若 R 是一个等价关系，则这三个包含都属于普通包含。

2.2 变精度粗糙集模型

Ziarko[2] 对 Pawlak 原始粗糙集模型进行扩展得到了变精度粗糙集模型（VPRS 模型），该模型克服了不确定信息无法建模的不足，能够不需要任何额外的假设，直接从原始模型中导出。

Ziarko 指出了 Pawlak 的粗糙集模型的两个局限性。一个是它不能提供不确定性约束程度的分类，而某些不确定性程度在分类过程中能为数据分析提供更深或更好的理解。另一个是原始模型假设数据对象的论域 U 是已知的，故模型得出的所有结论都只适用于该对象集，而对于更大论域的属性，引入不确定假设是有用的。

Ziarko 的扩展粗糙集模型对标准的集包含关系进行了推广，能够在大量正确分类中允许一定程度的误分类。

设 X 和 Y 是有限论域 U 的非空子集。如果对于任意 $e \in X$ 有 $e \in Y$，则 X 包含于 Y，记为 $Y \supseteq X$。集合 X 相对于集合 Y 的相对分类误差度 $c(X,Y)$ 可定义为

若 $\text{card}(X)>0$，则 $c(X,Y)=1-\text{card}(X \cap Y)/\text{card}(X)$；

或若 $\text{card}(X)=0$，则 $c(X,Y)=0$。

其中 card 表示集合基数。

$c(X,Y)$ 被称为相对分类误差。误分类的实际数量为 $c(X,Y) \cdot \text{card}(X)$，称为绝对分类误差，$X$ 和 Y 之间的包含关系可定义为

$$\text{当且仅当 } c(X,Y)=0 \text{ 时，} X \subseteq Y$$

多数要求是指 X 与 Y 的共同元素数量要大于 X 中元素数量的 50%。特定多数要求是指规定了额外的要求，即 X 与 Y 的共同元素数量一般应大于 X 中元素数量的 50%，且不低于某个限度，如 85%。对于特定多数要求，允许的分类误差 β 必须在 $0 \leqslant \beta < 0.5$ 的范围内。因此，可以根据这个假设来定义多数包含关系：

当且仅当 $c(X,Y) \leqslant \beta$ 时，$X \overset{\beta}{\subseteq} Y$。

该定义涵盖了整个 β-多数关系类。然而，多数包含关系并不具有传递性关系。

下列两个定理介绍多数包含关系的一些有用性质：

定理 2.7 若 $A\cap B=\varnothing$ 且 $B\overset{\beta}{\supseteq}X$，则 $A\overset{\beta}{\supseteq}X$ 一定不为真。

定理 2.8 若 $\beta_1<\beta_2$，则 $Y\overset{\beta_1}{\supseteq}X$ 意味着 $Y\overset{\beta_2}{\supseteq}X$。

对于 VPRS 模型，我们将近似空间定义为 $A=(U,R)$，其中 U 是一个非空有限论域，R 是 U 的等价关系。等价关系 R 为不可分辨关系，它将论域 U 划分为一组等价类或初等集 $R^*=\{E_1,E_2,\cdots,E_n\}$。

用多数包含关系代替包含关系，可以得到集合 $U\supseteq X$ 的 β-下近似（或 β-正区域 $\mathrm{POSR}_\beta(X)$）的广义概念：

$$\underline{R_\beta}X=\cup\{E\in R^*:X\overset{\beta}{\supseteq}E\}\quad 或\quad \underline{R_\beta}X=\cup\{E\in R^*:c(E,X)\leqslant\beta\}$$

集合 $U\supseteq X$ 的 β-上近似也可以定义为

$$\overline{R}_\beta X=\cup\{E\in R^*:c(E,X)<1-\beta\}$$

集合的 β-边界域为

$$\mathrm{BN}R_\beta X=\cup\{E\in R^*:\beta<c(E,X)<1-\beta\}$$

X 的 β-负区域被定义为 β-上近似的补：

$$\mathrm{NEG}R_\beta X=\cup\{E\in R^*:\beta<c(E,X)\geqslant 1-\beta\}$$

集合 X 的下近似可以解释为 U 中可以被划分于 X 且分类误差不大于 β 的所有元素的集合。

X 的 β-负区域是 U 中可以被划分于 X 的补且分类误差不大于 β 所有元素的集合。

定理 2.9 对于任意 $X\subseteq Y$，满足以下关系：

$$\mathrm{POS}R_\beta(-X)=\mathrm{NEG}R_\beta X$$

X 的 β-边界域是由 U 中分类误差不大于 β，且不能被划分于 X 或 $-X$ 的所有元素组成的集合。注意，排中律（$p\vee\neg p$，其中 $\neg p$ 是 p 的否定）一般适用于不精确的特殊集合。

最后，X 的 β-上近似 $\overline{R}_\beta X$ 包含了 U 中不能被划分为 $-X$ 且误差不大于 β 的所有元素。如果 $\beta=0$，则 VPRS 模型就是原始粗糙集模型。

定理 2.10 设 X 为论域 U 的任意子集：

（1）$\underline{R_0}X=\underline{R}X$，其中 $\underline{R}X$ 是下近似，定义为 $\underline{R}X=\cup\{E\in R^*:X\geqslant E\}$；

（2）$\overline{R}_0X=\overline{R}X$，其中 $\overline{R}X$ 是上近似，定义为 $\overline{R}X=\cup\{E\in R^*:E\cap X\neq\varnothing\}$；

（3）$\mathrm{BN}R_0X=\mathrm{BN}_RX$，其中 BN_RX 是集合 X 的边界区域，定义为 $\mathrm{BN}_RX=\overline{R}X-\underline{R}X$；

（4）$\mathrm{NEG}R_0X=\mathrm{NEG}_RX$，其中 NEG_RX 是集合 X 的负区域，定义为 $\mathrm{NEG}_RX=U-\overline{R}X$。

定理 2.11 如果$0 \leqslant \beta < 0.5$，那么定理 2.10 中所列的性质和下列条件也成立：

$$\underline{R}_\beta X \supseteq \underline{R}X$$

$$\overline{R}X \supseteq \overline{R}_\beta X$$

$$\mathrm{BN}_R X \supseteq \mathrm{BN}R_\beta X$$

$$\mathrm{NEG}R_\beta X \supseteq \mathrm{NEG}_R X$$

直观地说，分类误差β减小，X的正、负区域将缩小，而边界域将增大。β减小，在β-正区域或β-负区域中满足包含条件的元素集将减少，因此，边界域将增大。若β增大，则反之。

定理 2.12 当β接近极限 0.5，即$\beta \to 0.5$时，以下结论成立：

$$\underline{R}_\beta X \to \underline{R}_{0.5}X = \cup\{E \in R^*: c(E,X) < 0.5\}$$

$$\overline{R}_\beta X \to \overline{R}_{0.5}X = \cup\{E \in R^*: c(E,X) \leqslant 0.5\}$$

$$\mathrm{BN}R_\beta X \to \mathrm{BN}R_{0.5}X = \cup\{E \in R^*: c(E,X) = 0.5\}$$

$$\mathrm{NEG}R_\beta X \to \mathrm{NEG}R_{0.5}X = \cup\{E \in R^*: c(E,X) > 0.5\}$$

集合$\mathrm{BN}R_{0.5}X$称为X的绝对边界，因为它包含于X的其他边界域。

定理 2.13 归纳了集合X在 0.5 精度和更高精度时计算得到的可分辨区域之间的初等关系。

定理 2.13 对于X的边界区域，以下结论成立：

$$\mathrm{BN}R_{0.5}X = \cap\ \mathrm{BN}R_{0.5}X$$

$$\overline{R}_{0.5}X = \bigcap_\beta \overline{R}_\beta X$$

$$\underline{R}_{0.5}X = \bigcup_\beta \underline{R}_\beta X$$

$$\mathrm{NEG}R_{0.5}X = \bigcup_\beta \mathrm{NEG}R_\beta X$$

绝对边界是非常“狭窄”的，只由那些在集合X内部和外部的元素数量相等的集合构成，其他所有初等集合被划分为正区域$\underline{R}_{0.5}X$或负区域$\mathrm{NEG}R_{0.5}X$。

近似度是通过近似空间$A=(U,R)$的基本集合来对集合X的近似分类程度，Pawlak[3] 中概括了精度度量方法。当$0 \leqslant \beta < 0.5$时，β-精度定义为

$$\alpha(R,\beta,X) = \mathrm{card}(\underline{R}_\beta X)/\mathrm{card}(\overline{R}_\beta X)$$

β-精度表示集合X的近似特征相对于假定分类误差β的不精确性。

注意，β增大，β-上近似的基数将变小，β-下近似的基数将变大，这说明分类误差增大会导致相对精度的增加。

边界集合的可分辨性是相对的。如果允许一个大的分类误差，那么集合X在假定分类约束内可以高度识别。当假定的分类误差较小时，可能更难分辨出满足“狭窄”容限的正、负区域集合。

如果集合X的β-边界区域为空，或者$\underline{R}_\beta X = \overline{R}_\beta X$，则集合$X$是$\beta$可分辨的。

对于β-可分辨集合，相对精度$\alpha(R,\beta,X)$等于1。集合的可分辨性随β值的变化而变化。

定理2.14 如果X在分类误差$0\leqslant\beta<0.5$上是可分辨的，那么X在任何$\beta_1>\beta$上也是可分辨的。

定理2.15 如果$\overline{R}_{0.5}X\neq\underline{R}_{0.5}X$，那么在每个分类误差$0\leqslant\beta<0.5$上$X$都是不可分辨的。

定理2.16表明一个具有非空绝对边界的集合永远不能被分辨。

定理2.16 如果X在分类误差$0\leqslant\beta<0.5$上不可分辨，那么X在任何$\beta_1<\beta$上也不可分辨。

如果集合X在每个β上都是不可分辨的，则称集合X是不可分辨的或绝对粗糙的。当且仅当$BNR_{0.5}X\neq\varnothing$时，集合$X$是绝对粗糙的。任何不是绝对粗糙的集合都被称为相对粗糙的或弱可分辨的。

对于每个相对粗糙集X，都存在一个分类误差β，在该β上X是可分辨的。

设$\mathrm{NDIS}(R,X)=\{0\leqslant\beta<0.5:BNR_{0.5}X\neq\varnothing\}$，则$\mathrm{NDIS}(R,X)$是$X$不可分辨的所有$\beta$值的一个范围。使$X$可分辨的分类误差$\beta$的最小值称为“可分辨阈值”。阈值等于$\mathrm{NDIS}(X)$的最小上限$\zeta(R,X)$，即

$$\zeta(R,X)=\sup\mathrm{NDIS}(R,X)$$

定理2.17用来确定弱可分辨集合X的可分辨阈值。

定理2.17 $\zeta(R,X)=\max(m_1,m_2)$，其中

$$m_1=1-\min\{c(E,X):E\in R^*\text{且}\,0.5<c(E,X)\}$$

$$m_2=\max\{c(E,X):E\in R^*\text{且}\,c(E,X)<0.5\}$$

集合X的可分辨阈值等于使集合β-可分辨的最小分类误差β。

以下是β-近似的基本性质。

定理2.18 对于$0\leqslant\beta<0.5$，以下性质成立：

（1）$X\overset{\beta}{\supseteq}\underline{R}_\beta X$，$\overline{R}_\beta X\supseteq\underline{R}_\beta X$。

（2）$\underline{R}_\beta\varnothing=\overline{R}_\beta\varnothing=\varnothing$；$\underline{R}_\beta U=\overline{R}_\beta U=U$。

（3）$\overline{R}_\beta(X\cup Y)\supseteq\overline{R}_\beta X\cup\overline{R}_\beta Y$。

（4）$\underline{R}_\beta X\cap\underline{R}_\beta Y\supseteq\underline{R}_\beta(X\cap Y)$。

（5）$R_\beta(X\cup Y)\supseteq\underline{R}_\beta X\cup\underline{R}_\beta Y$。

（6）$\overline{R}_\beta X\cap\overline{R}_\beta Y\supseteq\overline{R}_\beta(X\cap Y)$。

（7）$\underline{R}_\beta(-X)=-\overline{R}_\beta(X)$。

（8）$\overline{R}_\beta(-X)=-\underline{R}_\beta(X)$。

本节介绍了变精度粗糙集模型的性质，后续会讨论Consult Ziarko[2]的更多内容，这些内容在基于推理的粗糙集方法中有着重要作用。

Shen和Wang[4]利用包含度提出了基于双论域的VPRS模型，引入了逆上、

下近似算子的概念，并研究了它们的性质。同时，通过引入具有双参数的近似算子对基于双论域的 VPRS 模型进行扩展。

2.3 相关理论

已有许多相关理论对原始粗糙集理论的各方面进行扩展，本节将简要回顾一些融合了粗糙集与模糊集的理论。在描述相关的模糊粗糙集理论之前，简明阐述模糊集理论。

模糊集是 Zadeh[5] 提出的，用来对在分类集合理论中不能形式化的模糊概念进行建模，而 Zadeh[6] 提出了基于模糊集理论的可能性理论。事实上，模糊集理论在各个领域有着广泛的应用。

设$\mathscr{U}$为集合，则模糊集定义如下：

定义 2.1（模糊集） $\mathscr{U}$的模糊集是一个函数 u：$\mathscr{U} \to [0,1]$。$\mathscr{F}_{\mathscr{U}}$表示$\mathscr{U}$的所有模糊集的集合。

模糊集的几种运算定义如下：

定义 2.2 对于所有 u，$v \in \mathscr{F}_{\mathscr{U}}$且 $x \in \mathscr{U}$，有

$$(u \vee v)(x) = \sup\{u(x), v(x)\}$$
$$(u \wedge v)(x) = \inf\{u(x), v(x)\}$$
$$\bar{u}(x) = 1 - u(x)$$

定义 2.3 对于每个 $x \in \mathscr{U}$，当且仅当 $u(x) = v(x)$ 时，模糊集 $u, v \in \mathscr{F}_{\mathscr{U}}$是等价的。

定义 2.4 对于所有 $x \in \mathscr{U}$，若 $\mathbf{1}_{\mathscr{U}}$和 $\mathbf{0}_{\mathscr{U}}$是 U 的模糊集，则 $\mathbf{1}_{\mathscr{U}} = 1, \mathbf{0}_{\mathscr{U}} = 0$。

容易证明，($\mathscr{F}_{\mathscr{U}}, \wedge, \vee$) 是一个具有有限分布性质的完整格，且一般来说代数（$\mathscr{F}_{\mathscr{U}}, \wedge, \vee$）不是布尔型的（详述请参见 Negoita 和 Ralescu[7]）。

由于粗糙集理论和模糊集理论都是为了将相关概念形式化，因此很自然地将这两种理论结合起来。Dubois 和 Prade 在 1990 年提出了模糊粗糙集，对粗糙集进行模糊扩展，研究了两种扩展类型：一是模糊集的上、下近似，即粗糙模糊集；二是将等价关系转化为模糊相似关系，得到模糊粗糙集。

Nakamura 和 Gao[8] 也研究了模糊粗糙集，并提出了一种用于模糊数据分析的逻辑。该逻辑可以解释为基于模糊关系的模态逻辑，将对象集上的相似关系与粗糙集联系起来。

Quafafou[9] 在 2000 年提出了 α-粗糙集理论（α-RST）。在 α-RST 中，对粗糙集理论中的所有基本概念进行了拓展。他描述了模糊概念的近似及其性质。此外，在 α-RST 中，引入了 α-依赖的概念，即属性集依赖于另一个属性集的程度，取值在 [0,1] 内。它可以看成是部分依赖关系。值得注意的是，α-RST 具有控制论域划分和概念近似的能力。

2003 年 Nakamura[11] 提出直观模糊理论，Cornelis[10] 在 2003 年提出了基于直观模糊理论的“不完备知识”的概念。他们认为模糊粗糙集应该能直观地表达出来。

通过各种方式引入模糊概念，丰富了粗糙集理论。模糊粗糙集比原始粗糙集更有用，可以应用于更复杂的问题。

2.4 形式概念分析

形式概念分析（FCA）[12] 基于概念格对概念之间的关系进行精确建模。显然，粗糙集理论与形式概念分析有相似之处，下面详细介绍“形式概念分析”。

FCA 通过 Port-Royal 逻辑将形式概念转换为数学公式。根据 Port-Royal 逻辑，一个概念是由一组对象（属于概念的范围）和一组属性（被概念覆盖的意图）构成的。在 FCA 中，概念根据基于对象和属性的包含关系的下位概念-上位概念关系进行排序。

设形式背景是三元组 $\langle X,Y,I\rangle$，其中 X 和 Y 是空集，I 是二元关系，即 $I\subseteq X\times Y$。X 中的元素 x 称为对象，Y 中的元素 y 称为属性，$\langle x,y\rangle\in I$ 表示 x 具有属性 y。

对于一个给定的 n 行 m 列的交叉表，对应的形式背景是三元组 $\langle X,Y,I\rangle$，集合 $X=\{x_1,x_2,\cdots,x_n\}$，集合 $Y=\{y_1,y_2,\cdots,y_m\}$，当且仅当行 i 和列 j 对应的表项包含×，关系 I 定义为 $\langle x_i,y_j\rangle\in I$。

任意形式背景都能由多个概念形成的“运算符”所定义。对于某一形式背景 $\langle X,Y,I\rangle$，对于任意 $A\subseteq X$ 和 $B\subseteq Y$，运算符 $\uparrow$：$2^X\to 2^Y$ 和 $\downarrow$：$2^Y\to 2^X$ 可定义为

$$A^{\uparrow}=\{y\in Y|\forall x\in A:\langle x,y\rangle\in I\}$$

$$B^{\downarrow}=\{y\in Y|\forall x\in B:\langle x,y\rangle\in I\}$$

形式概念是交叉表中的特殊类，通过属性共享来定义。在 $\langle X,Y,I\rangle$ 中的一个形式概念是 $A\subseteq X$ 和 $B\subseteq Y$ 的一对 $\langle A,B\rangle$ 使得 $A^{\uparrow}=B$ 和 $B^{\downarrow}=A$。

注意，当且仅当 A 只包含 B 的所有属性共有的对象时，B 只包含 A 的所有对象共有的属性，$\langle A,B\rangle$ 是一个形式概念。因此，从数学上讲，当且仅当 $\langle A,B\rangle$ 是概念形成运算符 $\langle\uparrow,\downarrow\rangle$ 的一个不动点时，$\langle A,B\rangle$ 是一个形式概念。

考虑下表：

I	y_1	y_2	y_3	y_4
x_1	×	×	×	×
x_2	×		×	×
x_3		×	×	×
x_4		×	×	×
x_5	×			

形式概念为 $\langle A_1,B_1\rangle = \langle \{x_1,x_2,x_3,x_4\},\{y_3,y_4\}\rangle$

由于

$$\{x_1,x_2,x_3,x_4\}^{\uparrow} = \{y_3,y_4\}$$

$$\{y_3,y_4\}^{\downarrow} = \{x_1,x_2,x_3,x_4\}$$

且以下关系成立：

$$\{x_2\}^{\uparrow} = \{y_1,y_3,y_4\},\{x_2,x_3\}^{\uparrow} = \{y_3,y_4\}$$

$$\{x_1,x_4,x_5\}^{\uparrow} = \varnothing$$

$$X^{\uparrow} = \varnothing,\varnothing^{\uparrow} = Y$$

$$\{y_1\}^{\downarrow} = \{x_1,x_2,x_5\},\{y_1,y_2\}^{\downarrow} = \{x_1\}$$

$$\{y_2,y_3\}^{\downarrow} = \{x_1,x_3,x_4\},\{y_2,y_3,y_4\}^{\downarrow} = \{x_1,x_3,x_4\}$$

$$\varnothing^{\downarrow} = X, Y^{\downarrow} = \{x_1\}$$

概念由一个下位概念-上位概念关系来排序。下位概念与上位概念关系是基于对象和属性的包含关系，可表示为≤。对于 $\langle A,Y,I\rangle$ 中的形式概念 $\langle A_1,B_1\rangle$ 和 $\langle A_2,B_2\rangle$，当且仅当 $A_1 \subseteq A_2$（当且仅当 $B_2 \subseteq B_1$）时，$\langle A_1,B_1\rangle \leqslant \langle A_2,B_2\rangle$。

在上述示例中，以下关系成立：

$$\langle A_1,B_1\rangle = \{\{x_1,x_2,x_3,x_4\},\{y_3,y_4\}\}$$

$$\langle A_2,B_2\rangle = \{\{x_1,x_3,x_4\},\{y_2,y_3,y_4\}\}$$

$$\langle A_3,B_3\rangle = \{\{x_1,x_2\},\{y_1,y_3,y_4\}\}$$

$$\langle A_4,B_4\rangle = \{\{x_1,x_2,x_5\},\{y_1\}\}$$

$$\langle A_3,B_3\rangle \leqslant \langle A_1,B_1\rangle$$

$$\langle A_3,B_3\rangle \leqslant \langle A_4,B_4\rangle$$

$$\langle A_2,B_2\rangle \leqslant \langle A_1,B_1\rangle$$

$$\langle A_1,B_1\rangle \parallel \langle A_4,B_4\rangle \text{（不可比较的）}$$

$$\langle A_2,B_2\rangle \parallel \langle A_4,B_4\rangle$$

$$\langle A_3,B_3\rangle \parallel \langle A_2,B_2\rangle$$

用 $\mathscr{B}\langle X,Y,I\rangle$ 表示 $\langle X,Y,I\rangle$ 中所有形式概念的集合，即

$$\mathscr{B}(X,Y,I) = \{(A,B) \in 2^X \times 2^X \mid A^{\uparrow} = B, B^{\downarrow} = A\}$$

具有下位概念与上位概念且遵循≤排序的 $\mathscr{B}(X,Y,I)$ 称为 (X,Y,I) 的概念格。$\mathscr{B}(X,Y,I)$ 表示数据 $\langle X,Y,I\rangle$ 中隐藏的所有类。可以看到 $\{\mathscr{B}(X,Y,I), \leqslant\}$ 是一个晶格。

概念的外延和内涵定义如下：

$\mathrm{Ext}(X,Y,I) = \{A \in 2^X \mid$ 对于某些 $B, \langle A,B\rangle \in \mathscr{B}(X,Y,I)\}$（概念的外延）

$\mathrm{Int}(X,Y,I) = \{A \in 2^Y \mid$ 对于某些 $A, \langle A,B\rangle \in \mathscr{B}(X,Y,I)\}$（概念的内涵）

形式概念也可以定义为交叉表中的最大矩形。例如，$A \times B \subseteq I$，$\langle A,B\rangle$ 是 $\langle X,Y,I\rangle$ 中的矩形，即对每个 $x \in A$ 和 $y \in B$，有 $\langle x,y\rangle \in I$。对于矩形 $\langle A_1,B_1\rangle$ 和 $\langle A_2,B_2\rangle$，当且仅当 $A_1 \subseteq A_2$ 且 $B_1 \subseteq B_2$ 时，$\langle A_1,B_1\rangle \subseteq \langle A_2,B_2\rangle$。

当且仅当 $\langle A,B\rangle$ 是 (X,Y,I) 中的最大矩形时，可以证明 $\langle A,B\rangle$ 是 (X,Y,I) 的形式概念，以下表为例。

I	y_1	y_2	y_3	y_4
x_1	×	×	×	×
x_2	×		×	×
x_3		×	×	×
x_4		×	×	×
x_5	×			

在上表中，$\{\{x_1,x_2,x_3\},\{y_3,y_4\}\}$ 不是关于包含关系的最大矩形，$\{\{x_1,x_2,x_3,x_4\},\{y_3,y_4\}\}$ 是关于包含关系的最大矩形。矩形的概念可以作为形式概念分析中几何推理的基础。

形式概念分析有两种基本的数学结构，即 Galois 联络[13] 和闭合运算符。集合 X 和 Y 之间的 Galois 联络是一组 $\langle f,g\rangle$，其中 $f:2^X\to 2^Y$ 和 $g:2^Y\to 2^X$ 满足 $A,A_1,A_2,B,B_1,B_2\subseteq Y$：

$$A_1\subseteq A_2\Rightarrow f(A_2)\subseteq f(A_1)$$

$$B_1\subseteq B_2\Rightarrow g(B_2)\subseteq f(B_1)$$

$$A\subseteq g(f(A))$$

$$B\subseteq f(g(B))$$

对于集合 X 和 Y 之间的 Galois 联络 $\langle f,g\rangle$，集合：

$$\mathrm{fix}(\langle f,g\rangle)=\{\langle A,B\rangle\in 2^X\times 2^X \mid f(A)=B,g(B)=A\}$$

称为 $\langle f,g\rangle$ 的不动集合。

形式概念运算符的一个基本特性，即对于形式背景 $\langle X,Y,I\rangle$，由 $\langle X,Y,I\rangle$ 引出的运算符 $\langle {}^{\uparrow I},{}^{\downarrow I}\rangle$ 是 X 和 Y 之间的 Galois 联络。

该特性表明，对于 X 和 Y 之间的 Galois 联络 $\langle f,g\rangle$，任何 $A\subseteq X$ 和 $B\subseteq Y$，都能得出 $f(A)=f(g(f(A)))$，$g(B)=g(f(g(B)))$。

闭合运算符是形式概念运算符的合成结果。如果 $\langle f,g\rangle$ 是 X 和 Y 之间的 Galois 联络，那么 $C_X=g\circ f$ 是 X 上的闭合运算符，$C_Y=f\circ g$ 是 Y 上的闭合运算符。

可以看出，外延和内涵只是形式概念运算符下的概念，如下所示：

$$\mathrm{Ext}(X,Y,I)=\{B^{\downarrow}\mid B\subseteq Y\}$$

$$\mathrm{Int}(X,Y,I)=\{A^{\uparrow}\mid A\subseteq X\}$$

以下关系适用于任何形式背景 $\langle X,Y,I\rangle$：

$$\mathrm{Ext}(X,Y,I)=\mathrm{fix}({}^{\uparrow\downarrow})$$

$$\mathrm{Int}(X,Y,I)=\mathrm{fix}({}^{\downarrow\uparrow})$$

$$\mathscr{B}(X,Y,I)=\{\langle A,A^{\uparrow}\rangle\mid A\in\mathrm{Ext}(X,Y,I)\}$$

$$\mathscr{B}(X,Y,I)=\{\langle B^{\downarrow},B\rangle\mid B\in\mathrm{Int}(X,Y,I)\}$$

上述 Galois 联络的定义可通过以下形式进行简化。$\langle f,g\rangle$ 是 X 和 Y 之间的 Galois 联络，对于每个 $A\subseteq X$ 和 $B\subseteq Y$：

$$当且仅当 B\subseteq f(A) 时，A\subseteq g(B)$$

Galois 联络中并集和交集满足以下性质：设 $\langle f,g\rangle$ 是 X 和 Y 之间的 Galois 联络。对于 $A_j=X$，$j\in J$ 和 $B_j\subseteq Y$，$j\in J$，有

$$f(\bigcup_{j\in J}A_j)=\bigcap_{j\in J}f(A_j)$$

$$g(\bigcup_{j\in J}B_j)=\bigcap_{j\in J}g(B_j)$$

每一对形式概念运算符构成一个 Galois 联络，每一个 Galois 联络都是一个特定形式背景的形式概念运算符。

假设 $\langle f,g\rangle$ 是 X 和 Y 之间的 Galois 联络，形式背景 $\langle X,Y,I\rangle$ 中 I 被定义为当且仅当 $y\in f(\{x\})$ 或当且仅当 $x\in g(\{y\})$ 时，$\langle x,y\rangle\in I$ 对于每个 $x\in X$ 和 $y\in Y$，则 $\langle {}^{\uparrow I},{}^{\downarrow I}\rangle=\langle f,g\rangle$，即 $\langle {}^{\uparrow I},{}^{\downarrow I}\rangle$ 由与 $\langle f,g\rangle$ 一致的 $\langle X,Y,I\rangle$ 引起。

可以建立如下形式的表示结果，即 $I\mapsto\langle {}^{\uparrow I},{}^{\downarrow I}\rangle$ 和 $\langle {}^{\uparrow I},{}^{\downarrow I}\rangle\mapsto I_{(\uparrow,\downarrow)}$ 是 X 和 Y 之间所有二元关系集合同 X 与 Y 之间所有 Galois 联络集合之间的互逆映射。

外延和内涵之间的二元关系。对于 $\langle A_1,B_1\rangle$，$\langle A_2,B_2\rangle\in\mathscr{B}(X,Y,I)$，我们得到了 $A_1\subseteq A_2$ 当且仅当 $B_2\subseteq B_1$。此外还有以下性质：

（1）$\langle \mathrm{Ext}(X,Y,I),\subseteq\rangle$ 和 $\langle \mathrm{Int}(X,Y,I),\subseteq\rangle$ 偏序集。

（2）$\langle \mathrm{Ext}(X,Y,I),\subseteq\rangle$ 和 $\langle \mathrm{Int}(X,Y,I),\subseteq\rangle$ 对偶同构，即存在满足 $A_1\subseteq A_2$ 当且仅当 $f(A_2)\subseteq f(A_1)$ 的映射 f：$\mathrm{Ext}(X,Y,I)\rightarrow\mathrm{Int}(X,Y,I)$。

（3）$\langle\mathscr{B}(X,Y,I),\leqslant\rangle$ 同构于 $\langle \mathrm{Ext}(X,Y,I),\subseteq\rangle$

（4）$\langle\mathscr{B}(X,Y,I),\leqslant\rangle$ 双重同构于 $\langle \mathrm{Int}(X,Y,I),\subseteq\rangle$

闭合运算符的不动点的性质。对于 X 上的闭合运算符 C,C 的部分有序集 $\langle \mathrm{fix}(C),\subseteq\rangle$ 是一个完整格，其最小类和最大类定义为

$$\bigwedge_{j\in J}A_j=C(\bigcap_{j\in J}A_j)$$

$$\bigvee_{j\in J}A_j=C(\bigcup_{j\in J}A_j)$$

以下是 Wille 提出的概念格的主要结论。

（1）$\mathscr{B}(X,Y,I)$ 是一个完整格，其最小类和最大类为

$$\bigwedge_{j\in J}\langle A_j,B_j\rangle=\langle\bigcap_{j\in J}A_j,(\bigcup_{j\in J}B_j)^{\downarrow\uparrow}\rangle$$

$$\bigvee_{j\in J}\langle A_j,B_j\rangle=\langle(\bigcup_{j\in J}A_j)^{\downarrow\uparrow},\bigcap_{j\in J}B_j\rangle$$

（2）当且仅当映射 γ：$X\rightarrow V$，μ：$Y\rightarrow X$ 时，任意完整格 $V=(V,\leqslant)$ 与 $\mathscr{B}(X,Y,I)$ 同构，满足

① $\gamma(X)$ 在 V 中 $\vee$-密集，$\mu(Y)$ 在 V 中 $\wedge$-密集。

② $\gamma(X)\leqslant\mu(y)$，当且仅当 $\langle x,y\rangle\in I$。

在形式概念分析中，可以通过删除形式背景中的一些对象或属性来简化形式

概念。如果对应的表既不包含相同的行，也不包含相同的列，则称为形式简化背景 $\langle X,Y,I\rangle$。也就是说，如果 $\langle X,Y,I\rangle$ 是简化的，那么：

对每个 $x_1,x_2\in X,\{x_1\}^{\uparrow}=\{x_2\}^{\uparrow}$ 意味着 $x_1=x_2$。

对每个 $y_1,y_2\in Y,\{y_1\}^{\downarrow}=\{y_2\}^{\downarrow}$ 意味着 $y_1=y_2$。

可以通过删除相同的行和列来进行简化。如果简化背景 $\langle X_1,Y_1,I_1\rangle$ 由 $\langle X_2,Y_2,I_2\rangle$ 简化而来，那么 $\mathscr{B}(X_1,Y_1,I_1)$ 与 $\mathscr{B}(X_2,Y_2,I_2)$ 同构。

对于形式背景 $\langle X,Y,I\rangle$，当且仅当 $Y'\subset Y$ 和 $y\notin Y'$时，属性 $y\in Y$ 称为"可约属性"，满足 $\{y\}^{\downarrow}=\bigcap_{z\in Y'}\{z\}^{\downarrow}$，即 y 对应的列是 Y'中 z 对应列的交集。

当且仅当 $X'\subset X$ 且 $x\notin X'$时，对象 $x\in X$ 称为"可约对象"，满足 $\{x\}^{\uparrow}=\bigcap_{z\in X'}\{z\}^{\uparrow}$，即 x 对应的行是 X'中 z 对应列的交集。

设 $y\in Y$ 是 $\langle X,Y,I\rangle$ 中可约的，则 $\mathscr{B}(X,Y-\{y\},J)$ 与 $\mathscr{B}(X,Y,I)$ 同构，其中 $J=I\cap(X\times(Y-\{y\}))$ 是 I 对 $X\times Y-\{y\}$ 的约束，即从 $\langle X,Y,I\rangle$ 中移除 y 得到 $\langle X\times Y-\{y\},J\rangle$。

如果对象 $x\in X$ 没有可约的，则 $\langle X,Y,I\rangle$ 是行可约的；如果属性 $y\in Y$ 没有可约的，则是列可约的；如果同时是行可约和列可约，则是可约的。

箭头关系可以确定哪些对象和属性是可约的。对于 $\langle X,Y,I\rangle$，定义 X 和 Y 之间的关系$\nearrow$，$\swarrow$，$\updownarrow$：

$x\swarrow y$，当且仅当 $\langle x,y\rangle\notin I$ 且 $\{x\}^{\uparrow}\subset\{x_1\}^{\uparrow}$时 $\langle x_1,y\rangle\in I$。

$x\nearrow y$，当且仅当 $\langle x,y\rangle\notin I$ 且 $\{x\}^{\downarrow}\subset\{x_1\}^{\downarrow}$时 $\langle x_1,y\rangle\in I$。

$x\updownarrow y$，当且仅当 $x\swarrow y$ 和 $x\nearrow y$。

如果 $\langle x,y\rangle\in I$，则上述三种关系都不存在。因此，箭头关系可以输入到 $\langle X,Y,I\rangle$ 的表中。箭头关系和可约性之间有以下联系。

$\langle\{x\}^{\uparrow\downarrow},\{x\}^{\uparrow}\rangle$ 是$\vee$不可约的，前提是存在 $y\in Y$，使得 $x\swarrow y$。

$\langle\{y\}^{\downarrow},\{y\}^{\downarrow\uparrow}\rangle$ 是$\vee$不可约的，前提是存在 $x\in X$，使得 $x\nearrow y$。

形式概念分析还可以处理与数据依赖性有关的属性含义。设 Y 为非空属性集，Y 上的属性意味着是一个表达式

$$A\Rightarrow B，其中 A,B\subseteq Y$$

在集合 $M\subset Y$ 中，当且仅当 $A\subseteq M$ 意味着 $B\subseteq M$ 时，关于 Y 的属性意味着 $A\Rightarrow B$ 为真（有效）。如果 $A\Rightarrow B$ 在 M 中为真（假），则记为 $\|A\Rightarrow B\|_M=1(0)$。

设 M 是某个对象 x 的一组属性，$\|A\Rightarrow B\|_M=1$ 表示"如果 x 具有来自 A 的所有属性，则 x 具有来自 B 的所有属性"，因为"如果 x 具有来自 C 的所有属性"等同于 $C\subseteq M$。

可以将 $A\Rightarrow B$ 的有效性扩展到 M 的集合 $\mathscr{M}$（属性子集的集合），即 $A\Rightarrow B$ 在 $\mathscr{M}\subseteq 2^Y$ 中的有效性。

如果 $A\Rightarrow B$ 在每个 $M\in\mathscr{M}$ 中为真，则关于 Y 的属性意味着 $A\Rightarrow B$ 在 $\mathscr{M}$ 中为真（有效）。当且仅当 $A\Rightarrow B$ 在 $\mathscr{M}=\{\{x\}^{\uparrow}|x\in X\}$ 中为真时，关于 Y 的属性意味

着 $A \Rightarrow B$ 在表（形式背景）$\langle X,Y,I\rangle$ 中为真（有效）。

语义（内涵）的定义。属性含义 $A \Rightarrow B$ 在语义上遵循理论 T，当且仅当 $A \Rightarrow B$ 在 T 的每个模型 M 中为真时，定义为 $T \models A \Rightarrow B$。

属性含义推理系统由以下推理规则组成：

(Ax) 推断 $A \cup B \Rightarrow A$。

(Cut) 从 $A \Rightarrow B$ 和 $B \cup C \Rightarrow D$ 推断 $A \cup C \Rightarrow D$。

上述推导规则来自 Armstrong 对数据库中函数依赖性的研究[14]。

集合 T 的属性 $A \Rightarrow B$ 意味着序列 $A_1 \Rightarrow B_1, A_2 \Rightarrow B_2, \cdots, A_n \Rightarrow B_n$ 属性满足：

(1) $A_n \Rightarrow B_n$ 就是 $A \Rightarrow B$。

(2) 对于 $i=1,2,\cdots,n$: $A_i \Rightarrow B_i \in T$（假设），或 $A_i \Rightarrow B_i$ 意味着 $A_j \Rightarrow B_j$ 中通过 (Ax) 和 (Cut) 得到结果（演绎）。

如果从 T 得到 $A \Rightarrow B$ 的证明，那么记为 $T \vdash A \Rightarrow B$，有以下推导规则：

(Ref) $A \Rightarrow A$。

(Wea) $A \Rightarrow B$，则 $A \cup C \Rightarrow B$。

(Add) $A \Rightarrow B$ 且 $A \Rightarrow C$，则 $A \Rightarrow B \cup C$。

(Pro) $A \Rightarrow B \cup C$，则 $A \Rightarrow B$。

(Tra) $A \Rightarrow B$ 且 $B \Rightarrow C$，则 $A \Rightarrow C$。

对于每个 A，B，C，$D \subseteq Y$，可以证明 (Ax) 和 (Cut) 是合理的，且可以提高以上推导规则的可靠性。

语义和语法推论概念的定义如下。

语义：$T \models A \Rightarrow B$（$A \Rightarrow B$ 在语义上来源于 T）。

语法：$T \vdash A \Rightarrow B$（$A \Rightarrow B$ 在语法上来源于 T）。

T 的语义闭包是集合

$$\mathrm{sem}(T) = \{A \Rightarrow B \mid T \models A \Rightarrow B\}$$

从语义上讲，所有的属性含义都来源于 T。

T 的语法闭包是集合

$$\mathrm{syn}(T) = \{A \Rightarrow B \mid T \vdash A \Rightarrow B\}$$

从语法上讲，所有的属性含义都来源于 T。

当 $T=\mathrm{sem}(T)$ 时，T 是语义封闭的；当 $T=\mathrm{syn}(T)$ 时，T 是语法封闭的。注意，$\mathrm{sem}(T)$ 是语义封闭的包含 T 的最小属性含义集，$\mathrm{syn}(T)$ 是语法封闭的包含 T 的最小属性含义集。

对于任意 $A,B,C,D \subseteq Y$，当且仅当满足以下条件时，T 是语法封闭的：

(1) $A \cup B \Rightarrow B \in T$。

(2) 如果 $A \Rightarrow B \in T$ 且 $B \cup C \Rightarrow D \in T$，则表示 $A \cup C \Rightarrow D \in T$。

如果 T 语义封闭，那么 T 也是语法封闭的。同理，如果 T 语法封闭，那么 T 也是语义封闭的。因此，合理性和完整性如下：

$$当且仅当\ T\models A\Rightarrow B\ 时,\ T\vdash A\Rightarrow B$$

对于属性含义的模型，一组属性含义可表示为

$$\mathrm{Mod}(T)=\{M\subseteq Y \mid \| A\Rightarrow B\|_M=1\ \forall A\Rightarrow B\in T\}$$

也就是说，Mod(T) 是 T 的所有模型的集合。

Y 集合中的闭包系统是包含 Y 且在任意交集下闭合的 Y 的子集组成的任何系统 $\mathscr{S}$。也就是说，对于每个 $\mathscr{R}\subseteq\mathscr{S}$，都有 $Y\in\mathscr{S}$和 $\cap\mathscr{R}\subseteq\mathscr{S}$（系统 $\mathscr{S}$ 的每个子系统 $\mathscr{R}$ 的交集属于系统 $\mathscr{S}$）。

Y 中的闭包系统与 Y 中的闭包算子之间存在一对一的关系，即对于 Y 中的闭包算子 C，$\mathscr{S}_c=\{A\in 2^X \mid A=C(A)\}=\mathrm{fix}(C)$ 是 Y 中的一个闭包系统。

给定 Y 中的一个闭包系统：

$$C_{\mathscr{S}}(A)=\cap\{B\in\mathscr{S} \mid A\subseteq B\}$$

对于任意 $A\subseteq X$，$C_{\mathscr{S}}$是 Y 上的闭包算子，其一对一关系为 $C=C_{\mathscr{S}_C}$ 和 $\mathscr{S}=\mathscr{S}_{C_{\mathscr{S}}}$。显然，由集合 T 的属性可知，Mod(T) 在 Y 中是封闭的。由于 Mod(T) 是一个闭包系统，可以将相应的闭包算子记为 $C_{\mathrm{Mod}(T)}$，$C_{\mathrm{Mod}(T)}$ 的各个表达式只是 T 的各种模型。因此，对于每个 $A\subseteq Y$，存在一个包含 A 的闭包系统 Mod(T) 的最小模型，可记为 $C_{\mathrm{Mod}(T)}(A)$。

可以通过以下最小的模型来检验蕴涵。对于任意 $A\Rightarrow B$ 和 T，当且仅当 $A\Rightarrow B \| C_{\mathrm{Mod}(T)(A)}=1$ 时，都有 $T\models A\Rightarrow B$，因此，属性含义的演绎系统是合理的和完整的，可以作为推理依赖关系的基础。

如本节所述，形式概念分析为数据分析提供了有效手段，它具有基于概念格的数学基础和基于属性蕴涵的推理机制。此外，形式化概念分析可以将数据可视化。由于形式概念分析使用了表的概念，因此与粗糙集理论存在一些相似之处。事实上，它使用经典（二值）方式，一旦涉及一些非经典逻辑，则尚不清楚是否适用。

2.5 决策逻辑

Pawlak 提出了用于知识推理的决策逻辑（DL），其主要目的是知识推理的真实性。通过属性值表来表达的知识，称为“知识表达系统”。

以表格形式表达知识有诸多优点。数据表可以有不同的解释，即它可以被形式化为一个逻辑系统。这一方法可以运用到决策逻辑中。

决策逻辑语言由原子公式组成，这些原子公式是由逻辑连接词组合成复合公式的属性值对。该语言的字母表包括

（1）A：属性常量集合。

（2）$V=\cup V_a$：属性常量 $a\in A$ 的集合。

（3）命题连接词集 $\{\sim, \vee, \wedge, \rightarrow, \equiv\}$ 分别称为非、析取、合取、蕴涵

和等价。

决策逻辑语言中的公式集是满足以下条件的最小集：

(1) 形式表达式 (a,v)，简称 a_v，称为原子公式，是 DL 语言中任何 $a \in A$ 和 $v \in V_a$ 的公式。

(2) 如果 ϕ 和 ψ 是决策逻辑语言的公式，那么 $\sim\phi$，$(\phi \vee \psi)$，$\phi \wedge \psi$，$(\phi \to \psi)$ 和 $(\phi \equiv \psi)$ 也是。

公式是用来描述论域中的对象的。特别地，原子式 (a,v) 表示所有属性 a 的值为 v 的对象。

决策逻辑的语义由一个模型给出。对于决策逻辑而言，模型是 KR 系统 $S=(U,A)$，它描述了 U 中述语 (a,v) 各个符号的意义，如果能够正确地解释模型中的准则，那么每个公式就成为一个有意义的句子，能够表达一些对象的属性。

对象 $x \in U$ 满足 $S=(U,A)$ 中的公式 ϕ，当且仅当满足以下条件时可表示为 $x \models_S \phi$ 或简称 $x \models \phi$：

(1) $x \models (a,v)$，当 $a(x)=v$。

(2) $x \models \sim\phi$，当 $x \vee = \phi$。

(3) $x \models \phi \vee \psi$，当 $x \models \phi$ 或 $x \models \psi$。

(4) $x \models \phi \wedge \psi$，当 $x \models \phi$ 且 $x \models \psi$。

从上述定义中可以得到以下几点：

(1) $x \models \phi \to \psi$，当 $x \models \sim\phi \vee \psi$。

(2) $x \models \phi \equiv \psi$，当 $x \models \phi \to \psi$ 且 $x \models \psi \to \phi$。

如果 ϕ 是一个公式，那么集合 $|\phi|_S$ 定义为

$$|\phi|_S=\{x \in U | x \models_S \phi\}$$

称为 S 中公式 ϕ 的含义。

定理 2.19 任意公式的含义如下：

$$|(a,v)|_S=\{x \in U \ |a(x)=v\}$$

$$|\sim \phi|_S=-|\phi|_S$$

$$|\phi \vee \psi|_S=|\phi|_S \cup |\psi|_S$$

$$|\phi \wedge \psi|_S=|\phi|_S \cap |\psi|_S$$

$$|\phi \to \psi|_S=-|\phi|_S \cup |\psi|_S$$

$$|\phi \equiv \psi|_S=(|\phi|_S \cap |\psi|_S) \cup (-|\phi|_S \cap |\psi|_S)$$

因此，公式 ϕ 的含义是具有由公式 ϕ 表示的性质的所有对象的集合，或者是集合对象 $|\phi|$ 在 KR 语言中的描述。在 KR 系统 S 中，当且仅当 $|\phi|_S=U$ 时，一个公式 ϕ 被认为是真的，可表示为 $\models_S \phi$，也就是说，这个公式被系统 S 中的所有论域对象所满足。当且仅当 $|\phi|_S= |\psi|_S$时，公式 ϕ 和 ψ 是等价的。

定理 2.20 以下是公式含义的简单性质：

$$当且仅当\ |\phi|=U\ 时，\models_S \phi$$

$$当且仅当\ |\phi|=\varnothing\ 时，\models_S \sim\phi$$

$$\text{当且仅当 } |\phi| \subseteq |\psi| \text{ 时，} \phi \rightarrow \psi$$
$$\text{当且仅当 } |\phi| = |\psi| \text{ 时，} \phi \equiv \psi$$

公式的含义取决于我们对论域的知识，即知识表达系统。特别地，某一公式在某个知识表达系统中可能是正确的，但在另一个知识表达系统中却可能是错误的。然而，有些公式独立于它们所显示的实际属性值，却只依赖于它们的形式结构。

为了找到公式的含义，人们不必熟悉任何特定知识表达系统中所包含的知识，因为它们的含义仅由其“形式结构”决定。因此，如果根据所掌握的知识来判断某个事实是否属实，那么以适当方式使用这些知识是足够的。对于各种可能的知识表达系统中的真假公式，不需要任何特定的知识，只需要合适的逻辑工具。

为了处理决策逻辑中的演绎，需要合适的公理和推理规则。公理将与经典命题逻辑中的公理紧密结合，但对于知识表达系统中的特定属性，也需要一些特定的公理。唯一的推理规则是假言推理。

可使用以下缩写：

$$\phi \wedge \sim \phi =_{\mathrm{def}} 0$$
$$\phi \vee \sim \phi =_{\mathrm{def}} 1$$

显然，$\models 1$ 和 $\models \sim 0$。因此，0 和 1 可以分别表示虚假和真实。

对于公式 $(a_1, v_1) \wedge (a_2, v_2) \wedge \cdots \wedge (a_n, v_n)$，其中 $v_{a_i} \in V_a, i=1,2,\cdots,n, P=\{a_1, a_2, \cdots, a_n\}$ 和 $P \subseteq A$ 称为 P-基本公式或简称 P-公式。原子公式称为 A-基本公式或简称基本公式。

设 $P \subseteq A$，ϕ 是 P-公式且 $x \in U$。如果 $x \models \phi$，则 ϕ 称为 S 中 x 的 P-描述。满足知识表达系统 $S=(U,A)$ 的全部基本公式的集合称为 S 中的基本知识。我们记为 $\sum_S (P)$，或简称 $\Sigma(P)$，表示满足 S 的所有 P-公式的析取。如果 $P=A$，那么 $\Sigma(A)$ 称为 S 的特征公式。

知识表达系统可以用数据表表示，其列称为属性，行称为对象。因此，表中的每一行都由某个 A-基本公式表示，整个表由所有这些公式的集合表示。在决策逻辑理论中，我们可以用句子代替表格来表达知识。

以下是决策逻辑的特殊公理：

（1）对任何 $a \in A$，$u, v \in V$ 且 $v \neq u$，$(a,v) \wedge (a,u) \equiv 0$。

（2）对每个 $a \in A$，$\bigvee_{v \in V_a} (a,v) \equiv 1$。

（3）对每个 $a \in A$，$\sim (a,v) \equiv \vee_{a \in V_a, u \neq v} (a,u)$。

公理（1）规定每个对象可以有一个属性值。

公理（2）假设每个属性必须为系统中每个对象取其域值的一个值。

公理（3）允许消除否定，即一个对象不具有给定的属性，而是具有剩余的属性之一。

定理 2.21 决策逻辑理论有以下性质：

$$对每个 P \subseteq A \models_S \sum_S (P) \equiv 1$$

定理 2.21 意味着知识表达系统中包含的知识是现阶段所有可用知识，且对应所谓的闭域假设（CWA）。

当且仅当公式 ϕ 是由公理和公式集 Ω 通过假言推理的有限应用导出的，则称公式 ϕ 可由公式集 Ω 导出，记为 $\Omega \vdash \phi$。公式 ϕ 是决策逻辑的一个定理，如果它仅可由公理推导，记为 $\vdash \phi$。当且仅当公式 $\phi \wedge \sim\phi$ 不可由 Ω 导出时，则公式集 Ω 是相容的。

注意，决策逻辑定理中的集合与具有特定公理（1）~（3）的经典命题逻辑定理中的集合是相同的，是可以消除否定的。

KR 语言中的公式可以用一种名为范式的特殊形式来表示，这种形式类似于经典命题逻辑。

设 $P \subseteq A$ 是属性子集，ϕ 是 KR 语言中的公式。当且仅当 ϕ 是 0 或 ϕ 是 1，或者 ϕ 是 S 中非空 P-基本公式的析取（若 $|\phi| \neq \varnothing$，则公式 ϕ 是非空的），则称 ϕ 是 S 中的 P-范式，简称"P-范式"。

A-范式以后称为范式，以下是 DL 语言中的一个重要性质。

定理 2.22 设 ϕ 是 DL 语言中的一个公式，P 包含 ϕ 中出现的所有属性，且满足公理（1）~（3）和公式 $\sum_S (A)$，则对于 P-范式中的公式 ψ，有 $\phi \equiv \psi$。

以 KR 系统（表 2.1）为例：

表 2.1 KR 系统 1

U	a	b	c
1	1	0	2
2	2	0	3
3	1	1	1
4	1	1	1
5	2	1	3
6	1	0	3

设 $a_1b_0c_2$、$a_2b_0c_3$、$a_1b_1c_1$、$a_2b_1c_3$、$a_1b_0c_3$ 都是 KR 系统的基础公式（基础知识）。为简单起见，这里将省略基本公式中连词的符号 $\wedge$。

系统的特征公式为

$$a_1b_0c_2 \vee a_2b_0c_3 \vee a_1b_1c_1 \vee a_2b_1c_3 \vee a_1b_0c_3$$

系统中某些公式的含义如下：

$$|a_1 \vee b_0c_2| = \{1,3,4,6\}$$

$$|\sim(a_2b_1)| = \{1,2,3,4,6\}$$

$$|b_0 \to c_2| = \{1,3,4,5\}$$

$$|a_2 \equiv b_0| = \{2,3,4\}$$

下面给出了 KR 系统 1 的上述示例中公式的范式：

$$a_1 \vee b_0c_2 = a_1b_0c_2 \vee a_1b_1c_1 \vee a_1b_0c_3$$

$$\sim(a_2b_1) = a_1b_0c_2 \vee a_2b_0c_3 \vee a_1b_1c_1 \vee a_1b_0c_3$$

$$b_0 \rightarrow c_2 = a_1b_0c_2 \vee a_1b_1c_1 \vee a_2b_1c_3$$

$$a_2 \equiv b_0 = a_2b_0c_1 \vee a_2b_0c_2 \vee a_2b_0c_3 \vee a_1b_1c_1 \vee a_1b_1c_2 \vee a_1b_1c_3$$

$\{a,b\}$-范式的公式示例如下：

$$\sim(a_2b_1) = a_1b_0 \vee a_2b_0 \vee a_1b_1 \vee a_1b_0$$

$$a_2 \equiv b_0 = a_2b_0 \vee a_1b_1$$

以下是 $\{b,c\}$-范式的公式示例：

$$b_0 \rightarrow c_2 = b_0c_2 \vee b_1c_1 \vee b_1c_3$$

因此，为了表述一个公式的范式，必须使用命题逻辑和给定 KR 系统的特殊公理进行转换。

在 KR 语言中蕴涵 $\phi\rightarrow\psi$ 称为“决策规则”。其中 ϕ 和 ψ 分别称为 $\phi\rightarrow\psi$ 的前件和后件。如果决策规则 $\phi\rightarrow\psi$ 在 S 中为真，则称 $\phi\rightarrow\psi$ 在 S 中是相容的，否则称其在 S 中是不相容的。如果 $\phi\rightarrow\psi$ 是一个决策规则，ϕ 和 ψ 分别是 P-基本公式和 Q-基本公式，则决策规则 $\phi\rightarrow\psi$ 称为 PQ 基本决策规则（简称“PQ 规则”）。如果 $\phi\wedge\psi$ 在 S 中可满足上位，则 PQ 规则 $\phi\rightarrow\psi$ 在 S 中是可接受的。

定理 2.23 当且仅当该规则前件的 $\{P,Q\}$-范式的所有 $\{P,Q\}$-基本公式也发生在后件的 $\{P,Q\}$-范式中时，则称一个 PQ 规则在 S 中为真（相容的），否则 PQ 规则为假（不相容的）。

对于 KR 系统 1 而言，规则 $b_0\rightarrow c_2$ 是假的，因为 b_0 的 $\{b,c\}$-范式是 $b_0c_2 \vee b_0c_3$，c_2 的 $\{b,c\}$-范式是 b_0c_2，并且公式 b_0c_3 没有出现在规则的后件中。

规则 $a_2\rightarrow c_3$ 在表中是真的，因为 a_2 的 $\{a,c\}$-范式是 a_2c_3，而 c_3 的 $\{a,c\}$-范式是 $a_2c_3 \vee a_1c_3$。

在决策逻辑语言中，任何决策规则的有限集称为“决策算法”。如果一个基本决策算法中的所有决策规则都是 PQ 决策规则，则该算法称为 PQ 决策算法，简称“PQ 算法”，并用 (P,Q) 表示。

如果一个 PQ 算法是 S 中可容许的所有 PQ 规则的集合，则该算法在 S 中是可容许的。

当且仅当对于每一个 $x\in U$，在 S 中的 PQ 算法存在一个 PQ 决策规则 $\phi\rightarrow\psi$ 时，使得 $x\vDash\phi\wedge\psi$，则该 PQ 算法在 S 中是完备的，否则是不完备的。

当且仅当它的所有决策规则在 S 中是相容的（为真）时，该 PQ 算法在 S 中是相容的，否则是不相容的。

有时相容性（不相容性）可以解释为确定性（不确定性）。

给定一个 KR 系统，系统中任意两个非空属性子集 P、Q 唯一地决定了 PQ 决策算法。以 Pawlak[1] 中的 KR 系统为例。假设 $P=\{a,b,c\}$ 和 $Q=\{d,e\}$ 分别是条件属性和决策属性。集合 P 和 Q 唯一地关联于以下 PQ 决策算法：

$$a_1b_0c_2 \to d_1e_1$$
$$a_2b_1c_0 \to d_1e_0$$
$$a_2b_1c_2 \to d_0e_2$$
$$a_1b_2c_2 \to d_1e_1$$
$$a_1b_2c_0 \to d_0e_2$$

如果假设 $R=\{a,b\}$ 和 $T=\{c,d\}$ 分别是条件属性和决策属性，那么由表 2.2 确定的 RT 算法如下。

表 2.2 KR 系统 2

U	a	b	c	d	e
1	1	0	2	1	1
2	1	1	0	1	0
3	2	1	2	0	2
4	1	2	2	1	1
5	1	2	0	0	2

$$a_1b_0 \to c_2d_1$$
$$a_2b_1 \to c_0d_1$$
$$a_2b_1 \to c_2d_0$$
$$a_1b_2 \to c_2d_1$$
$$a_1b_2 \to c_0d_0$$

当然，这两种算法都是可容许的和完备的。为了检验一个决策算法是否相容，必须检查它的所有决策规则是否为真。下列定理给出了解决这个问题的更简单的方法。

定理 2.24 当且仅当 PQ 决策算法中的任何 PQ 决策规则 $\phi'\to\psi'$，都有 $\phi=\phi'$蕴涵 $\psi\to\psi'$时，PQ 决策算法中的 PQ 决策规则 $\phi\to\psi$ 在 S 中是相容的（真）。

在定理 2.24 中，由于要求表达式是等价的，所有术语的顺序很重。为了检查决策规则 $\phi\to\psi$ 是否为真，必须证明规则的前件（公式 ϕ）能够将决策类 ψ 与所讨论的决策算法的其余决策类区分开。因此，“真”的概念在某种程度上被不可分辨的概念所取代。

仍然以 KR 系统 2 为例。设 $P=\{a,b,c\}$ 和 $Q=\{d,e\}$ 作为条件属性和决策属性，检查 PQ 算法是否相容：

$$a_1b_0c_2 \to d_1e_1$$
$$a_2b_1c_0 \to d_1e_0$$
$$a_2b_1c_2 \to d_0e_2$$
$$a_1b_2c_2 \to d_1e_1$$
$$a_1b_2c_0 \to d_0e_2$$

由于算法中所有决策规则的前件是不同的（即所有决策规则都可以被算法中所有决策规则的前件所识别），因此算法及其所有决策规则都是相容的（真的）。

这也可以直接从表 2.3 中看出。

表 2.3　KR 系统 3

U	a	b	c	d	e
1	1	0	2	1	1
4	1	2	2	1	1
2	2	1	0	1	0
3	2	1	2	0	2
5	1	2	0	0	2

RT 算法中，$R=\{a,b\}$ 和 $T\{c,d\}$ 是不相容的：

$$a_1b_0 \to c_2d_1$$
$$a_2b_1 \to c_0d_1$$
$$a_2b_1 \to c_2d_0$$
$$a_1b_2 \to c_2d_1$$
$$a_1b_2 \to c_0d_0$$

因为规则 $a_2b_1 \to c_0d_1$ 和 $a_2b_1 \to c_2d_0$ 具有相同的前件和不同的后件，即无法通过条件 a_2b_1 区分 c_0d_1 和 c_2d_0。因此，这两个规则在 KR 系统中是不相容的（假的）。同样，规则 $a_1b_2 \to c_2d_1$ 和 $a_1b_2 \to c_0d_0$ 也是不相容的（假的）。

属性的依赖关系定义如下，设 $K=(U,\mathscr{R})$ 为知识库，$\mathscr{P},\mathscr{Q}\subseteq\mathscr{R}$。

（1）当且仅当 $\mathrm{IND}(\mathscr{P}) \subseteq \mathrm{IND}(\mathscr{Q})$ 时，称知识 $\mathscr{Q}$ 依赖于知识 $\mathscr{P}$。

（2）如果 $\mathscr{P}\Rightarrow\mathscr{Q}$ 和 $\mathscr{Q}\Rightarrow\mathscr{P}$，则知识 $\mathscr{P}$ 和 $\mathscr{Q}$ 是等价的，记为 $\mathscr{P}\equiv\mathscr{Q}$。

（3）当且仅当 $\mathscr{P}\Rightarrow\mathscr{Q}$ 和 $\mathscr{Q}\Rightarrow\mathscr{P}$ 都不成立时，称知识 $\mathscr{P}$ 和 $\mathscr{Q}$ 是独立的，记为 $\mathscr{P}\not\equiv\mathscr{Q}$。

显然，当且仅当 $\mathrm{IND}(\mathscr{P}) \equiv \mathrm{IND}(\mathscr{Q})$ 时，称 $\mathscr{P}\equiv\mathscr{Q}$。

依赖关系可以用不同的方式解释，如定理 2.25 所示。

定理 2.25　下列条件是等价的：

（1）$\mathscr{P}\Rightarrow\mathscr{Q}$。

（2）$\mathrm{IND}(\mathscr{P}\cup\mathscr{Q})=\mathrm{INS}(\mathscr{P})$。

（3）$\mathrm{POS}_{\mathscr{P}}(\mathscr{Q})=U$。

（4）$\underline{P}X$ 中所有 $X\in U/\mathscr{Q}$，其中 $\underline{P}X$ 表示 $\underline{\mathrm{IND}(\mathscr{P})}/X$。

根据定理 2.25 可知，如果 $\mathscr{Q}$ 依赖于 $\mathscr{P}$，那么知识 $\mathscr{Q}$ 在知识库中是多余的，因为知识 $\mathscr{P}\cup\mathscr{Q}$ 和 $\mathscr{P}$ 提供了相同的对象特征。

定理 2.26　如果 $\mathscr{P}$ 是 $\mathscr{Q}$ 的简化，则 $\mathscr{P}\Rightarrow\mathscr{Q}-\mathscr{P}$ 且 $\mathrm{IND}(\mathscr{P})=\mathrm{IND}(\mathscr{Q})$。

定理 2.27　以下观点成立：

（1）如果 $\mathscr{P}$ 是相依的，则存在一个子集 $\mathscr{Q}\subset\mathscr{P}$，使得 $\mathscr{Q}$ 是 $\mathscr{P}$ 的简化。

（2）如果 $\mathscr{P}\subseteq\mathscr{Q}$ 和 $\mathscr{P}$ 是独立的，那么 $\mathscr{P}$ 中所有基本关系都是成对独立的。

（3）如果 $\mathscr{P}\subseteq\mathscr{Q}$ 和 $\mathscr{P}$ 是独立的，那么 $\mathscr{P}$ 的每个子集 $\mathscr{R}$ 都是独立的。

定理 2.28　以下式子成立：

(1) 如果$\mathscr{P}\Rightarrow\mathscr{Q}$且$\mathscr{P}'\supset\mathscr{P}$，那么$\mathscr{P}'\Rightarrow\mathscr{Q}$。

(2) 如果$\mathscr{P}\Rightarrow\mathscr{Q}$且$\mathscr{Q}'\subset\mathscr{Q}$，那么$\mathscr{P}\Rightarrow\mathscr{Q}'$。

(3) $\mathscr{P}\Rightarrow\mathscr{Q}$且$\mathscr{Q}\Rightarrow\mathscr{R}$，表明$\mathscr{P}\Rightarrow\mathscr{R}$。

(4) $\mathscr{P}\Rightarrow\mathscr{R}$且$\mathscr{Q}\Rightarrow\mathscr{R}$，表明$\mathscr{P}\cup\mathscr{Q}\Rightarrow\mathscr{R}$。

(5) $\mathscr{P}\Rightarrow\mathscr{R}\cup\mathscr{Q}$，表明$\mathscr{P}\Rightarrow\mathscr{R}$且$\mathscr{P}\cup\mathscr{Q}\Rightarrow\mathscr{R}$。

(6) $\mathscr{P}\Rightarrow\mathscr{Q}$且$\mathscr{Q}\cup\mathscr{R}\Rightarrow\mathscr{T}$，表明$\mathscr{P}\cup\mathscr{R}\Rightarrow\mathscr{T}$。

(7) $\mathscr{P}\Rightarrow\mathscr{Q}$且$\mathscr{R}\Rightarrow\mathscr{T}$，表明$\mathscr{P}\cup\mathscr{R}\Rightarrow\mathscr{Q}\cup\mathscr{T}$。

推导（依赖）可以是不完全的，这意味着只有部分知识$\mathscr{Q}$可以从知识$\mathscr{P}$中推导出来，可以利用知识的正区域概念来定义部分可导性。

设$K=(U,\mathscr{R})$为知识库，$\mathscr{P},\mathscr{Q}\subset\mathscr{R}$。知识$\mathscr{Q}$依赖于知识$\mathscr{P}$的程度$k$（$0\leqslant k\leqslant 1$），记为$\mathscr{P}\Rightarrow_k\mathscr{Q}$，当且仅当

$$k=\gamma_{\mathscr{P}}(\mathscr{Q})=\frac{\operatorname{card}(\operatorname{POS}_{\mathscr{P}}(\mathscr{Q}))}{\operatorname{card}(U)}$$

式中：card 表示集合的基数。如果$k=1$，则$\mathscr{Q}$完全依赖于$\mathscr{P}$；如果$0<k<1$，则$\mathscr{Q}$大致（部分）依赖于$\mathscr{P}$；如果$k=0$，则$\mathscr{Q}$完全独立于$\mathscr{P}$；如果$\mathscr{P}\Rightarrow_1\mathscr{Q}$，可记为$\mathscr{P}\Rightarrow\mathscr{Q}$。

上述思想也可以解释为一种对象分类能力。更准确地说，如果$k=1$，那么论域的所有元素都可以通过知识$\mathscr{P}$被划分为$U/\mathscr{Q}$的基本类别。

因此，系数$\gamma_{\mathscr{P}(\mathscr{Q})}$可以理解为$\mathscr{Q}$和$\mathscr{P}$之间的依赖程度。换句话说，如果将知识库中的对象集约束为集合$\operatorname{POS}_{\mathscr{P}}(\mathscr{Q})$，则可知知识库中$\mathscr{P}\Rightarrow\mathscr{Q}$是完全依赖的。

依赖关系$\mathscr{P}\Rightarrow_k\mathscr{Q}$的依赖度$k$无法描述部分依赖在$U/\mathscr{Q}$类之间的实际分布情况。例如，一些决策类可以用$\mathscr{P}$来完全描述，而其他决策类可能只是部分被描述。

还需要一个系数$\gamma(X)=\operatorname{card}(\mathscr{P}X)/\operatorname{card}(X)$，其中$X\in U/\mathscr{Q}$，该系数能表示$U/\mathscr{Q}$中每类有多少元素可以通过知识$\mathscr{P}$进行分类。

因此，两个系数$\gamma(\mathscr{Q})$和$\gamma(X)$，$X\in U/\mathscr{Q}$给出了知识$\mathscr{P}$相对于$U/\mathscr{Q}$类的“分类能力”的全部信息。

定理 2.29 以下式子成立：

(1) 如果$\mathscr{R}\Rightarrow_k\mathscr{P}$且$\mathscr{Q}\Rightarrow_l\mathscr{P}$，那么$\mathscr{R}\cup\mathscr{Q}\Rightarrow_m\mathscr{P}$，$m\geqslant\max(k,l)$。

(2) 如果$\mathscr{R}\cup\mathscr{P}\Rightarrow_k\mathscr{Q}$，那么$\mathscr{R}\Rightarrow_l\mathscr{Q}$且$\mathscr{P}\Rightarrow_m\mathscr{Q},l,m\leqslant k$。

(3) 如果$\mathscr{R}\Rightarrow_k\mathscr{Q}$且$\mathscr{R}\Rightarrow_l\mathscr{P}$，那么$\mathscr{R}\Rightarrow_m\mathscr{Q}\cup\mathscr{P},m\leqslant\max(k,l)$。

(4) 如果$\mathscr{R}\Rightarrow_k\mathscr{Q}\cup\mathscr{P}$，那么$\mathscr{R}\Rightarrow_l\mathscr{Q}$且$\mathscr{R}\Rightarrow_m\mathscr{P}$，$l$，$m\geqslant k$。

(5) 如果$\mathscr{R}\Rightarrow_k\mathscr{P}$且$\mathscr{P}\Rightarrow_l\mathscr{Q}$，那么$\mathscr{R}\Rightarrow_m\mathscr{Q}$，$m\geqslant l+k-1$。

关于依赖度的决策算法，如果S中存在相容的 PQ 算法，则称属性集Q完全依赖（或部分依赖）于S中的属性集P，则记为$P\Rightarrow_S S$，或简称$P\Rightarrow Q$。

属性的部分依赖度的定义。如果S中存在不相容的 PQ 算法，则称属性集Q部分依赖于S中的属性集P。

属性之间的依赖度的定义。设（P,Q）是 S 中的一个 PQ 算法，通过算法（P,Q）的正区域，记为 POS(P,Q)，可以表示算法中所有相容（真）PQ 规则集。

决策算法（P,Q）的正区域是不相容算法的相容部分（可能是空集）。显然，当且仅当 POS(P,Q) $\neq$ (P,Q) 或 card（POS(P,Q)) $\neq$ card(P,Q) 时，PQ 算法是不相容的。

对于每个 PQ 决策算法，可以将 $k=\text{card}(\text{POS}(P,Q))/\text{card}(P,Q)$ 称为算法的相容度，也称 PQ 算法的相容度 k。

显然，$0\leqslant k\leqslant 1$。如果一个 PQ 算法的相容度为 k，则可以说属性集 Q 对属性集 P 的依赖度为 k，记为 $P\Rightarrow_k Q$。

当且仅当 $k=1$ 时，算法是相容的；如果 $k\neq 1$，则算法是不相容的。所有这些概念都与上面讨论的概念相同。注意，在相容算法中，所有决策都是由决策算法中的条件唯一确定的。换句话说，这意味着相容算法中的所有决策都可以通过决策算法中的条件来识别。

决策逻辑提供了一种仅用命题逻辑进行知识推理的简单方法，适用于某些应用场合。注意，所谓的决策表可以用于 KR 系统。

然而，决策逻辑的可用性也受到约束。换言之，它远不是一般的推理系统。在本书中将建立基于粗糙集理论的推理的一般框架。

2.6　知识的约简

粗糙集理论中的一个重要问题是，定义所需知识中的某些范畴时是否有必要使用整个知识，该问题被称为“知识约简”。知识约简有两个基本概念，即约简和核心（简称“核”）。直观地说，知识的约简是其基本部分，能够定义所需知识中的所有基本概念。核是知识中最具特征部分的集合。

设 $\mathscr{R}$ 是一个等价关系族，且 $R\in\mathscr{R}$。如果 $\text{IND}(\mathscr{R})=\text{IND}(\mathscr{R}-\{R\})$，则 R 在 $\mathscr{R}$ 中是不必要的；否则 R 在 $\mathscr{R}$ 中是必要的；如果每个 $R\in\mathscr{R}$ 在 $\mathscr{R}$ 中是必要的，则 $\mathscr{R}$ 是独立的；否则 $\mathscr{R}$ 是依赖的。

定理 2.30　如果 $\mathscr{R}$ 是独立的且 $\mathscr{P}\subseteq\mathscr{R}$，那么 $\mathscr{P}$ 也是独立的。

下列定理表述了核与约简之间的关系。

如果 $\mathscr{Q}$ 是独立的，且 $\text{IND}(\mathscr{Q})=\text{IND}(\mathscr{P})$，则 $\mathscr{Q}\subseteq\mathscr{P}$ 是 $\mathscr{P}$ 的约简。显然，$\mathscr{P}$ 可能有许多约简。$\mathscr{P}$ 中所有必要关系的集合称为 $\mathscr{P}$ 的核，记为 $\text{CORE}(\mathscr{P})$。

定理 2.31　$\text{CORE}(\mathscr{P})=\cap\text{RED}(\mathscr{P})$，其中 $\text{RED}(\mathscr{P})$ 表示 $\mathscr{P}$ 的所有约简。

Pawlak[1] 的示例中，假设 $\mathscr{R}=\{P,Q,R\}$ 中的三个等价关系 P、Q、R 具有以下等价类：

$$U/P=\{\{x_1,x_4,x_5\},\{x_2,x_8\},\{x_3\},\{x_6,x_7\}\}$$

$$U/Q = \{\{x_1, x_3, x_5\}, \{x_6\}, \{x_2, x_4, x_7, x_8\}\}$$
$$U/R = \{\{x_1, x_5\}, \{x_6\}, \{x_2, x_7, x_8\}, \{x_3, x_4\}\}$$

关系 $\mathrm{IND}(\mathscr{R})$ 具有下列等价类：

$$U/\mathrm{IND}(\mathscr{R}) = \{\{x_1, x_5\}, \{x_2, x_8\}, \{x_3\}, \{x_4\}, \{x_6\}, \{x_7\}\}$$

关系 P 在 $\mathscr{R}$ 中是不必要可缺少的，因为

$$U/\mathrm{IND}(\mathscr{R} - \{P\}) = \{\{x_1, x_3\}, \{x_2, x_7, x_8\}, \{x_3\}, \{x_4\}, \{x_6\}\} \neq U/\mathrm{IND}(\mathscr{R})$$

对于关系 Q，有

$$U/\mathrm{IND}(\mathscr{R} - \{Q\}) = \{\{x_1, x_3\}, \{x_2, x_8\}, \{x_3\}, \{x_4\}, \{x_6\}, \{x_7\}\} = U/\mathrm{IND}(\mathscr{R})$$

因此，关系 Q 在 $\mathscr{R}$ 中是不必要的。

同理，对于关系 R，有

$$U/\mathrm{IND}(\mathscr{R} - \{R\}) = \{\{x_1, x_3\}, \{x_2, x_8\}, \{x_3\}, \{x_4\}, \{x_6\}, \{x_7\}\} = U/\mathrm{IND}(\mathscr{R})$$

因此，关系 R 在 $\mathscr{R}$ 中也是不必要的。

由三个等价关系 P、Q 和 R 定义的分类与由关系 P 和 Q 或 P 和 R 定义的分类相同。

为了找到 $\mathscr{R}=\{P,Q,R\}$ 的约简，必须检验 P、Q 关系和 P、R 关系是否独立。因为 $U/\mathrm{IND}(\{P,Q\}) \neq U/\mathrm{IND}(P)$ 且 $U/\mathrm{IND}(\{P,Q\}) \neq U/\mathrm{IND}(Q)$，所以 P 和 Q 的关系是独立的。因此 $\{P,Q\}$ 是 $\mathscr{R}$ 的约简，同理，$\{P,R\}$ 也是 $\mathscr{R}$ 的一个约简。

因此，$\mathscr{R}$ 有两个约简，即 $\{P,Q\}$ 和 $\{P,R\}$，且 $\{P,Q\} \cap \{P,R\} = \{P\}$ 是 $\mathscr{R}$ 的核。

以上定义的约简和核的概念可以推广。设 P 和 Q 是 U 上的等价关系，Q 的 P-正区域记为 $\mathrm{POS}_P(Q)$，定义如下：

$$\mathrm{POS}_P(Q) = \bigcup_{X \in U/Q} \underline{P}X$$

Q 的正区域是论域 U 的所有根据等价类 U/P 的知识可以准确划分到等价类 U/Q 的对象集合。

设 $\mathscr{P}$ 和 $\mathscr{Q}$ 是 U 上的等价关系族，如果 $\mathrm{POS}_{\mathrm{IND}(\mathscr{P})}(\mathrm{IND}(\mathscr{Q})) = \mathrm{POS}_{\mathrm{IND}(\mathscr{P}-\{R\})}(\mathrm{IND}(\mathscr{Q}))$，则 $R \in \mathscr{P}$ 在 $\mathscr{P}$ 中是 $\mathscr{Q}$ 不必要的，否则 R 在 $\mathscr{P}$ 中是 $\mathscr{Q}$ 必要的。

如果 $\mathscr{P}$ 中的每个 R 都是 $\mathscr{Q}$ 必要的，则称 $\mathscr{P}$ 是 $\mathscr{Q}$ 独立的。设 $S \subseteq \mathscr{P}$，当且仅当 $\mathscr{S}$ 是 $\mathscr{P}$ 的 Q 独立子族，且 $\mathrm{POS}_S(\mathscr{Q}) = \mathrm{POS}_{\mathscr{P}}(\mathscr{Q})$ 时，S 称为 $\mathscr{P}$ 的 $\mathscr{Q}$ 约简。$\mathscr{P}$ 中所有 $\mathscr{Q}$ 必要的初等关系的集合称为 $\mathscr{Q}$ 的核，记为 $\mathrm{CORE}_{\mathscr{Q}}(\mathscr{P})$。

下列定理阐述相对约简与核的关系。

定理 2.32 $\mathrm{CORE}_{\mathscr{Q}}(\mathscr{P}) = \cap \mathrm{RED}_{\mathscr{Q}}(\mathscr{P})$，其中 $\mathrm{RED}_{\mathscr{Q}}$ 是所有 $\mathscr{P}$ 的 $\mathscr{Q}$ 约简的集合。

设 $POS_{\mathscr{P}}(\mathscr{Q})$ 是可以划分为知识 $\mathscr{Q}$ 的基本范畴的所有对象集合。如果将对象分类到知识 $\mathscr{Q}$ 的基本范畴中知识 $\mathscr{P}$ 必不可少的，则知识 $\mathscr{P}$ 是 $\mathscr{Q}$ 独立的。

知识 $\mathscr{P}$ 的 $\mathscr{Q}$ 核知识是知识 $\mathscr{P}$ 的基本组成部分，在不干扰对象分类到 $\mathscr{Q}$ 基本范畴的前提下，它是不可能消除的。

知识 $\mathscr{P}$ 的 $\mathscr{Q}$ 约简是知识 $\mathscr{P}$ 的最小子集，它为知识 $\mathscr{Q}$ 的基本范畴提供了与整个知识 $\mathscr{P}$ 相同的对象分类。注意，知识 $\mathscr{P}$ 可以有多个约简。

知识 $\mathscr{P}$ 只有一个 $\mathscr{Q}$ 约简，即只有一种使用知识 $\mathscr{P}$ 的基本范畴的方法能将对象分类到知识 $\mathscr{Q}$ 的基本范畴。

如果知识 $\mathscr{P}$ 有多个 $\mathscr{Q}$ 约简，那么它是不确定的，并且在将对象分类到 $\mathscr{Q}$ 的基本范畴时，通常有许多使用 $\mathscr{P}$ 的基本范畴的方法。

如果核知识为空，不确定性就特别大。但是不确定性本身就是知识具有的，这在某些情况下可能是一个缺点。

基本范畴是知识的部分，可以看成是概念的基本单位。知识库中的每一个概念都只能通过基本范畴来（精确地或近似地）表述。

另一方面，每一个基本范畴都是某些基本范畴的组成（交集）。然而，需要讨论是否所有的基本范畴对于确定所讨论的基本范畴都是必要的。

设 $\boldsymbol{F}=\{X_1,X_2,\cdots,X_n\}$ 是一个集合族，则 $X_i\subseteq U(i=1,2,\cdots,n)$。如果 $\cap(F-\{X_i\})=\cap F$，则 X_i 是不必要的，否则集合 X_i 在 F 中是必要的。

如果 F 的所有补集都是必要的，则 F 是不独立的；否则 F 是独立的。如果 H 是独立的且 $\cap H=\cap F$，则 $H\subseteq F$ 是 F 的一个约简。F 中所有必要集合的族称为 F 的核，记为 $CORE(F)$。

定理 2.33 $CORE(F)=\cap RED(F)$，其中 $RED(F)$ 是 F 的所有约简的集合。

介绍 Pawlak[1] 中的示例，设三个集合的族为 $F=\{X,Y,Z\}$，其中

$$X=\{x_1,x_3,x_8\}$$
$$Y=\{x_1,x_3,x_4,x_5,x_6\}$$
$$Z=\{x_1,x_3,x_4,x_6,x_7\}$$

因此，$\cap F=X\cap Y\cap Z=\{x_1,x_3\}$。因为

$$\cap(F-\{X\})=Y\cap Z=\{x_1,x_3,x_4,x_6\}$$
$$\cap(F-\{Y\})=X\cap Z=\{x_1,x_3\}$$
$$\cap(F-\{Z\})=X\cap Y=\{x_1,x_3\}$$

集合 Y 和 Z 在 F 中是不必要的且 F 是独立的，集合 X 是 F 的核。$\{X,Y\}$ 和 $\{X,Z\}$ 是 F 的约简，而 $\{X,Y\}\cap\{X,Z\}=\{X\}$ 是 F 的核。还需要一种方法来从某些类别中删除多余类别。除了需要用集合的并集而不是集合的交集以外，这个问题可以用类似于前一个问题的方式来解决。

设 $F=\{X_1,X_2,\cdots,X_n\}$ 是一个集合族，则 $X_i\subseteq U(i=1,2,\cdots,n)$。如果 $\cup(F-|X_i|)=\cup F$，则 X_i 在 $\cup F$ 中是不必要的；否则集合 X_i 在 $\cup F$ 中是必要的。

如果 F 的所有成分在 $\cup F$ 中都是必要的，则 F 对 $\cup F$ 是独立的；否则 F 在 $\cup F$

中是依赖的。如果 H 对 $\cup H$ 和 $\cup H=\cup F$ 是独立的，则 $H\subseteq F$ 是 $\cup F$ 的约简。

设 $F=\{X,Y,Z,T\}$，其中

$$X=\{x_1,x_3,x_8\}$$
$$Y=\{x_1,x_2,x_4,x_5,x_6\}$$
$$Z=\{x_1,x_3,x_4,x_6,x_7\}$$
$$T=\{x_1,x_2,x_5,x_7\}$$

显然，$\cup F=X\cup Y\cup Z\cup T=\{x_1,x_2,x_3,x_4,x_5,x_6,x_7,x_8\}$。

且有：

$$\cup(F-\{X\})=\cup(Y,Z,T)=\{x_1,x_2,x_3,x_4,x_5,x_6,x_7\}\neq\cup F$$
$$\cup(F-\{Y\})=\cup(X,Z,T)=\{x_1,x_2,x_3,x_4,x_5,x_6,x_7,x_8\}=\cup F$$
$$\cup(F-\{Z\})=\cup(X,Y,T)=\{x_1,x_2,x_3,x_4,x_5,x_6,x_7,x_8\}=\cup F$$
$$\cup(F-\{T\})=\cup(X,Y,Z)=\{x_1,x_2,x_3,x_4,x_5,x_6,x_7,x_8\}=\cup F$$

因此，F 中唯一必要的集合是集合 X，其余集合 Y、Z 和 T 在族中是不必要的。故集合 $\{X,Y,Z\}$、$\{X,Y,T\}$、$\{X,Z,T\}$ 是 F 的约简，这意味着概念 $\cup F=X\cup Y\cup Z\cup T$，即 X、Y、Z 和 T 的并集可以简化并以更小数量的概念来表示。

范畴的相对约简和核。假设 $F=\{X_1,X_2,\cdots,X_n\}$，$X_i\subseteq U(i=1,2,\cdots,n)$ 和一个子集 $Y\subseteq U$，使得 $\cap F\subseteq Y$。

如果 $\cap(F-\{x_i\})\subseteq Y$，则 X_i 在 $\cap F$ 中是 Y 不必要的，否则集合 X_i 在 $\cap F$ 中是 Y 必要的。

如果 F 的所有补集在 $\cap F$ 中都是 Y 必要的，F 在 $\cap F$ 中是 Y 独立的；否则 F 在 $\cup F$ 中是 Y 依赖的。

如果 H 在 $\cap F$ 中是 Y 独立的，则 $\cap F\subseteq Y$ 是 $\cap F$ 的 Y 约简。

在 $\cap F$ 中所有 Y 必要集的族称为 F 的 Y 核，记为 $\mathrm{CORE}_F(F)$。也可以说，Y 约简（Y 核）是相对于 Y 的相对约简（相对核）。

定理 2.34 $\mathrm{CORE}_Y(F)=\cap\mathrm{RED}_Y(F)$，其中 $\mathrm{RED}_Y(F)$ 是 F 的所有 Y 约简的集合。

因此，可以用类似于消除多余等价关系的方式从基本范畴中消除多余的基本范畴。

如上所述，知识的约简是为了消除多余的划分（等价关系）。对此，约简和核的概念起着重要作用。

2.7 知识的表达

本节讨论知识表达系统（KR 系统），它可以看成是一种形式化的语言。知识表达系统也可以解释为数据表，在实际应用中起着重要的作用。

知识表达系统 $S=(U,A)$，其中 U 称为论域的非空有限集，A 是非空有限集的基本属性。每个基本属性 $a\in A$ 都是一个全函数 $a:U\rightarrow V_a$，其中 V_a 是 a 的值

集，称为 a 的域。

对于 $B\subseteq A$ 的每个属性子集，都对应一个二元关系 IND(B)，称为不可分辨关系，定义为

$$\mathrm{IND}(B)=\{(x,y)\in U^2 \mid 对每个\ a\in B,\ a(x)=a(y)\}$$

显然，IND(B)是一个等价关系，且 $\mathrm{IND}(B)=\bigcap_{a\in B}\mathrm{IND}(a)$。其中 $B\subseteq A$ 的每个子集称为属性，如果 B 是单个元素集，那么 B 称为基元，否则称为合集。

属性 B 可以作为关系 IND(B)的名称，换而言之，等价关系 IND(B)可以表示知识的名称。因此，可以将知识表达系统 $S=(U,A)$ 描述为知识库 $K=(U,\mathscr{R})$，知识库中的每个等价关系用属性表示，关系的每个等价类用属性值表示。知识库与知识表达系统之间存在一一对应关系，可以通过以下方式将知识表达系统 $S=(U,A)$ 转换成任意知识库 $K=(U,\mathscr{R})$。

如果 $R\in\mathscr{R}$ 且 $U/R=\{X_1,X_2,\cdots,X_k\}$，则当且仅当 $x\in X$，$i=1,2,\cdots,k$ 时，对于属性 A 集合中的每个属性 $a_R:U\to V_{a_R}$，有 $V_{a_R}=\{1,2,\cdots,k\}$ 和 $a_R(x)=i$。知识库的所有概念都可以用知识表达系统的概念来表示。对于 Pawlak[1] 的知识表达系统：

论域 U 由编号为 1、2、3、4、5、6、7 和 8 的 8 个元素组成，属性集是 $A=\{A,b,c,d,e\}$，而 $V=V_a=V_b=V_c=V_d=V_e=\{0,1,2\}$。

在表 2.4 中，属性 a 无法分辨 U 的元素 1、4 和 5，属性集 $\{b,c\}$ 无法分辨元素 2、7 和 8，属性集 $\{d,e\}$ 无法分辨元素 2 和 7。系统中通过属性分区如下：

$$U/\mathrm{IND}\{a\}=\{\{2,8\},\{1,4,5\},\{3,6,7\}\}$$
$$U/\mathrm{IND}\{b\}=\{\{1,3,5\},\{2,4,7,8\},\{6\}\}$$
$$U/\mathrm{IND}\{c,d\}=\{\{1\},\{3,6\},\{2,7\},\{4\},\{5\},\{8\}\}$$
$$U/\mathrm{IND}\{a,b,c\}=\{\{1,5\},\{2,8\},\{3\},\{4\},\{6\},\{7\}\}$$

表 2.4　KR 系统 3

U	a	b	c	d	e
1	1	0	2	2	0
2	0	1	1	1	2
3	2	0	0	1	1
4	1	1	0	2	2
5	1	0	2	0	1
6	2	2	0	1	1
7	2	1	1	1	2
8	0	1	1	0	1

例如，对于属性集 $C=\{a,b,c\}$ 和子集 $X=\{1,2,3,4,5\}$，有 $\underline{C}X=\{1,2,3,4,5\}$，$\overline{C}X=\{1,2,3,4,5,8\}$ 和 $BN_C(X)=\{2,8\}$。因此，集合 X 相对于属性集 C 来说是粗糙的，也就是说，我们无法使用属性集 C 来确定元素 2 和 8 是否是 X 的成员。对于论域的其他部分，使用属性集 C 对元素进行分类是可以的。

属性 $C=\{a,b,c\}$ 的集合是依赖的。属性 a 和属性 b 是必要的，而属性 c 则

是不必要的。因此，依赖关系 $\{a,b\} \Rightarrow \{c\}$ 成立。因为 $\mathrm{IND}\{a,b\}$ 由 $\{1,5\}$、$\{2,8\}$、$\{3\}$、$\{4\}$、$\{6\}$、$\{7\}$ 组成，$\mathrm{IND}\{c\}$ 由 $\{1,5\}$、$\{2,7,8\}$、$\{3,4,6\}$ 组成，$\mathrm{IND}\{a,b\} \subset \mathrm{IND}\{c\}$。

下面计算表 2.4 中的属性 $D=\{d,e\}$ 对属性 $C=\{a,b,c\}$ 的依赖度。$U/\mathrm{IND}(C)$ 由 $X_1=\{1\}$，$X_2=\{2,7\}$，$X_3=\{3,6\}$，$X_4=\{4\}$，$X_5=\{5,8\}$ 组成，$U/\mathrm{IND}(D)$ 由 $Y_1=\{1,5\}$，$Y_2=\{2,8\}$，$Y_3=\{3\}$，$Y_4=\{4\}$，$Y_5=\{6\}$，$Y_6=\{7\}$ 组成。由于 $\underline{C}X_1=\varnothing$，$\underline{C}X_2=Y_6$，$\underline{C}X_3=Y_3\cup Y_5$，$\underline{C}X_4=Y_4$，$\underline{C}X_5=\varnothing$，故 $\mathrm{POS}(D)=Y_3\cup Y_4\cup Y_5\cup Y_6=\{3,4,6,7\}$。也就是说，只有这些元素可以通过属性集 $C=\{a,b,c\}$ 分类到 $U/\mathrm{IND}(D)$ 中。因此，C 和 D 之间的依赖度为 $\gamma_c(D)=4/8=0.5$。

属性集 C 是 D 依赖的，而属性 a 是 D 必要的。这意味着 C 的 D 核是属性集 $\{a\}$。因此，表中有以下依赖关系：$\{a,b\} \Rightarrow \{d,e\}$ 和 $\{a,c\} \Rightarrow \{d,e\}$。

显然，属性在所考虑问题的分析中可能具有不同的重要性。为了找出特定属性（或属性组）的重要性，可以从表中删除该属性，观察在没有该属性的情况下分类将如何改变。如果删除该属性后将显著改变分类，则意味着其重要性较高；反之，重要性应较低。这个方法恰好可以使用“正区域”的概念。

衡量属性子集 $B'\subseteq B$ 相对于由属性集 C 的分类的重要性差异为 $\gamma_B(C)-\gamma_{B-B'}(C)$，它表示当从集合 B 中删除一些属性（子集 B'）后，通过属性 B 对对象进行分类时，分类 $U/\mathrm{IND}(C)$ 的正区域所受的影响。

在表 2.4 中，计算属性 a、b 和 c 相对于属性集 $\{d,e\}$ 的重要性。$\mathrm{POS}_C(D)=\{3,4,6,7\}$，其中 $C=\{a,b,c\}$ 和 $D=\{d,e\}$。因为

$$
\begin{aligned}
U/\mathrm{IND}(b,c) &= \{\{1,5\},\{2,7,8\},\{3\},\{4\},\{6\}\}\\
U/\mathrm{IND}(a,c) &= \{\{1,5\},\{2,8\},\{3,6\},\{4\},\{7\}\}\\
U/\mathrm{IND}(a,b) &= \{\{1,5\},\{2,8\},\{3\},\{4\},\{6\},\{7\}\}\\
U/\mathrm{IND}(d,e) &= \{\{1\},\{2,7\},\{3,6\},\{4\},\{5,8\}\}
\end{aligned}
$$

则

$$
\begin{aligned}
\mathrm{POS}_{C-\{a\}}(D) &= \{3,4,6\}\\
\mathrm{POS}_{C-\{b\}}(D) &= \{3,4,6,7\}\\
\mathrm{POS}_{C-\{c\}}(D) &= \{3,4,6,7\}
\end{aligned}
$$

因此，相应的精度为

$$
\begin{aligned}
\gamma_{C-\{a\}}(D) &= 0.125\\
\gamma_{C-\{b\}}(D) &= 0\\
\gamma_{C-\{c\}}(D) &= 0
\end{aligned}
$$

因此，属性 a 是最重要的，因为它改变 $U/\mathrm{IND}(D)$ 的正区域最多，也就是说，没有属性 a，无法将对象 7 划分为 $U/\mathrm{IND}(D)$ 的类。

注意，属性 a 是 D 必要的，而属性 b 和 c 是不必要的。因此，属性 a 是 C 关于 D 的核（C 的 D 核），而 $\{a,b\}$ 和 $\{a,c\}$ 是 C 关于 D 的约简（C 的 D 约简）。

知识表达系统既可以用表格来表示，也可以在模态逻辑的框架中形式化，这些会在第 4 章讨论。

知识表达系统和关系数据库之间存在一些相似之处[15]，这是因为表的概念起着至关重要的作用。

然而，这两种模式有着本质的区别。关系模型对存储在表中的信息含义不感兴趣，它专注于高效的数据结构和操作。因此，表中包含信息的对象不在表中表示。

而在知识表达系统中，所有的对象都是明确表示的，属性值即表项，将对象的特征或属性与明确含义关联起来。

2.8 决策表

决策表可以看成是一类特殊的、重要的知识表达系统，可以用于实际应用。设 $K=(U,A)$ 为知识表达系统，C、D 为 A 的两个属性子集（即 $C,D\subset A$），分别称为条件属性和决策属性。

具有不同条件和决策属性的 KR 系统称为决策表，记为 $T=(U,A,C,D)$ 或简称 DC。关系 $\mathrm{IND}(C)$ 和 $\mathrm{IND}(D)$ 的等价类分别称为条件类和决策类。对于每一个 $x\in U$，我们关联一个函数 $d_x:A\to V$，使得对每个 $a\in C\cup D$，满足 $d_x(a)=a(x)$；函数 d_x 被称为决策表 T 的决策规则，而 x 作为决策规则 d_x 的一个标签。

注意，决策表中集合 U 的元素通常不代表真实对象，而是决策规则的简单标识符。

如果 d_x 是一个决策规则，那么 d_x 的 C 约束（表示 $d_x|C$）和 d_x 的 D 约束（表示 $d_x|D$）分别称为 d_x 的条件和决策（行动）。

如果对于每个 $y\neq x$，$d_x|C=d_y|C$ 蕴涵着 $d_x|D=d_y|D$，则决策规则 d_x 是一致的（在决策表 T 中）；否则决策规则不一致。

如果决策表的所有决策规则都一致，则决策表是一致的；否则决策表就是不一致的。一致性（不一致性）有时可以解释为决定论（非决定论）。

定理 2.35 当且仅当 $C\Rightarrow D$ 时，决策表 $T=(U,A,C,D)$ 是一致的。

由定理 2.35 可知，检验决策表一致性的实用方法是简单地计算条件属性与决策属性之间的依赖度。如果依赖度等于 1，那么决策表是一致的；否则就是不一致的。

定理 2.36 每个决策表 $T=(U,A,C,D)$ 可以唯一地分解为两个决策表 $T_1=(U,A,C,D)$ 和 $T_2=(U,A,C,D)$，使得 T_1 中 $C\Rightarrow_1 D$，T_2 中 $C\Rightarrow_0 D$，$U_1=\mathrm{POS}_C(D)$ 和 $U_2=\bigcup_{X\in U/\mathrm{IND}(D)} BN_C(X)$。

定理 2.36 说明，我们可以将决策表分解为两个子表；一个表完全不一致且依赖系数等于 0，另一个表完全一致且依赖系数等于 1。但只有依赖度大于 0 小于 1 时，才可能进行此分解。

以 Pawlak[1] 中的表 2.5 为例。假设 a、b 和 c 是条件属性，d 和 e 是决策属性。在此表中，决策规则 1 不一致，而决策规则 3 是一致的。根据定理 2.36，我们可以将决策表 2.1 分解为以下两个表：表 2.2 中的所有决策规则都是一致的，而表 2.3 中的所有决策规则都是不一致的。决策表的约简在许多应用中非常重要，如软件工程。约简的例子之一是在决策表中重新构造条件属性。

表 2.5 决策表 2.1

U	a	b	c	d	e
1	1	0	2	2	0
2	0	1	1	1	2
3	2	0	0	1	1
4	1	1	0	2	2
5	1	0	2	0	1
6	2	2	0	1	1
7	2	1	1	1	2
8	0	1	1	0	1

在约简决策表中，相同的决策可以基于一个较小的条件数。这种约简消除了不必要条件的检查。

Pawlak 认为约简决策表包括以下步骤：

（1）条件属性约简（等同于从决策表中删除某列）的算法。

（2）删除重复行。

（3）删除多余的属性值。

因此，上述方法包括删除多余的条件属性（列）、重复行以及不相关的条件属性值。

通过上述过程得到了一个“不完备”的决策表，只包含决策所需的条件属性值。根据决策表的定义，不完备表不是决策表，可以看成是决策表的缩写。

为了简单起见，假设条件属性集已经被缩减，即决策表中没有多余的条件属性。

对于 A 的每个属性子集 $B\subseteq A$，通过分区 $U/\mathrm{IND}(B)$ 联系起来，条件属性集和决策属性集将对象划分为条件类和决策类。对于 A 的每个属性子集 B 和对象 x，可以关联集合 $[x]_B$，它表示的关系 $\mathrm{IND}(B)$ 中包含对象 x 的一个等价类，即 $[x]_B$ 是 $[x]_{\mathrm{IND}(B)}$ 的缩写。

对于决策规则 d_x 中的任何一条件属性集 C，可以将集合 $[x]_C=\cap_{a\in C}[x]_a$ 联系起来，但是每个集合 $[x]_a$ 都是由属性值 $a(x)$ 唯一确定的。为了删除多余的条件属性值，必须从等价类 $[x]_C$ 中删除所有的多余等价类 $[x]_a$。因此，删除多余的属性值与删除相应等价类的问题是一样的。

以 Pawlak[1] 中的决策表为例，a、b 和 c 是条件属性，e 是决策属性。很容易计算出 e 的唯一不必要条件属性是 c，因此，可以删除表 2.4 中的 c 列得到表 2.5。

下一步必须删除每个决策规则中多余的条件属性值。首先，必须计算每个决策规则中条件属性的核值。

计算第一个决策规则中条件属性的核值，即集族的核。

$$F=\{[1]_a,[1]_b,[1]_d\}=\{\{1,2,4,5\},\{1,2,3\},\{1,4\}\}$$

由此可得：

$$[1]_{\{a,b,d\}}=[1]_a\cap[1]_b\cap[1]_d=\{1,2,4,5\}\cap\{1,2,3\}\cap\{1,4\}=\{1\}$$

此外，$a(1)=1$，$b(1)=0$ 和 $d(1)=1$。为了找到多余的类别，必须每次删除一个类别，并检查剩余类别的交集是否仍包含在决策类 $[1]_e=\{1,2\}$ 中，即

$$[1]_b\cap[1]_d=\{1,2,3\}\cap\{1,4\}=\{1\}$$
$$[1]_a\cap[1]_d=\{1,2,4,5\}\cap\{1,4\}=\{1,4\}$$
$$[1]_a\cap[1]_b=\{1,2,4,5\}\cap\{1,2,3\}=\{1,2\}$$

这意味着核值是 $b(1)=0$。同样，可以计算每个决策规则中剩余的条件属性的核值，最终结果如表 2.6 所示。

表 2.6　决策表 2.2

U	a	b	c	d	e
3	2	0	0	1	1
4	1	1	0	2	2
6	2	2	0	1	1
7	2	1	1	1	2

继续计算值约简。例如，计算决策表中第一个决策规则的值约简。根据它的定义，为了计算族 $F=\{|1|_a, |1|_b, |1|_d\}=\{\{1,2,3,5\},\{1,2,3\},\{1,4\}\}$ 的约简，必须找到所有子族 $G\subset F$，使 $\cap G\subseteq[1]_e=\{1,2\}$。$F$ 有以下四个子族：

$$[1]_b\cap[1]_d=\{1,2,3\}\cap\{1,4\}=\{1\}$$
$$[1]_a\cap[1]_d=\{1,2,4,5\}\cap\{1,4\}=\{1,4\}$$
$$[1]_a\cap[1]_b=\{1,2,4,5\}\cap\{1,2,3\}=\{1\}$$

只有两个是族 F 的约简：

$$[1]_b\cap[1]_d=\{1,2,3\}\cap\{1,4\}=\{1\}\subseteq[1]_e=\{1,2\}$$
$$[1]_a\cap[1]_b=\{1,2,4,5\}\cap\{1,2,3\}=\{1\}\subseteq[1]_e=\{1,2\}$$

因此，得到两个值约简：$b(1)=0$ 和 $d(1)=1$ 或者 $a(1)=1$ 和 $b(1)=0$。这意味着，属性 a 和 b 或 d 和 e 的属性值是决策类 1 的特征，并且不出现在决策表中的任何其他决策类中。此外，属性 b 的值是两个值约简的交集，$b(1)=0$，即它是核值。

表 2.7 中列出了表 2.1 的所有决策规则的值约简。

表 2.7　决策表 2.3

U	a	b	c	d	e
1	1	0	2	2	0
2	0	1	1	1	2
5	1	0	2	0	1
8	0	1	1	0	1

从决策表 2.7 可以看出，决策规则 1 和 2 有两个条件属性的值约简。对于每个决策规则，决策规则 3、4 和 5 只有一个条件属性的值约简。剩下的决策规则 6 和 7 分别包含两个和三个值约简。因此，决策规则 1 和 2 有两种简化形式，决策规则 3、4 和 5 都只有一种简化形式，决策规则 6 有两个约简，决策规则 7 有三个约简。因此，问题有 4×2×3=24 个解决方案。决策表 2.8 给出了一个这样的解决方案，另一个解决方案见决策表 2.9。

表 2.8　决策表 2.4

U	a	b	c	d	e
1	1	0	0	1	1
2	1	0	0	0	1
3	0	0	0	0	0
4	1	1	0	1	0
5	1	1	0	2	2
6	2	1	0	2	2
7	2	2	2	2	2

表 2.9　决策表 2.5

U	a	b	d	e
1	1	0	1	1
2	1	0	0	1
3	0	0	0	0
4	1	1	1	0
5	1	1	2	2
6	2	1	2	2
7	2	2	2	2

因为决策规则 1 和 2 以及规则 5、6 和 7 是相同的，可以表示为决策表 2.10。事实上，列举决策规则并不是必需的，因此可以任意列举并最终得到决策表 2.11。

表 2.10　决策表 2.6

U	a	b	d	e
1	—	0	—	1
2	1	—	—	1
3	0	—	—	0
4	—	1	1	—
5	—	—	2	2
6	—	—	—	2
7	—	—	—	2

表 2.11　决策表 2.7

U	a	b	d	e
1	1	0	×	1
1′	×	0	1	1
2	1	0	×	1
2′	1	×	0	1
3	0	×	×	0
4	×	1	1	0
5	×	×	2	2
6	×	×	2	2
6′	2	×	×	2
7	×	×	2	2
7′	×	2	×	2
7″	2	×	×	2

由于它利用的是表中信息的含义，因此该决策表的约简方法可以称为语义约简。另一种称为语法约简的决策表，其约简方法也是可行的，它在决策逻辑的框架内进行描述（表 2.12）。

表 2.12　决策表 2.8

U	a	b	d	e
1	1	0	×	1
2	1	×	0	×
3	0	×	×	0
4	×	1	1	0
5	×	×	2	2
6	×	×	2	2
7	2	×	×	2

为了约简决策表，应该首先约简条件属性，删除重复行，然后进行条件属性的值约简，如有必要，再次删除重复行（表 2.13）。该方法为决策表约简提供了一种简单的算法。属性子集可以有多个约简（相对约简），因此决策表的约简不会产生唯一的结果。有些决策表可以根据预先设定的准则进行优化（表 2.14）。

表 2.13　决策表 2.9

U	*a*	*b*	*d*	*e*
1	1	0	×	1
2	1	0	×	1
3	0	×	×	0
4	×	1	1	0
5	×	×	2	2
6	×	×	2	2
7	×	×	2	2

表 2.14　决策表 2.10

U	*a*	*b*	*d*	*e*
1,2	1	0	×	1
3	0	×	×	0
4	×	1	1	0
5,6,7	×	×	2	2

本节介绍了粗糙集理论的主要知识，不再介绍 Pawlak 提出的粗糙集的其他公式和粗糙集理论的优点[1]（表 2.15）。

表 2.15　决策表 2.11

U	*a*	*b*	*d*	*e*
1	1	0	×	1
2	0	×	×	0
3	×	1	1	0
4	×	×	2	2

参考文献

1. Pawlak, P.: Rough Sets: Theoretical Aspects of Reasoning about Data. Kluwer, Dordrecht (1991)
2. Ziarko, W.: Variable precision rough set model. J. Comput. Syst. Sci. **46**, 39–59 (1993)
3. Pawlak, P.: Rough sets. Int. J. Comput. Inf. Sci. **11**, 341–356 (1982)
4. Shen, Y., Wang, F.: Variable precision rough set model over two universes and its properties. Soft. Comput. **15**, 557–567 (2011)
5. Zadeh, L.: Fuzzy sets. Inf. Control **8**, 338–353 (1965)

6. Zadeh, L.: Fuzzy sets as a basis for a theory of possibility. Fuzzy Sets Syst. **1**, 3–28 (1976)
7. Negoita, C., Ralescu, D.: Applications of Fuzzy Sets to Systems Analysis. Wiley, New York (1975)
8. Nakamura, A., Gao, J.: A logic for fuzzy data analysis. Fuzzy Sets Syst. **39**, 127–132 (1991)
9. Quafafou, M.: α-RST: a generalizations of rough set theory. Inf. Sci. **124**, 301–316
10. Cornelis, C., De Cock, J., Kerre, E.: Intuitionistic fuzzy rough sets: at the crossroads of imperfect knowledge. Expert Syst. **20**, 260–270 (2003)
11. Atnassov, K.: Intuitionistic Fuzzy Sets. Physica, Haidelberg (1999)
12. Ganter, B., Wille, R.: Formal Concept Analysis. Springer, Berlin (1999)
13. Ore, O.: Galois connexion. Trans. Am. Math. Soc. **33**, 493–513 (1944)
14. Armstrong, W.: Dependency structures in data base relationships, IFIP'74, pp. 580–583 (1974)
15. Codd, E.: A relational model of data for large shared data banks. Commun. ACM **13**, 377–387 (1970)

第 3 章 非经典逻辑

摘要：本章概述了与粗糙集理论的基础知识关系密切的非经典逻辑，并介绍了模态逻辑、多值逻辑、直觉主义逻辑和弗协调逻辑的基础知识。

3.1 模态逻辑

非经典逻辑是一种在某些方面不同于经典逻辑的逻辑，与粗糙集理论的基础知识密切相关。

非经典逻辑课分为两类。一是通过新特征来实现经典逻辑的扩展，例如，模态逻辑增加了模态算子。二是经典逻辑的替代，它否定了经典逻辑的一些特征。例如，多值逻辑基于多个值，而经典逻辑使用两个值，即真和假。

这两类非经典逻辑在概念上是不同的，且各自的用途很大程度上取决于应用。在某些情况下，它们可以提供比经典逻辑更有价值的结果。下面将介绍模态逻辑、多值逻辑、直觉主义逻辑和弗协调逻辑的基础知识。

模态逻辑用模态算子来表示内涵概念。由于其内涵概念超出了真与假的范畴，故应该通过模态算子构造新的内涵概念。$\Box$(必要性)和$\Diamond$(可能性) 为模态算子。$\Box A$ 表示“A 必然为真”，$\Diamond$表示“A 可能为真”，在某种意义上，$\Box A \leftrightarrow \neg\Diamond\neg A$。通过对模态算子的不同解读，能够将某些内涵概念形式化为内涵逻辑。目前已知的模态逻辑种类可以分为：时态逻辑、认知逻辑、信念逻辑、道义逻辑、动态逻辑、内涵逻辑等。

下面介绍模态逻辑的证明和模型理论。最小模态逻辑的语言 K 是增加了必要性算子$\Box$的经典命题逻辑 CPC。“K” 得名于 Kripke。

K 的 Hilbert 系统形式化如下：

模态逻辑 K

公理

(CPC) CPC 的公理

(K) $\Box(A\to B)\to(\Box A\to\Box B)$

推理规则

$$(\text{MP})\vdash A,\ \vdash A\to B\Rightarrow\vdash B$$

$$(\text{NEG})\vdash A\Rightarrow\vdash\Box A$$

式中：$\vdash A$ 表示 A 在语言 K 中可证明，规则（NEC）称为必然性规则。

标准模态逻辑系统可以通过增加描述模态性质的公理得到。一些重要的公理如下：

$$(D)\Box A\to\Diamond A$$

$$(T)\Box A\to A$$

$$(B)A\to\Box\Diamond A$$

$$(4)\Box A\to\Box\Box A$$

$$(5)\Diamond A\to\Box\Diamond A$$

标准模态逻辑的系统名称由组合的公理命名。例如，K 与公理(D)的扩展系统称为 KD。因此，此类系统传统命名如下：

D = KD

T = KT

B = KB

S4 = KT4

S5 = KT5

20 世纪 60 年代以前，由于缺乏模型理论，模态逻辑的研究主要是理论证明。模态逻辑的语义学由 Kripke 发展而来，现在称为 Kripke 语义学[1-3]。

Kripke 语义学通过"可能世界"来解释模态算子，$\Box A$ 表示 A 在所有可能世界中都是真实的。可能世界通过可达性关系与现实世界联系在一起。

标准模态逻辑 K 的 Kripke 模型定义为 $M=\langle W,R,V\rangle$，其中 W 是可能世界的非空集合，R 是 $W\times W$ 上的可达性关系，V 是值函数：$W\times PV\to\{0,1\}$，PV 表示命题变量的集合，$F=\langle W,R\rangle$ 称为框架。

$M,w\models A$ 表示公式 A 在模型 M 的世界 w 中是真的。设 p 为命题变量，false 为否定。那么，$\models$ 可以定义为

$$M,w\models p\Leftrightarrow V(w,p)=1$$

$$M,w\not\models \text{false}$$

$$M,w\models\neg A\Leftrightarrow M,w\not\models A$$

$$M,w\models A\wedge B\Leftrightarrow M,w\models A \text{ 且 } M,w\models B$$

$$M,w\models A\vee B\Leftrightarrow M,w\models A \text{ 或 } M,w\models B$$

$$M,w\models A\to B\Leftrightarrow M,w\models A\Rightarrow M,w\models B$$

$$M,w\models\Box A\Leftrightarrow\forall v(wRv\Rightarrow M,v\models A)$$

$$M,w\models\Diamond A\Leftrightarrow\exists v(wRv \text{ 且 } M,v\models A)$$

式中：R 的性质没有约束。对于每个世界 w 和每个模型 M，$M,w\models A$ 都成立时，公式 A 在模态逻辑 S 中是有效的，记为 $M\models_S A$。

注意，最小模态逻辑 K 是完备的。

定理 3.1 $\vdash_K A\Leftrightarrow\models_K A$

通过对可达性关系 R 增加约束，可以得到各种标准模态逻辑的 Kripke 模型。关于 R 的公理和条件的对应关系如下：

公理	R 的条件
(K)	无约束
(D)	$\forall w \exists v(wRv)$(连续性)
(T)	$\forall w(wRv)$(自反性)
(4)	$\forall wvu(wRv)$且 $vRu \Rightarrow wRu$(可传递性)
(5)	$\forall wvu(wRv)$且 $vRu \Rightarrow vRu$(欧几里得性)

例如，由于模态逻辑 S4 的 Kripke 模型中需要公理（K）、(T)、(4)，因此其可达性关系是自反的和可传递的。几种模态逻辑的完备性结果详见 Hughes 和 Cresswell[4]。

运用不同的模态算子可以得到其他类型的模态逻辑，这些逻辑可以处理各种问题，因此模态逻辑在应用中具有特殊的重要性。

3.2 多值逻辑

多值逻辑是指有两个以上真值的逻辑，可以表达除了真与假之外其他的可能真值。亚里士多德的《可能未来》中蕴含着多值逻辑的思想。目前，多值逻辑被广泛应用于处理各个领域的问题，尤其是三值逻辑和四值逻辑应用于计算机科学。此外，模糊逻辑也可划分为多值逻辑（无穷值逻辑）。

首先介绍三值逻辑。Łukasiewicz 在文献［5］中首次对三值逻辑进行形式化，称为 Łukasiewicz 的三值逻辑系统 L_3，其中第三个“真值”称为“不确定”或“可能”。

Łukasiewicz 认为，未来或然命题应该存在第三真值 I，它既不是真也不是假。

L_3 的语言包括合取（$\wedge$）、析取（$\vee$）、蕴涵（$\rightarrow_L$）和否定（~），当上下文清楚时，可省略下标 L。多值逻辑的语义通常可以用真值表给出，L_3 的真值表如下。

注意，L_3 并不满足经典逻辑的排中定律 $A \vee \sim A$和非矛盾律$\sim(A \wedge \sim A)$。事实上，复合公式的真值 I 也是如此（表 3.1）。

L_3的 Hilbert 系统如下。

Lukasiewicz's 三值逻辑 L_3的公理

(L1) $A \rightarrow (B \rightarrow A)$

(L2) $(A \rightarrow B) \rightarrow ((B \rightarrow C) \rightarrow (A \rightarrow C)$

(L3) $(A \rightarrow \sim A) \rightarrow A) \rightarrow A$

表 3.1　L3 真值表

A	$\sim A$
T	F
I	I
F	T

A	B	$A\wedge B$	$A\vee B$	$A\rightarrow_L B$
T	T	T	T	T
T	F	F	T	F
T	I	I	T	I
F	T	F	F	T
F	F	F	F	T
F	I	F	I	T
I	T	I	T	T
I	F	F	I	I
I	I	I	I	T

$$(\text{L4})\ (\sim A\rightarrow\sim B)\rightarrow(B\rightarrow A)$$

推理规则

$$(\text{MP})\vdash A,\ \vdash A\rightarrow B\Rightarrow\vdash B$$

式中：$\wedge$和$\vee$由~和$\rightarrow_L$定义为

$$A\vee B=_{\text{def}}(A\rightarrow B)\rightarrow B$$

$$A\wedge B=_{\text{def}}\sim(\sim A\vee\sim B)$$

Kleene[6] 还提出了三值逻辑 K_3 与递归函数理论相结合的方法。K_3与 L_3的不同之处在于它对蕴涵$\rightarrow_K$ 的解释，K_3的真值表见表 3.2。在 K_3 中，第三真值称为“未定义”。因此，K_3可以应用于程序理论。K_3中没有重言式，这意味着 Hilbert 系统不适用于它。

K_3通常被称为 Kleene 的强三值逻辑。在文献中也提到，如果任何复合公式的估值都为 I，则 Kleene 的弱三值逻辑的公式估值也为 I。Kleene 的弱三值逻辑等价于 Bochvar 的三值逻辑。

表 3.2　K3 真值表

A	$\sim A$
T	F
I	I
F	T

A	B	$A \wedge B$	$A \vee B$	$A \rightarrow_K B$
T	T	T	T	T
T	F	F	T	F
T	I	I	T	I
F	T	F	F	T
F	F	F	F	T
F	I	F	I	T
I	T	I	T	T
I	F	F	I	I
I	I	I	I	T

四值逻辑是适用于处理不完备和不一致信息的逻辑。Belnap[7-8]介绍了一种可将内部状态形式化的四值逻辑。四种输入状态分别为（T）、（F）、（None）和（Both），根据这些状态，可以计算出合适的输出。

（T）命题是正确的。

（F）命题是错误的。

（N）命题既不正确也不错误。

（B）命题既是真也是假。

其中，（N）和（B）分别是（None）和（Both）的缩写，（N）对应不完备性，（B）对应不一致性，因此，四值逻辑被视为三值逻辑的自然延伸。

事实上，Belnap 的四值逻辑可以为不完备信息（N）和不一致信息（B）建模。Belnap 提出了两种四值逻辑 A4 和 L4。

前者只能处理原子公式，后者可以处理复合公式。A4 是基于如图 3.1 所示的近似格，B 是最小上界，N 是最大下界。L4 基于图 3.2 所示的逻辑格，具有逻辑符号 $\sim$、$\wedge$、$\vee$，并且基于一组真值 $4=\{T,F,N,B\}$。

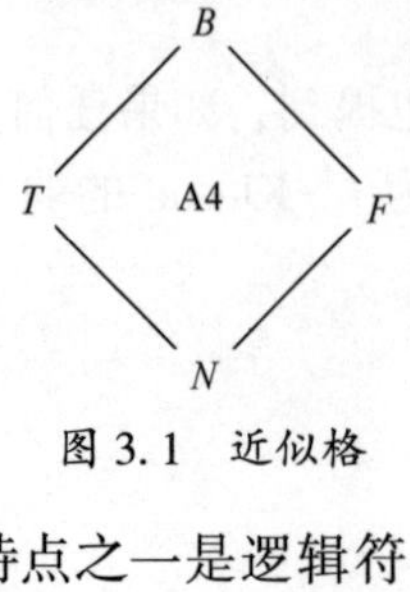

图 3.1　近似格

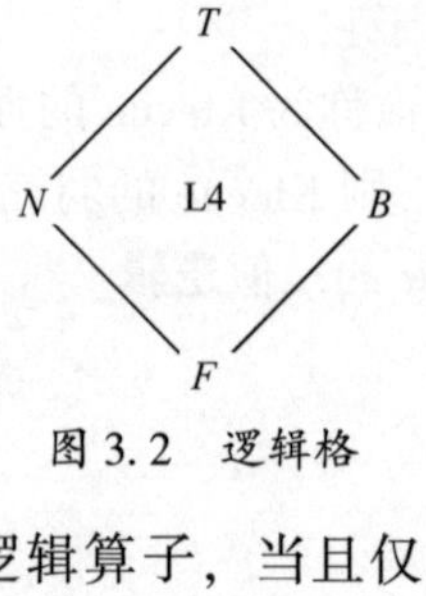

图 3.2　逻辑格

L4 的特点之一是逻辑符号的单调性。设 f 为逻辑算子，当且仅当 $a \subseteq b \Rightarrow f(a) \subseteq f(b)$ 时，f 是单调的。为了保证合取和析取的单调性，必须满足以下条件：

$$a\wedge b=a\Leftrightarrow a\vee b=b$$

$$a\wedge b=b\Leftrightarrow a\vee b=a$$

L4 的真值表如表 3.3。

表 3.3　L4 真值表

	N	F	T	B
~	B	T	F	N

$\wedge$	N	F	T	B
N	N	F	N	F
F	F	F	F	F
T	N	F	T	B
B	F	F	B	B

$\vee$	N	F	T	B
N	N	N	T	T
F	N	F	T	B
T	T	T	T	T
B	T	B	T	B

Belnap 给出了具有上述逻辑符号的语言的语义。若 s 是原子公式的原子集到集合 4 的映射，那么 L4 的公式含义可定义如下：

$$s(A\wedge B)=s(A)\wedge s(B)$$

$$s(A\vee B)=s(A)\vee s(B)$$

$$s(\sim A)=\sim s(A)$$

此外，Belnap 定义蕴涵关系→如下所示：

$$A\rightarrow B\Leftrightarrow s(A)\leqslant s(B)$$

对于所有 s，蕴涵关系→可以公理化如下：

$(A_1\wedge\cdots\wedge A_m)\rightarrow(B_1\vee\cdots\vee B_n)$（$A_i$和 B_j有一些共同点）

$(A\vee B)\rightarrow C\leftrightarrow(A\rightarrow C)$且$(B\rightarrow C)$

$A\rightarrow B\Leftrightarrow\sim B\rightarrow\sim A$

$A\vee B\leftrightarrow B\vee A$，$A\wedge B\leftrightarrow B\wedge A$

$A\vee(B\vee C)\leftrightarrow(A\vee B)\vee C$

$A\wedge(B\wedge C)\leftrightarrow(A\wedge B)\wedge C$

$A\wedge(B\vee C)\leftrightarrow(A\wedge B)\vee(A\wedge C)$

$A\vee(B\wedge C)\leftrightarrow(A\vee B)\wedge(A\vee C)$

$(B\vee C)\wedge A\leftrightarrow(B\wedge A)\vee(C\wedge A)$

$(B\wedge C)\vee A\leftrightarrow(B\vee A)\wedge(C\vee A)$

$\sim\sim A\leftrightarrow A$

$\sim(A\wedge B)\leftrightarrow\ \sim A\vee\sim B$，$\sim(A\vee B)\leftrightarrow\sim A\wedge\sim B$

$$A \to B,\ B \to C \Leftrightarrow A \to C$$

$$A \leftrightarrow B,\ B \leftrightarrow C \Leftrightarrow A \leftrightarrow C$$

$$A \to B \Leftrightarrow A \leftrightarrow (A \wedge B) \Leftrightarrow (A \vee B) \leftrightarrow B$$

注意，这里不能得到 $(A\wedge \sim A)\to B$ 和 $A\to(B\vee \sim B)$ 。可以证明，上述逻辑与文献［9］中 Anderson 和 Belnap 的相关逻辑有着紧密关系。实际上，Belnap 的四值逻辑等价于同义反复蕴涵系统。

无穷值逻辑是在［0,1］中具有无穷真值的多值逻辑。模糊逻辑和概率逻辑属于这一类。Lukasiewicz[10] 介绍了无穷值逻辑 L_∞，其真值表可以由以下矩阵生成：

$$|\sim A| = 1 - |A|$$

$$|A \vee B| = \max(|A|,\ |B|)$$

$$|A \wedge B| = \min(|A|,\ |B|)$$

$$|A \to B| = 1 \quad (|A| \leqslant |B|)$$

$$= 1 - |A| + |B| \quad (|A| > |B|)$$

L_∞ 的 Hilbert 系统如下：

Lukasiewicz 的无穷值逻辑 L_∞ 公理：

（IL1）$A\to(B\to A)$

（IL2）$(A\to B)\to((B\to C)1\to(A\to C))$

（IL3）$((A\to B)\to B)\to((B\to A)\to A)$

（IL4）$(\sim A\to \sim B)\to(B\to A)$

（IL5）$((A\to B)\to(B\to A))\to(B\to A)$

推理规则：

$$(\text{MP})\ \vdash A,\ \vdash A\to B \Rightarrow \vdash B$$

由于公理（IL5）来源于其他公理，因此该公理可以删除。

Zadeh[11] 认为，L_∞ 是基于模糊集的模糊逻辑的基础。模糊逻辑是一种描述模糊的逻辑，有着广泛的应用。自 1990 年以来，对模糊逻辑的基础知识进行了大量重要的研究。

Fitting[12-13] 研究了与逻辑语义有关的双格。该双格具有两种排序的晶格 FOUR，并引入非标准逻辑连接词。

Ginsberg[14-15] 最早将双格作为人工智能推理的基础，提出双格有两种排序，即真值排序和知识排序。

Fitting[16,12] 分别对逻辑编程和真值理论的内容进行了深入的研究。实际上，基于双格的逻辑可以处理不完备和不一致的信息。

前双格是结构 $\mathscr{B}=\langle B, \leqslant_t, \leqslant_k\rangle$，其中 B 表示非空集，$\leqslant_t$ 和 $\leqslant_k$ 是 B 上的部分排序。排序 $\leqslant_k$ 表示信息（知识）程度的排序，其底部用 $\bot$ 表示，顶部用 $\top$ 表示。如果 $x<_k y$，则 y 至少能提供与 x 一样多的信息（可能更多）。排序 $\leqslant_t$ 是关于

“真值程度”的排序，其底部用 false 表示，顶部用 true 表示。通过对两种排序的连接增加特定假设可以获得双格。

如图 3.3 所示，双格 FOUR 是最著名的双格之一。它可以解释为 Belnap 格 A4 和 Belnap 格 L4 的组合，还可以看成是具有两种排序方式的 Belnap 格 FOUR。

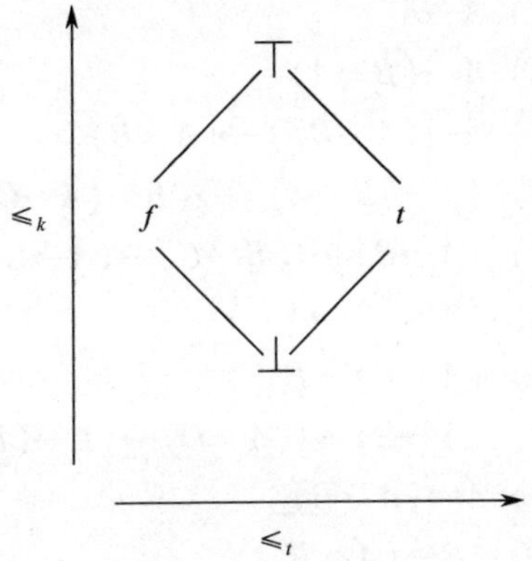

图 3.3 双格 FOUR

因此，我们可以用左右方向来表征排序$\leqslant_t$：向右表示真实性增加。$\leqslant_t$ 的运算符$\wedge$的特征是：$x \wedge y$ 表示 x 和 y 左边的最右边。运算符$\vee$与$\wedge$的特征是对偶的。同理，$\leqslant_k$ 的上下方向的特征是：向上表示信息增加。$x \otimes y$ 是 x 和 y 之下的最上边，$\oplus$与$\otimes$是对偶的。

Fitting[16]提出了一种使用双格进行逻辑编程的语义。Kifer 和 Subrahmanian [17]用广义注释逻辑 GAL 解释了 Fitting 的语义。Fitting[12] 试图将 Kripke[18] 中基于 Kleene 的强三值逻辑的真值理论推广到基于双格 FOUR 的四值逻辑中。

对于双格的非运算符$\neg$，如果存在一个$\neg$ 到$\leqslant_t$ 的反向映射，则$\leqslant_k$ 不变且$\neg\neg x=x$。同理，对于双格的合并运算符$-$，如果有一个映射$-$到$\leqslant_k$ 的反向映射，则$\leqslant_t$ 不变且$--x=x$。如果一个双格有两个运算符，且对所有 x 都有$-\neg x=\neg -x$，则两个运算符是可互换的。

在双格 FOUR 中，满足$\neg t=f$，$\neg f=t$ 的非运算符，$\bot$ 和$\top$是左不变；满足$-\bot=\top$，$-\top=\bot$ 的合并运算符，t 和 f 也是左不变，且非和合并是可互换的。在任何双格中，如果存在非或合并，则要素$\bot$、$\top$、f 和 t 将表现为双格 FOUR。

双格逻辑的理论优势在于，可以获得几种代数结构，并且其适合于推理不完备和不一致的信息，Arieli 和 Avron[19-20] 研究了双格的推理。此外，双格逻辑在人工智能和哲学中也有许多应用。

3.3 直觉主义逻辑

直觉主义逻辑与经典逻辑的不同之处在于，它拒绝排斥法则，即经典逻辑中的 $A \vee \neg A$。直觉主义逻辑是一种直觉主义数学哲学的逻辑，所谓直觉主义数学哲学，是指 Brouwer 主张数学推理应该基于心理活动。根据 Brouwer 的哲学，Heyting[21] 用 Hilbert 公理将直觉主义逻辑形式化。直觉主义逻辑的 Hilbert 系统的形式化如下。

直觉主义逻辑（INT）公理

(INT1) $A \to A$

(INT2) $A \to (B \to A)$

(INT3) $A \to (A \to B)) \to (A \to B))$

(INT4) $(A \to (B \to C)) \to (B \to (A \to C))$

(INT5) $(A \to B) \to ((B \to C) \to (A \to C))$

(INT6) $(A \wedge B) \to A$

(INT7) $(A \wedge B) \to B$

(INT8) $(A \to B) \to ((A \to C) \to (A \to (B \wedge C)))$

(INT9) $A \to (A \vee B)$

(INT10) $B \to (A \vee B)$

(INT11) $(A \to C) \to ((B \to C) \to ((A \vee B) \to C))$

(INT12) $(A \to B) \to (A \to \neg B) \to \neg A)$

(INT13) $\neg A \to (A \to B)$

推理规则

$$(\mathrm{MP}) \vdash A, \vdash A \to B \Rightarrow \vdash B$$

上述逻辑符号与经典逻辑中的相同。与经典逻辑一样，直觉非$\neg A$ 可以定义为 $A \to$假。$\vdash_{\mathbf{INT}}$ 也可用于可能性。

如果将排中律(LEM)或双重否定定律(IDN)加入 INT，则可以得到经典逻辑 CPC。

$$(\mathrm{LEM}) A \vee \neg A$$

$$(\mathrm{LDN}) \neg \neg A \to A$$

直觉主义逻辑的语义也是非真值函数。Kripke[22] 和 Fitting[24] 都介绍了 Kripke 对 INT 的语义研究。由于 INT 可以嵌入 S4，故 Kripke 语义类似于模态逻辑 S4 的语义。

INT 的 Kripke 模型定义为三元组 $M = \langle W, R, V \rangle$，其中

(1) W 是可能世界的非空集合。

(2) R 是 W 上的二元关系，具有自反性和可传递性。

(3) V 是一个估值函数，它将每个命题变量 p 映射到一个 W 的子集上且满足

$$\forall w^* (w \in V(p) \Rightarrow w^* \in V(p))$$

式中：$\forall w^*$ 是 $\forall w^* \in W$ 的缩写，且满足 wRw^*。

我们为任何命题变量 p 和任何 $w \in W$ 定义一个强制关系 $\models$，如下所示：

$$w \models p \Leftrightarrow w \in V(p)$$

式中：$w \models p$ 表示公式 p 在世界 w 中为真。$\models$可以扩展为任何公式 A、B，如下

所示：

$$u \not\models \text{false}$$

$$w \models \neg A \Leftrightarrow \forall w^*(w^* \not\models A)$$

$$w \models A \wedge B \Leftrightarrow w \models A \text{ 且 } w \models B$$

$$w \models A \vee B \Leftrightarrow w \models A \text{ 或 } w \models B$$

$$w \models A \rightarrow B \Leftrightarrow \forall w^*(w^* \models A \Rightarrow w^* \models B)$$

仅当 $w \models A$ 对于每个世界 w 和每个模型 M 成立时，A 是有效的，记为 $\models_{\mathbf{INT}} A$。

注意，对于任何公式，V 的单调性都成立。INT 的 Kripke 模型的显著特征在于，对蕴涵和否定都进行了有效解释，且 INT 是完备的。

定理 3.2 $\vdash_{\mathrm{INT}} A \Leftrightarrow \models_{\mathbf{INT}} A$

可以看出，Heyting 代数能够提供 INT 的代数语义。Fitting[16] 介绍了有关直觉主义逻辑的详细内容。

直觉主义逻辑主要从逻辑角度进行研究，但是在计算机科学中也受到了特别关注。直觉主义逻辑及其扩展（中介逻辑）为粗糙集理论提供了基础，尤其是粗糙集逻辑。介于直觉主义逻辑和经典逻辑之间的逻辑称为“中介逻辑”或“超直觉主义逻辑”。

文献中已经提出了许多中介逻辑。Akama[23] 介绍了弱排中逻辑或 Jankov 逻辑，简称 KC（或 LQ），该逻辑将 INT 扩展为 $\neg\neg A \vee \neg A$。Dummett[24] 介绍了 Gödel-Dummett 逻辑，简称 LC，该逻辑将 INT 扩展为 $(A \rightarrow B) \vee (B \rightarrow A)$。Krisel 和 Putnam[25] 介绍了 Kreisel-Putnam 逻辑，简称 KP，该逻辑将 INT 扩展为 $(\neg A \rightarrow (B \vee C)) \rightarrow ((\neg A \rightarrow B) \vee ((\neg A \rightarrow C))$。Akama[26-27] 介绍了中介逻辑应用于粗糙集逻辑的情况。

在直觉主义逻辑中，否定不是构造性的，可以将强否定引入其中。Nelson[28] 提出了一种带有强否定的构造逻辑作为直觉主义逻辑的一种替代，其中引入强否定（或可构造性否定）来改善直觉否定的一些弱点。

构造逻辑 N 扩展了正直觉主义逻辑 Int^+，其中包含以下关于强否定的公理：

(N1) $(A \wedge {\sim} A) \rightarrow B$

(N2) ${\sim}{\sim} A \leftrightarrow A$

(N3) ${\sim}(A \rightarrow B) \leftrightarrow (A \wedge {\sim} B)$

(N4) ${\sim}(A \wedge B) \leftrightarrow ({\sim} A \vee {\sim} B)$

(N5) ${\sim}(A \vee B) \leftrightarrow ({\sim} A \wedge {\sim} B)$

在构造逻辑 N 中，可以通过强否定和蕴涵来定义直觉否定¬。可以通过以下方式之一将其引入构造逻辑 N：

$$\neg A \leftrightarrow A \rightarrow (B \wedge {\sim} B)$$

$$\neg A \leftrightarrow A \rightarrow {\sim} A$$

如果从构造逻辑 N 中删除（N1），可以得到 Almukdad 和 Nelson[29] 的弗协调构造逻辑 N^-。

Akama[30-35] 和 Wansing [36] 对强否定的 Nelson 构造逻辑的证明和模型理论进行了广泛的研究。1959 年，Nelson[37] 提出了一种缺少收缩性 $(A\to(A\to B))\to(A\to B)$ 的构造逻辑 S，并讨论了其与弗协调逻辑的相似方面。Akama [34] 详细介绍了 Nelson 的弗协调构造逻辑。

构造逻辑 N 的语义可以通过 Kripke 模型或 Nelson 代数给出。构造逻辑 N 的 Kripke 模型是 W、R、V_P、V_N 的四元组，其中 W 是可能世界的集合，R 是 W 上的自反和可传递的二元关系，而 V_P 和 V_N 是函数，可将每个命题变量 p 映射到 W 的子集，满足以下条件：

（1）$V_P(p)\cap V_N(p)=\varnothing$。

（2）$\forall w^*(w\in V_P(p)\Rightarrow w^*\in V_P(p))$。

（3）$\forall w^*(w\in V_N(p)\Rightarrow w^*\in V_N(p))$。

对于任何命题变量 p 和任何 $w\in W$，定义两个强力关系 $\models_P$ 和 $\models_N$，如下所示：

$$w\models_P p\Leftrightarrow w\in V_P(p)$$

$$w\models_N p\Leftrightarrow w\in V_N(p)$$

式中：$w\models_P p$ 表示公式 p 在世界 w 中为真，$w\models_N p$ 表示公式 p 在世界 w 中为假。然后，可以将 $\models_P$ 和 $\models_N$ 扩展为任何公式 A、B，如下所示：

$$w\models_P \sim A\Leftrightarrow w\models_N A$$

$$w\models_P A\wedge B\Leftrightarrow w\models_P A \text{ 且 } w\models_P B$$

$$w\models_P A\vee B\Leftrightarrow w\models_P A \text{ 或 } w\models_P B$$

$$w\models_P A\to B\Leftrightarrow \forall w^*(w^*\models_P A\Rightarrow w^*\models_P B)$$

$$w\models_N \sim A\Leftrightarrow w\models_P A$$

$$w\models_N A\wedge B\Leftrightarrow w\models_N A \text{ 或 } w\models_N B$$

$$w\models_N A\vee B\Leftrightarrow w\models_N A \text{ 且 } w\models_N B$$

$$w\models_N A\to B\Leftrightarrow w\models_P A \text{ 且 } w\models_N B$$

对于每个世界 w 和每个模型 M，仅当 $w\models_P A$ 时，A 是有效的，记为 $\models_N A$。

注意，V_P 和 V_N 的单调性适用于任何公式。构造逻辑 N 的 Kripke 模型被认为是直觉主义逻辑 Kripke 模型的扩展，在该模型中，直觉和虚假都被直观地解释。如果删除条件 $V_P(p)\cap V_N(p)=\varnothing$，可以得到弗协调构造逻辑 N^- 的 Kripke 模型。构造逻辑 N 和弗协调构造逻辑 N^- 都是完备的。

定理 3.3　$\vdash_N A\Leftrightarrow$ 和 $\models_N A$

Rasiowa[38] 运用 Nelson 代数研究了具有强否定构造逻辑的代数语义。Nelson 代数可以作为粗糙集理论的另一个基础，这将在第 4 章中讨论。

3.4 弗协调逻辑/不一致逻辑

弗协调逻辑是关于不一致且非平凡形式理论的逻辑系统，被归类为非经典逻辑。一些工程问题必须解决不一致的信息，弗协调逻辑可以作为这些工程的依据，然而标准经典逻辑却不能，因此弗协调逻辑是有价值的。

简要介绍弗协调逻辑，有助于读者理解。设 T 是基本逻辑 L 的理论，当其包含形式 A 和 $\neg A$（A 的否定）的定理时，T 是不一致的，即：

$$T\vdash_L A \text{ 和 } T\vdash_L \neg A$$

式中：$\vdash_L$ 表示 L 中的可证性关系，如果 T 不是不一致的，则称为一致的。

如果语言的所有公式都是 T 的定理，则称 T 是平凡的，否则称 T 是非平凡的。对于平凡理论 T，任何公式 B 满足 $T\vdash_L B$。如果 L 是经典逻辑（或其他几种逻辑中的一种，如直觉主义逻辑），则当且仅当 T 是平凡的，T 是不一致的。因此，在平凡理论中，公式和定理概念的外延是一致的。

弗协调逻辑是一种可以作为不一致且非平凡的理论基础的逻辑，弗协调理论并不满足非矛盾原则，即 $\neg(A\wedge\neg A)$。

同理，可以定义“弗完全理论/不完全理论”的概念，即当 A 和 $\neg A$ 都不是定理时，T 称为弗完全理论。换而言之，$T\nvdash_L A$ 且 $T\nvdash_L \neg A$ 在弗完全理论中成立。如果 T 不是弗完全的，则 T 是完备的，即 $T\vdash_L A$ 或 $T\vdash_L \neg A$ 成立。

弗完全逻辑是弗完全理论的一种逻辑，在这种逻辑中，排中律（即 $A\vee\neg A$）失效。从这个意义上说，直觉主义逻辑是一种弗完全逻辑。

最后，既是弗协调又是弗完全的逻辑称为“非真理逻辑”。经典逻辑是一种一致且完备的逻辑。

下面介绍以三种主要的弗协调逻辑系统。

（1）话语逻辑。

（2）C-系统。

（3）相关（关联）逻辑。

话语逻辑，又称“讨论逻辑”，是 Jaśkowski[39-40] 提出的一种非附加方法。附加语是从 $\vdash A$ 和 $\vdash B$ 到 $\vdash A\wedge B$ 形式的推理规则。话语逻辑可以通过禁止附加来避免“爆炸”。

形式系统 J 满足以下条件：①从两个相互矛盾的命题中推导出任何命题是不可能的；②与①相容的大多数经典命题都是有效的；③J 应该有直观的解释。

除此以外，Jaśkowski 的算法有以下的直觉性质：假设希望在某一演绎系统中将所有讨论辩护的论点系统化，那么一般来说，参与者不会讨论一些有相同含义的符号。

对于将讨论的形式化的演绎系统，断言和否定都是“真的”，因为它在赋予符号的意义上有变化。因此，可以把话语逻辑看成是一种弗协调逻辑。

Jaśkowski 的 D_2 包含了由经典逻辑的逻辑符号构建的命题公式。另外，在 S5 中增加了可能性算子◊。基于可能性算子，三种逻辑符号可以定义如下。

话语蕴涵：$A \rightarrow_d B =_{\text{def}} \Diamond A \rightarrow B$。

话语合取：$A \wedge_d B =_{\text{def}} \Diamond A \wedge B$。

话语等价：$A \leftrightarrow_d B =_{\text{def}} (A \rightarrow_d B) \wedge_d (B \rightarrow_d A)$。

此外，可以将话语否定$\neg_d A$ 定义为 $A \rightarrow_d$ 假。Jaśkowski[40] 提到了 D_2 的初等公式的逻辑符号：$\rightarrow_d$，$\leftrightarrow_d$，∨，∧，¬，并定义了$\wedge_d$。

Kotas[41] 提出了以下公理和推理规则。

公理：

$$(\text{A1})\ \Box(A \rightarrow (\neg A \rightarrow B))$$

$$(\text{A2})\ \Box(A \rightarrow B) \rightarrow ((B \rightarrow C) \rightarrow (A \rightarrow C))$$

$$(\text{A3})\ \Box((\neg A \rightarrow A) \rightarrow A)$$

$$(\text{A4})\ \Box(\Box A \rightarrow A)$$

$$(\text{A5})\ \Box(\Box A \rightarrow B)) \rightarrow (\Box A \rightarrow \Box B)$$

$$(\text{A6})\ \Box(\neg \Box A \rightarrow \Box \neg \Box A)$$

推理规则：

（R1）替代规则

$$(\text{R2})\ \Box A, \Box(A \rightarrow B) / \Box B$$

$$(\text{R3})\ \Box A / \Box\Box A$$

$$(\text{R4})\ \Box A / A$$

$$(\text{R5})\ \neg \Box \neg \Box A / A$$

这里省略了 D_2 中的其他公理。话语逻辑作为一种弗协调逻辑，被认为是弱逻辑，但它也有一些应用，如模糊逻辑。

由于 da Costa[42] 可以作为不一致且非平凡的理论基础，因此 C 系统是弗协调逻辑。da Costa 系统的重要特点是采用了非真值函数的新解释，使得否定是不平凡的。

下面介绍 da Costa[42] 中 C 系统的 C_1。C_1 的语言基于逻辑符号∧、∨、→和¬。↔像往常一样被定义。此外，公式 A°是$\neg(A \wedge \neg A)$的简写，表示"A 表现良好"。C_1 的基本思想包括：①经典逻辑中大多数有效公式成立；②非矛盾定律$\neg(A \wedge \neg A)$ 不成立；③由两个相互矛盾的公式不可能推导出任何公式。

C_1 的 Hilbert 系统用否定公理扩展了正直觉主义逻辑。

da Costa 的 C_1 系统

公理：

$$(\text{DC1})\ A \rightarrow (B \rightarrow A)$$

$$(\text{DC2})\ (A \rightarrow B) \rightarrow (A \rightarrow (B \rightarrow C)) \rightarrow (A \rightarrow C))$$

$$(\text{DC3})\ (A \wedge B) \rightarrow A$$

$$(\text{DC4})\ (A \wedge B) \rightarrow B$$

(DC5) $A \to (B \to (A \wedge B))$

(DC6) $A \to (A \vee B)$

(DC7) $B \to (A \vee B)$

(DC8) $(A \to C) \to ((B \to C) \to ((A \vee B) \to C))$

(DC9) $B^{\circ} \to ((A \to B) \to ((A \to \neg B) \to \neg A))$

(DC10) $(A^{\circ} \wedge B^{\circ}) \to (A \wedge B)^{\circ} \wedge (A \wedge B)^{\circ} \wedge (A \to B)^{\circ}$

(DC11) $A \vee \neg A$

(DC12) $\neg\neg A \to A$

推理规则：

$$\text{(MP)} \vdash A,\ \vdash A \to B \Rightarrow \vdash B$$

式中：（DC1）~（DC8）是正直觉主义逻辑的定理；(DC9)和(DC10)是弗协调性的形式化。

C_1 的语义可以通过二值赋值给出[43]。C_1 的公式集表示为 $\mathscr{F}$，赋值是从 $\mathscr{F}$ 到 $\{0,1\}$ 的映射 v 且满足以下条件：

$v(A)=0 \Rightarrow v(\neg A)=1$

$v(\neg\neg A)=1 \Rightarrow v(A)=1$

$v(B^{\circ})=v(A \to B)=v(A \to \neg B)=1 \Rightarrow v(A)=0$

$v(A \to B)=1 \Leftrightarrow v(A)=0$ 或 $v(B)=1$

$v(A \wedge B)=1 \Leftrightarrow v(A)=v(B)=1$

$v(A \vee B)=1 \Leftrightarrow v(A)=1$ 或 $v(B)=1$

$v(A^{\circ})=v(B^{\circ})=1 \Rightarrow v((A \wedge B)^{\circ})=v((A \vee B)^{\circ})=v((A \to B)^{\circ})=1$

注意，否定和双重否定的解释不是由双条件给出的。如果对每个估值 v 都有 $v(A)=1$，则公式 A 有效，记为$\vDash A$。上述语义可以证明 C_1 是完备的。

da Costa 的 C_1 系统可推广到 $C_n(1 \leqslant n \leqslant w)$ 系统。$A^{(1)}$ 代表 A°，$A^{(n)}$ 代表 $A^{(n-1)} \wedge (A^{(n-1)})^{\circ}$，$1 \leqslant n \leqslant \omega$。而 da Costa 的 C_n 系统（$1 \leqslant n \leqslant w$）可由（DC1）~（DC8）、（DC12）、（DC13）以及以下公理得到：

(DC9n) $B^{(n)} \to ((A \to B) \to ((A \to \neg B) \to \neg A))$

(DC10n) $(A^{(n)} \wedge B^{(n)}) \to (A \wedge B)^{(n)} \wedge (A \vee B)^{(n)} \wedge (A \to B)^{(n)}$

注意，da Costa 的 C_{ω} 系统满足公理（DC1）~（DC8）、（DC12）、（DC13）。此外，da Costa 研究了 C 系统的一阶和高阶扩展。

关联逻辑是在某些条件下以关联概念为基础的逻辑。关联逻辑的发展是为了避免蕴涵悖论，Anderson 和 Belnap[9,44] 将关联逻辑 R 形式化的主要原因是他们不承认 $A \to (B \to A)$。虽然不是所有的关联逻辑都是弗协调的，却也有些逻辑与弗协调逻辑一样重要。

Routley 和 Meyer 提出了基础关联逻辑 B 的概念，该逻辑是一个具有 Routley-Meyer 语义的最小系统[45]，如下所示。

关联逻辑 B 的语言包含逻辑符号 ~、&、∨和→(关联蕴涵)，B 的 Hilbert 系统如下。

公理：

(BA1) $A \to A$

(BA2) $(A \& B) \to A$

(BA3) $(A \& B) \to B$

(BA4) $((A \to B) \& (A \to C)) \to (A \to (B \& C))$

(BA5) $A \to (A \vee B)$

(BA6) $B \to (A \vee B)$

(BA7) $((A \to C) \& (B \to C)) \to ((A \vee B) \to C)$

(BA8) $(A \& (B \vee C)) \to (A \& B) \vee C)$

(BA9) $\sim\sim A \to A$

推理规则：

(BR1) $\vdash A,\ \vdash A \to B \Rightarrow \vdash B$

(BR2) $\vdash A,\ \vdash B \Rightarrow \vdash A \& B$

(BR3) $\vdash A \to B,\ \vdash C \to D \Rightarrow \vdash (B \to C) \to (A \to D)$

(BR4) $\vdash A \to \sim B \Rightarrow \vdash B \to \sim A$

Anderson 和 Belnap 的 Hilbert 系统关联逻辑 R 如下。

公理：

(RA1) $A \to A$

(RA2) $(A \to B) \to ((C \to A) \to C \to B))$

(RA3) $(A \to (A \to B)) \to (A \to B)$

(RA4) $(A \to (B \to C)) \to (B \to (A \to C)$

(RA5) $(A \& B) \to A$

(RA6) $(A \& B) \to B$

(RA7) $((A \to B) \& (A \to C)) \to (A \to (B \& C))$

(RA8) $A \to (A \vee B)$

(RA9) $B \to (A \vee B)$

(RA10) $((A \to C) \& (B \vee C)) \to ((A \vee B \to C))$

(RA11) $(A \& (B \vee C)) \to ((A \& B) \vee C))$

(RA12) $(A \to \sim A) \to \sim A$

(RA13) $(A \to \sim B)) \to (B \to \sim A)$

(RA14) $\sim\sim A \to A$

推理规则：

(RR1) $\vdash A,\ \vdash A \to B \Rightarrow \vdash B$

(RR2) $\vdash A,\ \vdash B \Rightarrow \vdash A \& B$

Routley 考虑到关联逻辑 R 的某些公理太强，将其形式化为规则。注意，B 是弗协调的，而 R 不是。

其次，我们给出了 B 的 Routley-Meyer 语义，模型结构是元组 $\mathscr{M}=\langle K,N,R,*,v\rangle$，其中 K 是一个非空的论域集，$N\subseteq K$，R 是 K 上的三元关系（$R\subseteq K^3$），$*$ 是 K 上的一元运算，v 是从论域和命题变量集 $\mathscr{P}$ 到 $\{0,1\}$ 的赋值函数。

对于 $\mathscr{M}$ 的约束包括：v 满足 $a\leqslant b$，且对于任何 a，$b\in K$ 和任何 $p\in\mathscr{P}$ $v(a,p)=1$，都有 $v(b,p)=1$。$a\leqslant b$ 是由 $\exists x(x\in N,Rxab)$ 定义的一个前序关系。运算符 $*$ 满足条件 $a^{**}=a$。

对于任何命题变量 p，真值条件 $\models$ 被定义为：当且仅当 $v(a,p)=1$ 时，$a\models p$ 成立。这里，$a\models p$ 表示"p 关于 a 为真"。$\models$ 可按以下方式对任何公式进行扩展：

$$a\models\sim A\Leftrightarrow a^*\not\models A$$

$$a\models A\&B\Leftrightarrow a\models A \text{ 且 } a\models B$$

$$a\models A\vee B\Leftrightarrow a\models A \text{ 或 } a\models B$$

$$a\models A\to B\Leftrightarrow \forall bc\in K(Rabc \text{ 且 } b\models A\Rightarrow c\models B)$$

当且仅当 $a\models A$ 时，公式 A 在 $\mathscr{M}$ 中关于 a 为真。当且仅当 A 在所有模型结构中关于 N 的所有成员都为真时，A 是有效的，记为 $\models A$。

Routley 等利用正则模型[45] 给出了关于上述语义的系统 B 的完备性定理。

系统 R 的模型结构需满足以下条件：

$$R0aa$$

$$Rabc\Rightarrow R_{bac}$$

$$R^2(ab)cd\Rightarrow R^2a(bc)d$$

$$Raaa$$

$$a^{**}=a$$

$$Rabc\Rightarrow Rac^*b^*$$

$$Rabc\Rightarrow(a'\leqslant a\Rightarrow Ra'bc)$$

式中：R^2abcd 是 $\exists x(Raxd \text{ 和 } Rxcd)$ 的简写。对于系统 R，可以证明 Routley-Meyer 语义的完备性定理[9,44]。

详细内容请读者参考 Anderson 和 Belnap[9]、Anderson、Belnap 和 Dunn[44] 以及 Routley[45]。Dunn[46] 中对这个问题进行了更简明的概述。

20 世纪 90 年代，弗协调逻辑成为逻辑学中与其他领域，特别是计算机科学的主要课题之一。下面介绍一下这些弗协调逻辑系统。

弗协调逻辑的现代史始于 Vasil′ev 的想象逻辑。1910 年，Vasil′ev[47] 扩展了亚里士多德三段论，允许形式 s 是 P 且不是 $-P$。因此，想象逻辑可以看成是一种弗协调逻辑，但从现代逻辑学的角度对其形式化的研究却很少。Arruda[48] 对想象逻辑进行了概述。

1954 年，Asenjo 在其论文中提出了一种矛盾算法[49]，利用 Kleene 的强三值逻辑将矛盾的真值解释为真与假。

该算法是非平凡的不一致命题逻辑，其公理化可通过删除 Kleene 的经典命题逻辑中的公理 $(A \to B) \to ((A \to \neg B) \to \neg A)$ 得到。

1979 年，Prist[50] 提出了一种悖论逻辑(LP) 来处理语义悖论，其在弗协调逻辑领域具有特殊的重要性。LP 在语义上可以用 Kleene 的强三值逻辑来定义。

Prist 重新解释了 Kleene 强三值逻辑的真值表，将第三个真值记作既是真也是假(B)，而不是既非真也非假(I)，并假定(T)和(B)是指定值，但该方法早已在 Asenjo [49] 和 Belnap [7-8] 中提出。

由于 ECQ：$A, \sim A \vDash B$ 是无效的，故 LP 可以看成是弗协调逻辑。虽然 LP 的蕴涵并不满足分离规则，但是却可以将关联蕴涵作为真正的蕴涵引入 LP。

Prist 通过真值赋值关系而不是真值赋值函数提出了一种 LP 语义。设 $\mathscr{P}$ 是命题变量集，值 η 是 $\mathscr{P} \times \{0,1\}$ 的子集。

命题可能只与 1(真) 相关，也可能只与 0(假) 相关，它可能同时与 1 和 0 相关，或者既不与 1 也不与 0 相关。关系值的所有公式如下所示：

$\neg A\eta 1$，当且仅当 $A\eta 0$

$\neg A\eta 0$，当且仅当 $A\eta 1$

$A \wedge B\eta 1$，当且仅当 $A\eta 1$ 或 $B\eta 1$

$A \wedge B\eta 0$，当且仅当 $A\eta 0$ 或 $B\eta 0$

$A \vee B\eta 1$，当且仅当 $A\eta 1$ 或 $B\eta 1$

$A \vee B\eta 0$，当且仅当 $A\eta 0$ 或 $B\eta 0$

如果在所有的关系值下都以“真实性”来定义有效性，那么就得到了关联逻辑中的一级蕴涵。

利用 LP，Priest 完善了处理各种哲学和逻辑问题的方法[51,52]。例如，在 LP 中，谎言可以被解释为既是真也是假。

此外，Priest 还提出了一种称为“真矛盾”的哲学观点，这种观点认为存在真正的矛盾。在悖论逻辑中，说谎者可以被解释为真和假。

自 20 世纪 90 年代初以来，Batens [53-54] 提出了所谓的自适应逻辑（AL），该逻辑被认为是 Batens[55] 所研究的动态辩证逻辑的改进。Batens[53] 提出的非协调自适应逻辑可以作为弗协调非单调逻辑的基础。

自适应逻辑将经典逻辑形式化为“动态逻辑”，这里的“动态逻辑”与计算机科学研究中的动态逻辑不同。当且仅当一个逻辑在其所适用的特定前提下能够适应自身时，该逻辑是自适应的。从这个意义上说，自适应逻辑可以模拟人类推理的动态过程，分为外部动态和内部动态两种。

对于外部动态，如果新的前提有效，那么从更早的前提集合中得出的推理可以撤销。换而言之，外部动态的结果取决于推理关系的非单调性。设 $\vdash$ 是一个推理关系，Γ、Δ 是公式集，A 是一个公式。外部动态可形式化为：对于某些 Γ、Δ 和 A 而言，$\Gamma \vdash A$ 但 $\Gamma \cup \Delta \nvdash A$。实际上，外部动态与人工智能中的非单调推理概念密切相关。

内部动态与外部动态大不相同。即使前提集合不变，有些特定公式被认为源自推理过程的某个阶段，但不被认为源自后续阶段。对于任何推理关系，前提的深刻理解从前提中得出结果。由于内部动态缺少明确的检验，如果之后推断出矛盾，那么推理必须通过撤回之前使用的推理规则的申请来适应自身。自适应逻辑是建立在内部动态基础上的逻辑。

自适应逻辑（AL）有以下三个特点：

（1）下限逻辑（LLL）。

（2）异常集合。

（3）适应性策略。

LLL 可以是任一单调逻辑，如经典逻辑，它是自适应逻辑的稳定部分。因此，*LLL* 不受适应性变化的影响。除非另有证明，否则异常集 Ω 包括假定为假的公式。

在许多自适应逻辑中，Ω 是 $A\wedge\sim A$ 形式的公式集。自适应策略明确规定了基于异常集的推理规则的应用策略。

如果将 *LLL* 扩展为逻辑上无异常要求，则得到一个单调逻辑，称为“上限逻辑 ULL”。从语义上讲，通过选择验证无异常的下限逻辑模型，可以获得关于上限逻辑的适当语义。

“异常”适用于上限逻辑。ULL 要求前提集是正常的，并“分解”异常的前提集（将前提集分配给不重要的结果集）。

如果下限逻辑是经典逻辑（CL），并且异常集包含形式公式 $\exists A\wedge\exists\sim A$，则通过在 CL 中添加公理 $\exists A\rightarrow\forall A$ 可得到上限逻辑。像许多非协调自适应逻辑一样，如果下限逻辑是一个包含 CL 的弗协调逻辑（PL），并且异常集包括形式公式 $\exists(A\wedge\sim A)$，则上限逻辑为 CL。

自适应逻辑与上限逻辑一样，将前提集解释为“尽可能接近”，这避免了“在前提允许的范围内”出现异常。

自适应逻辑从动态推理的角度为弗协调逻辑的形式化提供了一种新的思路。尽管非协调自适应逻辑是弗协调逻辑，但自适应逻辑的应用并不局限于弗协调性。从形式化的观点来看，自适应逻辑可以看成是有价值的弗协调逻辑。

然而，在实际应用中，由于自适应逻辑中的证明是动态的，并且具有一定的自适应策略，因此自适应逻辑实现推理自动化可能会遇到一些障碍，实施起来并不容易，但我们必须根据实际应用选择一个合适的自适应策略。

Carnelli 提出了形式不协调逻辑（LFI），它是将协调性和非协调性作为数学对象的逻辑系统[56]，该逻辑的显著特点之一是可以在对象级上内化协调性和非协调性的概念。

许多弗协调逻辑包括 da Costa 的 C 系统都可以解释为 LFI 的子类。因此，可以把 LFI 看成弗协调逻辑的一般框架。

形式不协调逻辑用协调性算子∘来扩展经典逻辑 C，当且仅当经典推理关系$\vdash$满足以下两个条件时，形式不协调逻辑可以被定义为任何“爆炸性”的弗协调逻辑：

(1) $\exists \Gamma \exists A \exists B(\Gamma, A, \neg A, \nvdash B)$。

(2) $\forall \Gamma \forall A \forall B(\Gamma, \circ A, A, \neg A \vdash B)$。

式中：Γ 表示公式集；A、B 是公式。通过∘可以在对象语言中表达协调性和非协调性。因此，LFI 经常用于对弗协调逻辑进行分类。

例如，da Costa 的 C_1 被认为是 LFI。对于每个公式 A，$\circ A$ 是公式$\neg(A \wedge \neg A)$的缩写，因此逻辑 C_1 是一个包含带有公理$\neg\neg A \to A$ 的经典逻辑和一些关于∘的公理的 LFI，其公理化为$\circ(p)=\{\circ p\}=\{\neg\neg(p \wedge \neg p)\}$。

(bc1) $\circ A \to (A \to (\neg A \to B))$

(ca1) $(\circ A \wedge \circ B) \to \circ(A \wedge B)$

(ca2) $(\circ A \wedge \circ B) \to \circ(A \vee B)$

(ca3) $(\circ A \wedge \circ B) \to \circ(A \to B)$

另外，可以用$\sim A =_{\text{def}} \neg A \wedge \circ A$ 定义经典否定~。如果需要，可通过定义引入非一致性算子•：

$\bullet A =_{\text{def}} \neg \circ A$

Carnielli、Coniglio 和 Marcos[56] 介绍了现有逻辑系统的分类。例如，经典逻辑不是 LFI，而 Jaśkowski 的 D_2 是 LFI，并介绍了一种具有语义和公理化的基本 LFI 系统，称为 LFI1。

因此，从逻辑角度来看，形式不协调逻辑是非常有趣的，因为它们可以作为现有的弗协调逻辑的理论框架。此外，LFI 还有 tableau 系统[57]。这些形式不协调逻辑可以适当地应用于包括计算机科学和人工智能在内的各个领域。

标记逻辑[58-59] 是关于弗协调逻辑编程的一种逻辑，也被认为是一种有价值的弗协调逻辑，在包括工程在内的几个领域有许多应用[60-62]。由 SurabHaman[59] 引入了标记逻辑，为弗协调逻辑编程提供了基础，弗协调逻辑编程可以看成是基于经典逻辑的逻辑编程的扩展。

下面介绍标记逻辑。命题标记逻辑 $P\tau$ 的语言记为 L。标记逻辑基于的任意确定的有限格，也称为真值格，是具有排序≤和运算符~：$|\tau| \to |\tau|$的完整格，记为$\tau = \langle |\tau|, \leqslant, \sim \rangle$。其中，~给出 $P\tau$ 原子级取反的“含义”。假设$\top$是顶部元素，$\bot$是底部元素。另外，使用双格理论运算符：$\vee$表示最小上限，$\wedge$表示最大下限①。

定义 3.1 $P\tau$ 的符号定义如下。

(1) 命题符号：p，q，…（可能带有下标）。

(2) 标记常数：μ，λ，…$\in |\tau|$。

---

① 在格理论运算中采用相应的逻辑连接相同的符号。

（3）逻辑连接词：$\wedge$（合取），$\vee$（析取），$\rightarrow$（蕴涵）和$\neg$（否定）。

（4）插入语：（和）。

定义 3.2 公式的定义如下：

（1）如果 p 是一个命题符号，且 $\mu \in |\tau|$ 是标记常数，则 p_μ 称为标记原子公式。

（2）如果 F 是一个公式，则$\neg F$ 也是一个公式。

（3）如果 F 和 G 为公式，则 $F \wedge G$、$F \vee G$，$F \rightarrow G$ 为公式。

（4）如果 p 是一个命题符号，且 $\mu \in |\tau|$ 是标记常数，则形式为$\neg^k p_\mu (k \geqslant 0)$ 的公式被称为“高阶公式”，非高阶公式称为“复合公式”。

需要注意的是，标记仅附加在原子级。形式 p_μ 的标记原子可以理解为“p 的真值大于等于 μ”。从这个意义上讲，标记逻辑结合了多值逻辑的特点。高阶公式是标记逻辑中的一种特殊公式。形式$\neg^k p_\mu$，其中$\neg^k$ 的高阶公式表示为 k 次重复$\neg$ 。例如，如果 A 是标记原子，则$\neg^0 A$ 是 A，$\neg^1 A$ 是$\neg A$，$\neg^k A$ 是$\neg(\neg^{k-1} A)$。这也适用于~。

下面定义一些缩略语。

定义 3.3 设 A 和 B 为公式，则

$$A \leftrightarrow B =_{\text{def}} (A \rightarrow B) \wedge (B \rightarrow A)$$

$$\neg_* A =_{\text{def}} A \rightarrow (A \rightarrow A) \wedge \neg (A \rightarrow A)$$

式中：$\leftrightarrow$称为等价；$\neg_*$ 称为强否定。

在标记逻辑中，强否定具有经典否定的所有性质。

下面介绍 $P\tau$ 的模型理论语义。令 P 为命题变量集，解释 I 是函数 I：$P \rightarrow \tau$。对于每个解释 I，关联的赋值 $v_I : F \rightarrow 2$，其中 F 是所有公式的集合，而 $2 = \{0,1\}$ 是真值的集合。当前后关系清晰时，省略下标。

定义 3.4（赋值） 赋值 v 定义如下：

如果 p_λ 是标记原子，则

$v(p_\lambda) = 1$，当且仅当 $I(p) \geqslant \lambda$，

$v(p_\lambda) = 0$，

否则 $v(\neg^k p_\lambda) = v(\neg^{k-1} p_{\sim\lambda})$，$k \geqslant 1$。

如果 A 和 B 是公式，则

$v(A \wedge B) = 1$，当且仅当 $v(A) = v(B) = 1$，

$v(A \vee B) = 0$，当且仅当 $v(A) = v(B) = 0$，

$v(A \rightarrow B) = 0$，当且仅当 $v(A) = 1$且 $v(B) = 0$。

如果 A 是一个复合公式，则

$$v(\neg A) = 1 - v(A)$$

当 $v(A) = 1$ 时，称 v 满足公式 A；当 $v(A) = 0$ 时，则称 v 不满足公式 A。对于赋值 v，可以得到以下引理。

引理 3.1　设 p 为命题变量且 $\mu\in|\tau(k\geqslant 0)|$，则

$$v(\neg^{k}p_{\mu})=v(p\sim^{k}\mu)$$

引理 3.2　设 p 为命题变量，则

$$v(p_{\perp})=1$$

引理 3.3　对于任何复合公式 A 和 B 以及任何公式 F，赋值 v 满足以下条件：

(1) $v(A\leftrightarrow B)=1$，当且仅当 $v(A)=v(B)$。

(2) $v((A\to A)\wedge\neg(A\to A))=0$。

(3) $v(\neg_{*}A)=1-v(A)$。

(4) $v(\neg F\leftrightarrow\neg_{*}F)=1$。

推理关系的概念由 $\models$ 表示。令 Γ 为公式集，而 F 为一个公式。F 是 Γ 的语义推理，记为"$\Gamma\models F$"，当且仅当对于每个 v 和 $A\in\Gamma$ 都满足 $v(A)=1$ 时，$v(F)=1$。

如果对于每个 $A\in\Gamma$ 都有 $v(A)=1$，则 v 称为 Γ 的模型。如果 Γ 是空的，那么 $\Gamma\models F$ 被简单地记为"$\models F$"，表示 F 是有效的。

引理 3.4　设 p 为命题变量，μ 为 $\lambda\in|\tau|$，则

(1) $\models p_{\perp}$。

(2) $\models p_{\mu}\to p_{\lambda}$，$\mu\geqslant\lambda$。

(3) $\models\neg^{k}p_{\mu}\leftrightarrow p\sim^{k}\mu$，$k\geqslant 0$。

引理 3.5　设 A、B 为公式。如果 $\models A$ 和 $\models A\to B$，则 $\models B$。

引理 3.6　设 F 为公式，p 为命题变量，$(\mu_i)_{i\in J}$ 是标记常数，其中 J 是下标集。如果 $\models F\to p_{\mu}$，则 $F\to p_{\mu_i}$，其中 $\mu=\vee\mu_i$。

下述引理可以作为引理 3.6 的推论。

引理 3.7　$\models p_{\lambda_1}\wedge p_{\lambda_2}\wedge\cdots\wedge p_{\lambda_m}\to p_{\lambda}$，$\lambda=\bigvee_{i=1}^{m}\lambda_i$。

下面讨论一些与弗协调和弗完全有关的结论。

定义 3.5（互补性质）　如果存在一个 λ，使得 $\lambda\leqslant\mu$ 和 $\sim\lambda\leqslant\mu$，则真值 $\mu\in\tau$ 具有互补性质。当且仅当存在某个 $\mu\in\tau'$ 时，μ 具有互补性，则集合 $\tau'\subseteq\tau$ 具有互补性。

定义 3.6（值域）　假设 I 是语言 L 的解释。I 的值域记为 range(I)，定义为

$$\mathrm{range}(I)=\{\mu\,|\,(\exists A\in B_L)I(A)=\mu\}$$

式中：B_L 表示 L 中所有基础原子的集合。

对于 $P\tau$，基础原子对应命题变量。如果解释 I 的值域满足互补性，则可以得到以下定理。

定理 3.4　设解释 I 满足 range(I)，具有互补性。存在命题变量 p 和 $\mu\in|\tau|$，使得 $v(p_{\mu})=v(\neg p_{\mu})=1$。

定理 3.4 指出，对于某个命题变量，存在一个既是真也是假，即不协调的情况。这与弗协调性的概念密切相关。

定义 3.7（不协调性）　如果存在某个命题变量 p 和某个标记常数 $\mu\in|\tau|$，

使得 $v(p_\mu)=v(\neg p_\mu)=1$，则解释 I 是不协调的。

因此，不协调性¬ 意味着 A 和¬A 对某些原子 A 同时成立。下面正式定义非平凡性、弗协调性和弗完全性的概念。

定义 3.8（非平凡性） 当存在某个命题变量 p 和某个标记常数 $\mu\in|\tau|$ 使得 $v(p_\mu)=0$ 时，解释 I 是非平凡的。

定义 3.8 表明，如果某个解释是非平凡的，则并不是每个原子都是有效的。

定义 3.9（弗协调性） 当且仅当解释 I 既不协调又非平凡时，称其是弗协调的。当且仅当 P_τ 中解释 I 是弗协调时，P_τ 也被称为弗协调的。

定义 3.9 允许 A 和¬ A 均为真，但某些弗协调解释 I 中的某些公式 B 为假。

定义 3.10（弗完全性） 当存在某个命题变量 p 和某个标记常数 $\lambda\in|\tau|$，使得 $v(p_\lambda)=v(\neg p_\lambda)$ 时，解释 I 是弗完全的。当且仅当解释 I 中存在 P_τ 使得 I 是弗完全的时，P_τ 也是弗完全的。

从定义 3.10 中可以看到，在弗完全解释 I 中，A 和¬ A 均为假。当且仅当 P_τ 既是弗协调的又是弗完全的时，P_τ 是非真值的。

弗协调逻辑可以处理不一致的信息，弗完全逻辑可以处理不完整的信息。这意味着，像标记逻辑这样的非真值逻辑可以用作表达不一致和不完整信息的逻辑，这是我们最初研究标记逻辑的目的之一。

如定理 3.2 和 3.3 所示，P_τ 中的弗协调性和弗完全性取决于 τ 的基数。

定理 3.5 当且仅当 $\mathrm{card}(\tau)\geqslant 2$ 时，P_τ 是弗协调的，其中 $\mathrm{card}(\tau)$ 表示集合 τ 的基数。

定理 3.6 如果 $\mathrm{card}(\tau)\geqslant 2$，则存在弗完全的标记系统 P_τ。

以上两个定理意味着，要将基于标记逻辑的非真值逻辑形式化，至少需要真值的顶部元素和底部元素。最简单的真值格是 Belnap[7-8] 的 FOUR。

定义 3.11（理论） 给定解释 I，可以将与 I 相关的理论 $\mathrm{Th}(I)$ 定义为一个集合：

$$\mathrm{Th}(I)=\mathrm{Cn}(\{p_\mu \mid p\in \mathrm{P}\ \text{且}\ I(p)\geqslant\mu\})$$

式中：C_n 是语义推理关系，

$$C_n(\Gamma)=\{F \mid F\in\mathscr{F}\text{且}\ \Gamma\models F\}$$

式中：Γ 是公式集合。

$\mathrm{Th}(I)$ 可以扩展为任何公式集。

定理 3.7 当且仅当 $\mathrm{Th}(\Gamma)$ 是不协调的时，解释 I 是不协调的。

定理 3.8 当且仅当 $\mathrm{Th}(I)$ 是弗协调的时，解释 I 是弗协调的。

下述引理指出，像在其他弗协调逻辑中一样，P_τ 在¬ 值域内不存在可替换的等效公式。

引理 3.8 设 A 为任何高阶公式，则

(1) $\models A\leftrightarrow((A\rightarrow A)\rightarrow A)$。

(2) $\not\models\neg A\leftrightarrow(((A\rightarrow A)\rightarrow A))$。

(3) $\models A \leftrightarrow (A \wedge A)$。

(4) $\not\models \neg A \leftrightarrow \neg(A \wedge A)$。

(5) $\models A \leftrightarrow (A \vee A)$。

(6) $\not\models \neg A \leftrightarrow \neg(A \vee A)$。

从以上证明中可以明显看出，(1)、(3) 和 (5) 适用于任何公式 A，但 (2)、(4) 和 (6) 不能推广到任何公式 A。

通过以下定理，我们可以找到 P_τ 与经典命题逻辑 C 的部分联系。

定理 3.9 如果 $F_1, F_2, \cdots, F_n$ 是复合公式，$K(A_1, A_2, \cdots, A_n)$ 是 C 的重言式，其中 $A_1, A_2, \cdots, A_n$ 是在重言式中唯一的命题变量，则 $K(F_1, F_2, \cdots, F_n)$ 在 $P\tau$ 中是有效的。其中，$K(F_1, F_2, \cdots, F_n)$ 是通过用 K 中 F_i 替换每次出现的 $A_i(1 \leqslant i \leqslant n)$ 来获得的。

下面介绍强否定 $\neg_*$ 的性质。

定理 3.10 设 A、B 为任意公式，则

(1) $\models (A \to B) \to ((A \to \neg_* B) \to \neg_* A$。

(2) $\models A \to \neg_* A \to B$。

(3) $\models A \vee \neg_* A$。

定理 3.10 告诉我们，强否定具有经典否定的所有基本性质。即：①是还原法则；②是非矛盾律的相关法则；③是排中法则。注意，这是对于任何复合公式 $A \models \neg A \leftrightarrow \neg_* A$ 而言的，任何高阶公式 $Q \not\models \neg Q \leftrightarrow \neg_* Q$ 不满足这些性质。

由此看来，$P\tau$ 是弗协调弗完全逻辑，而强否定的加入有助于经典推理。

下面介绍通过 Hilbert 方式将 $P\tau$ 公理化的方法。逻辑系统公理化有很多种方法，其中之一就是 Hilbert 系统，Hilbert 系统可以用公理集和推理规则来定义。公理是假定为有效的公式，推理规则是表明如何证明一个公式。

假定 $P\tau$ 的 Hilbert 公理化为 $\mathscr{A}\tau$。设 A、B、C 为任意公式，F、G 为复合公式，p 为命题变量，λ、μ、λ_i 为标记常数，则 $\mathscr{A}\tau$ 的假设：

$(\to_1)$ $(A \to (B \to A))$

$(\to_2)$ $(A \to (B \to C) \to ((A \to B) \to (A \to C))$

$(\to_3)$ $((A \to B) \to A) \to A$

$(\to_4)$ $A, A \to B / B$

$(\wedge_1)$ $(A \wedge B) \to A$

$(\wedge_2)$ $(A \wedge B) \to B$

$(\wedge_3)$ $A \to (B \to (A \wedge B))$

$(\vee_1)$ $A \to (A \vee B)$

$(\vee_2)$ $B \to (A \vee B)$

$(\vee_3)$ $(A \to C) \to ((B \to C) \to ((A \vee B) \to C))$

$(\neg_1)$ $(F \to G) \to ((F \to \neg G) \to \neg F)$

$(\neg_2)$ $F \to (\neg F \to A)$

$(\neg_3)$ $F \vee \neg F$

(τ_1) $p_{\perp}$

(τ_2) $\neg^k p_\lambda \leftrightarrow \neg^{k-1} p_{\sim\lambda}$

(τ_3) $p_\lambda \to p_\mu$，$\lambda \geqslant \mu$

(τ_4) $p_{\lambda_1} \wedge p_{\lambda_2} \wedge \cdots \wedge p_{\lambda_m} \to p_\lambda, \lambda = \bigvee_{i=1}^{m} \lambda_i$

除（$\to_4$）外，以上假定都是公理。($\to_4$)推理规则称为“假言推理（MP）”。

da Costa、Subrahmanian 和 Vago[60] 介绍了不同的公理化方法，但实际上与上述公理化方法相同，只是蕴涵的假设不同。同理，尽管($\to_1$)和($\to_3$)是相同的，但剩余公理是：

$$(A \to B) \to ((A \to (B \to C)) \to (A \to C))$$

众所周知，有许多方法可以对经典逻辑 C 的蕴涵部分公理化，但在没有否定的情况下，需要 Pierce 定律($\to_3$)。

在（$\neg_1$）、($\neg_2$)、($\neg_3$）中，F 和 G 是复合公式。通常，在 F 和 G 无约束的情况下，由于在标记逻辑中不被允许，因此它们不是合理的规则。

da Costa，Subrahmanian 和 Vago [60]将(τ_1)和(τ_2）融合作为合取形式的单一公理，但我们将其分为两个公理。最终公理也有所不同，其无限格形式如下：

$$A \to P_{\lambda_j}, \text{对每个 } j \in J, A \to p_\lambda,\ \lambda = \bigvee_{j \in J} \lambda_j$$

如果 τ 是有限格，则等效于（τ_2）。

下面介绍 $P\tau$ 的语法推理关系的定义。设 Γ 为公式集，G 为一个公式，当且仅当公式 $F_1, F_2, \cdots, F_n$ 是有限序列，其中 F_i 属于 Γ 或 F_i 是公理($1 \leqslant i \leqslant n$)，$F_j$ 是由（$\to_4$）得到的前两个公式的直接结论时，G 是 Γ 的语法推理，记为“$\Gamma \vdash G$”。该定义可以扩展到无限序列，其中 n 是一个序数。如果 $\Gamma = \varnothing$，即 $\vdash G$，则 G 是 $P\tau$ 的一个公理。

设 Γ、Δ 为公式集，A、B 为公式，那么，推理关系 $\vdash$ 满足以下条件：

(1) 如果 $\Gamma \vdash A$ 且 $\Gamma \subset \Delta$，那么 $\Delta \vdash A$。

(2) 如果 $\Gamma \vdash A$ 且 Δ，$A \vdash B$，那么 Γ，$\Delta \vdash B$。

(3) 如果 $\Gamma \vdash A$，那么 $\Delta \subset \Gamma$，$\Delta \vdash A$。

在 Hilbert 系统中演绎定理成立。

定理 3.11（演绎定理） 设 Γ 是公式集，A、B 为公式，则

$$\Gamma, A \vdash B \Rightarrow \Gamma \vdash A \to B$$

下面的定理介绍了一些与强否定有关的定理。

定理 3.12 假设 A 和 B 是任意公式，则

(1) $\vdash A \vee \neg_* A$。

(2) $\vdash A \to (\neg_* A \to B)$。

(3) $\vdash (A \to B) \to ((A \to \neg_* B) \to \neg_* A)$。

定理 3.13 对于任意的公式 A 和 B，以下条件成立：

(1) $\vdash \neg_* (A \wedge \neg_* A)$。

(2) $\vdash A \leftrightarrow \neg_* \neg_* A$。

(3) $\vdash (A \wedge B) \leftrightarrow \neg_* (\neg_* A \vee \neg_* B)$。

(4) $\vdash (A \rightarrow B) \leftrightarrow (\neg_* A \vee B)$。

(5) $\vdash (A \vee B) \leftrightarrow \neg_* (\neg_* A \wedge \neg_* B)$。

定理3.13表明，通过强否定和逻辑连接词，其他逻辑连接词可以定义为经典逻辑中的逻辑连接词。如果 $\tau = \{t, f\}$，通过适当定义其运算符，可以得到经典命题逻辑中的经典否定 $\neg_*$。

下面介绍 $P\tau$ 的一些正式结论，包括完备性和确定性。

引理3.9 设 p 为命题变量，μ，λ，$\theta \in |\tau|$，则

(1) $\vdash p_{\lambda \vee \mu} \rightarrow p_{\lambda}$。

(2) $\vdash p_{\lambda \vee \mu} \rightarrow p_{\mu}$。

(3) $\lambda \geqslant \mu$ 且 $\lambda \geqslant \theta \Rightarrow \vdash p_{\lambda} \rightarrow p_{\mu \vee \theta}$。

(4) $\vdash p_{\mu} \rightarrow p_{\mu \wedge \theta}$。

(5) $\vdash p_{\theta} \rightarrow p_{\mu \wedge \theta}$。

(6) $\lambda \leqslant \mu$ 且 $\lambda \leqslant \theta \Rightarrow \vdash p_{\mu \vee \theta}$。

(7) $\vdash p_{\mu} \leftrightarrow p_{\mu \vee \mu}$，$\vdash p_{\mu} \leftrightarrow p_{\mu \wedge \mu}$。

(8) $\vdash p_{\mu \vee \lambda} \leftrightarrow p_{\lambda \vee \mu}$，$\vdash p_{\mu \wedge \lambda} \leftrightarrow p_{\lambda \wedge \mu}$。

(9) $\vdash p_{(\mu \wedge \lambda) \vee \theta} \vee \rightarrow p_{\mu \vee (\lambda \wedge \theta)}$，$\vdash p_{(\mu \wedge \lambda) \wedge \theta} \vee \rightarrow p_{\mu \wedge (\lambda \wedge \theta)}$。

(10) $\vdash p_{(\mu \vee \lambda) \wedge \mu} \rightarrow p_{\mu}$，$\vdash p_{(\mu \wedge \lambda) \vee \mu} \rightarrow p_{\mu}$。

(11) $\lambda \leqslant \mu \Rightarrow \vdash p_{\lambda \vee \mu} \rightarrow p_{\mu}$。

(12) $\lambda \vee \mu = \mu \Rightarrow \vdash p_{\mu} \rightarrow p_{\lambda}$。

(13) $\mu \geqslant \lambda \Rightarrow \forall \theta \in |\tau| (\vdash p_{\mu \vee \theta} \rightarrow p_{\lambda \vee \theta}$ 且 $\vdash p_{\mu \wedge \theta} \rightarrow p_{\lambda \wedge \theta})$。

(14) $\mu \geqslant \lambda$ 且 $\theta \geqslant \varphi \Rightarrow \vdash p_{\mu \vee \theta} \rightarrow p_{\lambda \vee \phi}$ 且 $\vdash p_{\mu \wedge \theta} \rightarrow p_{\lambda \wedge \phi}$。

(15) $\vdash p_{\mu \wedge (\lambda \vee \theta)} \rightarrow p_{(\mu \wedge \lambda) \vee (\mu \wedge \theta)}$，$\vdash p_{\mu \vee (\lambda \wedge \theta)} \rightarrow p_{(\mu \vee \lambda) \wedge (\mu \vee \theta)}$。

(16) $\vdash p_{\mu} \wedge p_{\lambda} \leftrightarrow p_{\mu \wedge \lambda}$。

(17) $\vdash p_{\mu \vee \lambda} \rightarrow p_{\mu} \vee p_{\lambda}$。

设完整格 $\tau = N \cup \{\omega\}$，其中 N 是自然数集，关于 τ 的排序是序数上仅限于集合 τ 的一般排序。集合 $\Gamma = \{p_0, p_1, p_2, \cdots\}$，其中 $p_{\omega} \notin \Gamma$，显然有 $\Gamma \vdash p_{\omega}$，但是需要一个无限推导使之成立。

定义3.12

$$\bar{\Delta} = \{A \in F | \Delta \vdash A\}$$

定义3.13 当且仅当 $\bar{\Delta} = F$（即语言中每个公式是 Δ 的语法结论）时，Δ 称为非平凡的，否则 Δ 称为不平凡的。当且仅当存在公式 A 使得 $\Delta \vdash A$ 和 $\Delta \vdash \neg A$ 时，Δ 是不协调的，否则 Δ 是协调的。

由平凡性的定义可得如下定理。

定理3.14 当且仅当 $\Delta \vdash A \wedge \neg A$（或 $\Delta \vdash A$ 和 $\Delta \vdash \neg_* A$）时，Δ 对于公式 A 来说

是平凡的。

定理 3.15 设 Γ 为公式集，A、B 为任意公式，F 为任意复合公式，则

（1）$\Gamma \vdash A$ 且 $\Gamma \vdash A \to B \Rightarrow \Gamma \vdash B$。

（2）$A \wedge B \vdash A$。

（3）$A \wedge B \vdash B$。

（4）$A, B \vdash A \wedge B$。

（5）$A \vdash A \vee B$。

（6）$B \vdash A \vee B$。

（7）$\Gamma, A \vdash C$ 且 $\Gamma, B \vdash C \Rightarrow \Gamma, A \vee B \vdash C$。

（8）$\vdash F \leftrightarrow \neg_* F$。

（9）$\Gamma, A \vdash B$ 且 $\Gamma, A \vdash \neg_* B \Rightarrow \Gamma \vdash \neg_* A$。

（10）$\Gamma, A \vdash B$ 且 $\Gamma, \neg_* A \vdash B \Rightarrow \Gamma \vdash B$。

注意，定理 3.15 的公式（10）中用$\neg$ 代替$\neg_*$ 是无效的。

$P\tau$ 的可靠性和完备性能够被证明，本节所述的完备性证明方法是基于最大的非平凡公式集[62-63]。da Costa、Subrahmanian 和 Vago [60] 用 Zorn 引理提出了另一种证明。

定理 3.16（可靠性） 令 Γ 为公式集，A 为任何公式。如果 $\Gamma \vdash A$，则 $\Gamma \vDash A$，那么 $\mathscr{A}_\tau$ 是 $P\tau$ 的可靠公理化。

定理 3.17 设 Γ 为非平凡的公式集。假设 τ 是有限的，则 Γ 可以扩展到关于 F 的最大（对于集合的包含）非平凡集合。

定理 3.18 设 Γ 为最大非平凡公式集，则

（1）如果 A 是 p_τ 的公理，那么 $A \in \Gamma$。

（2）$A, B \in \Gamma$，当且仅当 $A \wedge B \in \Gamma$。

（3）$A \vee B \in \Gamma$，当且仅当 $A \in \Gamma$ 或 $B \in \Gamma$。

（4）如果 p_λ，$p_\mu \in \Gamma$，那么 $p_\theta \in \Gamma$，$\theta = \max(\lambda, \mu)$。

（5）$\neg^k p_\mu \in \Gamma$，当且仅当$\neg^{k-1} p \sim \mu \in \Gamma$，$k \geqslant 1$。

（6）如果 A，$A \to B \in \Gamma$，那么 $B \in \Gamma$。

（7）$A \to B \in \Gamma$，当且仅当 $A \notin \Gamma$ 或 $B \in \Gamma$。

定理 3.19 令 Γ 为最大非平凡公式集，则 Γ 的特征函数χ，即$\chi \Gamma \to 2$ 是某种解释 I 的估值函数 I：$P \to |\tau|$。

定理 3.20（完备性） 令 Γ 为公式集，A 为任何公式。如果 τ 是有限的，则 $\mathscr{A}_\tau$ 是 $P\tau$ 的完备公理化，即，如果 $\Gamma \vDash A$，则 $\Gamma \vdash A$。

定理 3.21（确定性） 如果 τ 是有限的，则 $P\tau$ 是确定的。

完备性通常不适用于无限格，但适用于特殊情况。

定义 3.14（有限标记性质） 假设 Γ 是公式集，Γ 中的标记常量集包含在 τ 的有限子结构中（Γ 本身可以是无限的）。在这种情况下，Γ 被称为有限标记

性质。

注意，如果 τ' 是 τ 的子结构，则 τ' 在运算符~、∨和∧下是闭合的。定理 3.20 容易证明以下内容。

定理 3.22（有限完备性） 假设 Γ 具有有限标记属性。如果任何公式 A 使得 $\Gamma \vdash A$，则 Γ 能够证明 A 是有限的。

定理 3.22 表明，即使 $P\tau$ 的基础真值集是无限的（可数或不可数），只要理论具有有限标记属性，就能运用完备性结论。也就是说，对于这些理论，$\mathscr{A}\tau$ 是完备的。

一般地，当我们研究没有有限标记属性的理论时，可能需要通过添加新的无限推理规则（ω-规则）来保证完备性，这种规则类似于 da Costa[64] 处理特殊无限语言族中特定模型的规则。在这种情况下，$P\tau$ 的公理化不是有限的。

通过紧密性的经典结论，可以描述其紧密性定理。

定理 3.23（弱紧密性） 假设 Γ 具有有限标记属性。如果任一公式 A 使得 $\Gamma \vdash A$，则存在 Γ 的有限子集 Γ'，使得 $\Gamma' \vdash A$。

标记逻辑 $P\tau$ 提供了一种通用框架，可以用来推理许多不同的逻辑。下面给出一些例子。

设真值集 FOUR $=\{t,,f,\bot,\top\}$，关于¬ 的定义为：$\neg t=f$，$\neg f=t$，$\neg\bot=\bot$，$\neg\top=\top$。基于 FOUR 的四值逻辑最初是 Belnap[7-8] 用于模仿计算机的内部状态。Subrahmanian[58]、Blair 和 Subrahmanian[59] 用 FOUR 作为弗协调逻辑编程的基础，将标记逻辑形式化，其研究的标记逻辑可用于推理不协调的知识库。

例如，允许逻辑程序是形式公式的有限集合：

$$(A:\mu_0)\leftrightarrow(B_1:\mu_1)\&\cdots\&(B_n:\mu_n)$$

式中：A 和 $B_i(1\leqslant i\leqslant n)$ 是原子；$\mu_j(0\leqslant j\leqslant n)$ 是 FOUR 的真值。

这些程序可能包含“直觉”的不协调性，例如，$((p:f),(p:t))$ 是不协调的。如果把这个程序附加到协调程序 P 上，即使谓词符号 p 在程序 P 中没有出现，那么这两个程序的合并也可能是不协调的。在基于知识的系统中，这样的不协调很容易发生，不应该让程序的意义受到轻视。然而，基于经典逻辑的知识系统无法处理这种情况，因为程序是不重要的。

Blair 和 Subrahmanian[59] 的四值标记逻辑可以用来描述这种情况。后来，Kifer 和 Subrahmanian[17] 将 Blair 和 Subrahmanian 的标记逻辑扩展为“广义标记逻辑”。还有一些例子可以用标记逻辑来处理。具有否定的真值集 FOUR 形式化为标记逻辑，被定义为“布尔求反”。

满足 $\neg x=1-x$ 的真值单位区间 $[0,1]$ 是关于定性推理或模糊推理的标记逻辑的基础。从这个意义上讲，概率逻辑和模糊逻辑也是标记逻辑。

真值的区间 $[0,1]\times[0,1]$ 也可用于关于证据推理的标记逻辑。赋予命题 p 的真值 (μ_1,μ_2) 中，μ_1 表示对 p 的信任度，μ_2 表示对 p 的不信任度。否定可以定义为 $\neg(\mu_1,\mu_2)=(\mu_2,\mu_1)$。

注意，由解释 I 对命题 p 的赋值 $[\mu_1,\mu_2]$ 不一定满足条件 $\mu_1+\mu_2\leqslant 1$。这与概率推理形成对比。关于某个特定领域的知识，可能来自该领域不同的专家，这些专家可能有不同观点。

某些观点可能导致对命题的“强”信任；同样地，其他专家也可能对同一命题“强”不信任。在这种情况下，似乎应该报告存在冲突意见，而不是使用特定手段来解决这种冲突。

针对上述情况，da Costa、Subrahmanian 和 Vago[60] 研究了命题标记逻辑 P_τ 和谓词扩展 Q_τ，也记为 $Q\mathcal{T}$。Q_τ 的详细公式参见 da Costa、Abe 和 Subrahmanian[61] 以及 Abe[62] 的文献，这里不再介绍。

以上是本章对非经典逻辑的阐述，只介绍了与粗糙集理论相关的非经典逻辑，第 4 章将介绍以它们为基础的粗糙集逻辑。

参考文献

1. Kripke, S.: A complete theorem in modal logic. J. Symb. Log. **24**, 1–24 (1959)
2. Kripke, S.: Semantical considerations on modal logic. Acta Philos. Fenn. **16**, 83–94 (1963)
3. Kripke, S.: Semantical analysis of modal logic I. Z. für math. Logik und Grundl. der Math. **8**, 67–96 (1963)
4. Hughes, G., Cresswell, M.: A New Introduction to Modal Logic. Routledge, New York (1996)
5. Łukasiewicz, J.: On 3-valued logic 1920. In: McCall, S. (ed.) Polish Logic, pp. 16–18. Oxford University Press, Oxford (1967)
6. Kleene, S.: Introduction to Metamathematics. North-Holland, Amsterdam (1952)
7. Belnap, N.D.: A useful four-valued logic. In: Dunn, J.M., Epstein, G. (eds.) Modern Uses of Multi-Valued Logic, pp. 8–37. Reidel, Dordrecht (1977)
8. Belnap, N.D.: How a computer should think. In: Ryle, G. (ed.) Contemporary Aspects of Philosophy, pp. 30–55. Oriel Press (1977)
9. Anderson, A., Belnap, N.: Entailment: The Logic of Relevance and Necessity I. Princeton University Press, Princeton (1976)
10. Łukasiewicz, J.: Many-valued systems of propositional logic, 1930. In: McCall, S. (ed.) Polish Logic. Oxford University Press, Oxford (1967)
11. Zadeh, L.: Fuzzy sets. Inf. Control **8**, 338–353 (1965)
12. Fitting, M.: Bilattices and the semantics of logic programming. J. Log. Program. **11**, 91–116 (1991)
13. Fitting, M.: A theory of truth that prefers falsehood. J. Philos. Log. **26**, 477–500 (1997)
14. Ginsberg, M.: Multivalued logics. In: Proceedings of AAAI 1986, pp. 243–247. Morgan Kaufman, Los Altos (1986)
15. Ginsberg, M.: Multivalued logics: a uniform approach to reasoning in AI. Comput. Intell. **4**, 256–316 (1988)
16. Fitting, M.: Intuitionisic Logic, Model Theory and Forcing. North-Holland, Amsterdam (1969)
17. Kifer, M., Subrahmanian, V.S.: On the expressive power of annotated logic programs. In: Proceedings of the 1989 North American Conference on Logic Programming, pp. 1069–1089 (1989)
18. Kripke, S.: Outline of a theory of truth. J. Philos. **72**, 690–716 (1975)
19. Arieli, O., Avron, A.: Reasoning with logical bilattices. J. Log. Lang. Inf. **5**, 25–63 (1996)
20. Arieli, O., Avron, A.: The value of fur values. Artif. Intell. **102**, 97–141 (1998)
21. Heyting, A.: Intuitionism. North-Holland, Amsterdam (1952)
22. Kripke, S.: Semantical analysis of intuitionistic logic. In: Crossley, J., Dummett, M. (eds.) Formal Systems and Recursive Functions, pp. 92–130. North-Holland, Amsterdam (1965)
23. Akama, S.: The Gentzen-Kripke construction of the intermediate logic LQ. Notre Dame J. Form. Log. **33**, 148–153 (1992)

24. Dummett, M.: A propositional calculus with denumerable matrix. J. Symb. Log. **24**, 97–106 (1959)
25. Krisel, G., Putnam, H.: Eine unableitbarkeitsbeuwesmethode für den intuitinistischen Aussagenkalkul. Arch. für Math. Logik und Grundlagenforschung **3**, 74–78 (1967)
26. Akama, S., Murai, T., Kudo, Y.: Heyting-Brouwer rough set logic. In: Proceedings of KSE2013, Hanoi, pp. 135–145. Springer, Heidelberg (2013)
27. Akama, S., Murai, T., Kudo, Y.: Da Costa logics and vagueness. In: Proceedings of GrC2014, Noboribetsu, Japan (2014)
28. Nelson, D.: Constructible falsity. J. Symb. Log. **14**, 16–26 (1949)
29. Almukdad, A., Nelson, D.: Constructible falsity and inexact predicates. J. Symb. Log. **49**, 231–233 (1984)
30. Akama, S.: Resolution in constructivism. Log. et Anal. **120**, 385–399 (1987)
31. Akama, S.: Constructive predicate logic with strong negation and model theory. Notre Dame J. Form. Log. **29**, 18–27 (1988)
32. Akama, S.: On the proof method for constructive falsity. Z. für Math. Log. und Grundl. der Math. **34**, 385–392 (1988)
33. Akama, S.: Subformula semantics for strong negation systems. J. Philos. Log. **19**, 217–226 (1990)
34. Akama, S.: Constructive falsity: foundations and their applications to computer science. Ph.D. thesis, Keio University, Yokohama, Japan (1990)
35. Akama, S.: Nelson's paraconsistent logics. Log. Log. Philos. **7**, 101–115 (1999)
36. Wansing, H.: The Logic of Information Structures. Springer, Berlin (1993)
37. Nelson, D.: Negation and separation of concepts in constructive systems. In: Heyting, A. (ed.) Constructivity in Mathematics, pp. 208–225. North-Holland, Amsterdam (1959)
38. Rasiowa, H.: An Algebraic Approach to Non-Classical Logics. North-Holland, Amsterdam (1974)
39. Jaśkowski, S.: Propositional calculus for contradictory deductive systems (in Polish). Stud. Soc. Sci. Tor. Sect. A **1**, 55–77 (1948)
40. Jaśkowski, S.: On the discursive conjunction in the propositional calculus for inconsistent deductive systems (in Polish). Stud. Soc. Sci. Tor. Sect. A **8**, 171–172 (1949)
41. Kotas, J.: The axiomatization of S. Jaskowski's discursive logic. Stud. Log. **33**, 195–200 (1974)
42. da Costa, N.C.A.: On the theory of inconsistent formal systems. Notre Dame J. Form. Log. **15**, 497–510 (1974)
43. da Costa, N.C.A., Alves, E.H.: A semantical analysis of the calculi C_n. Notre Dame J. Form. Log. **18**, 621–630 (1977)
44. Anderson, A., Belnap, N., Dunn, J.: Entailment: The Logic of Relevance and Necessity II. Princeton University Press, Princeton (1992)
45. Routley, R., Plumwood, V., Meyer, R.K., Brady, R.: Relevant Logics and Their Rivals, vol. 1. Ridgeview, Atascadero (1982)
46. Dunn, J.M.: Relevance logic and entailment. In: Gabbay, D., Gunthner, F. (eds.) Handbook of Philosophical Logic, vol. III, pp. 117–224. Reidel, Dordrecht (1986)
47. Vasil'ev, N.A.: Imaginary Logic. Nauka, Moscow (1989). (in Russian)
48. Arruda, A.I.: A survey of paraconsistent logic. In: Arruda, A., da Costa, N., Chuaqui, R. (eds.) Mathematical Logic in Latin America, North-Holland, Amsterdam, pp. 1–41 (1980)
49. Asenjo, F.G.: A calculus of antinomies. Notre Dame J. Form. Log. **7**, 103–105 (1966)
50. Priest, G.: Logic of paradox. J. Philos. Log. **8**, 219–241 (1979)
51. Priest, G.: Paraconsistent logic. In: Gabbay, D., Guenthner, F. (eds.) Handbook of Philosophica Logic, 2nd edn, pp. 287–393. Kluwer, Dordrecht (2002)
52. Priest, G.: In Contradiction: A Study of the Transconsistent, 2nd edn. Oxford University Press Oxford (2006)
53. Batens, D.: Inconsistency-adaptive logics and the foundation of non-monotonic logics. Log. e Anal. **145**, 57–94 (1994)
54. Batens, D.: A general characterization of adaptive logics. Log. et Anal. **173–175**, 45–68 (2001
55. Batens, D.: Dynamic dialectical logics. In: Priest, G., Routley, R., Norman, J. (eds.) Paracon sistent Logic: Essay on the Inconsistent, pp. 187–217. Philosophia Verlag, München (1989)
56. Carnielli, W., Coniglio, M., Marcos, J.: Logics of formal inconsistency. In: Gabbay, D., Guenth

ner, F. (eds.) Handbook of Philosophical Logic, vol. 14, 2nd edn, pp. 1–93. Springer, Heidelberg (2007)
57. Carnielli, W., Marcos, J.: Tableau systems for logics of formal inconsistency. In: Abrabnia, H.R. (ed.) Proceedings of the 2001 International Conference on Artificial Intelligence, vol. II, pp. 848–852. CSREA Press (2001)
58. Subrahmanian, V.: On the semantics of quantitative logic programs. In: Proceedings of the 4th IEEE Symposium on Logic Programming, pp. 173–182 (1987)
59. Blair, H.A., Subrahmanian, V.S.: Paraconsistent logic programming. Theor. Comput. Sci. **68**, 135–154 (1989)
60. da Costa, N.C.A., Subrahmanian, V.S., Vago, C.: The paraconsistent logic $P\mathscr{T}$. Z. für Math. Log. und Grundl. der Math. **37**, 139–148 (1991)
61. da Costa, N.C.A., Abe, J.M., Subrahmanian, V.S.: Remarks on annotated logic. Z. für Math. Log. und Grundl. der Math. **37**, 561–570 (1991)
62. Abe, J.M.: On the foundations of annotated logics (in Portuguese). Ph.D. thesis, University of São Paulo, Brazil (1992)
63. Abe, J.M., Akama, S., Nakamatsu, K.: Introduction to Annotated Logics. Springer, Heidelberg (2015)
64. da Costa, N.C.A.: α-models and the system T and T^*. Notre Dame J. Form. Log. **14**, 443–454 (1974)

第 4 章 粗糙集的逻辑特征

摘要：本章介绍了粗糙集的几种逻辑特征，并概述了文献中的一些方法，包括双 Stone 代数、Nelson 代数和模态逻辑，还介绍了粗糙集逻辑、知识推理逻辑和知识表示逻辑。

4.1 代数方法

粗糙集最基本的方法之一是能表达数学特征的代数方法。代数方法有许多种，最早的代数方法是由 Iwinski[1] 在 1987 年提出的。

双 Stone 代数（DSA）是一种适合粗糙集的代数方法。下面介绍几种代数方法。

定义 4.1（双 Stone 代数） 双 Stone 代数$\langle L,+,\cdot,*,^{+},0,1\rangle$是$(2,2,1,1,0,0)$类型的代数：

（1）$\langle L,+,\cdot,0,1\rangle$是有界分配格。

（2）x^*是 x 的伪补，即 $y\leqslant x^*\Leftrightarrow y\cdot x=0$。

（3）x^+是 x 的对偶伪补，即 $y\geqslant x^+\Leftrightarrow y+x=1$。

（4）$x^*+x^{**}=1$，$x^+\cdot x^{++}=0$。

注意，条件（2）和（3）可以描述为以下等式：

$$x\cdot(x\cdot y)^*=x\cdot y^*$$

$$x+(x+y)^+=x+y^+$$

$$x\cdot 0^*=0$$

$$x+1^+=x$$

$$0^{**}=0$$

$$1^{++}=1$$

如果 DSA 还满足以下条件，则称为“正则”：

$$x\cdot x^+\leqslant y+y^*$$

等同于 $x^+=y^+$和 $x^*=y^*$蕴涵 $x=y$。

L 的中心 $\{B(L)=\{x^*|x\in L\}$ 是 L 的子代数和一个布尔代数，其中*和$^+$与布尔补一一致。L 的中心元素称为“布尔元素”。L 的稠密集 $\{x\in L|\ x^*=0\}$ 记为 $D(L)$或 D。对于任何 $M\subseteq L$，M^+是集合 $\{x^+|x\in M\}$。

引理 4.1 是正则双 Stone 代数的构造。

引理 4.1 设$\langle B,+,\cdot,-,0,1\rangle$是布尔代数，而 F 是对 B 非必要的特定筛选。

$$\langle a,b\rangle^{*}=\langle -b,-b\rangle$$

$$\langle a,b\rangle^{+}=\langle -a,-a\rangle$$

此外，$B(L)\backsimeq B$ 可作为布尔代数，$D(L)\backsimeq F$ 可作为格。注意，$B(L)=\{\langle a,a\rangle|a\in B\}$，$D(L)=\{\langle a,1\rangle|a\in F\}$。

相反地，如果 M 是正则双 Stone 代数，$B=B(M)$，$F=D(M)^{++}$，那么对于每个 $x\in M$，对偶$\langle x^{++},x^{**}\rangle$的映射是 M 和$\langle B,F\rangle$的同构。

因此，正则双 Stone 代数的每个元素 x 都由低于 x 的最大布尔元素和高于 x 的最小布尔元素唯一地描述。

假设$\langle U,\theta\rangle$是一个近似空间，那么 θ 类可以看成是布尔代数 $Sb(U)$ 的一个完备子代数的原子。相反地，$Sb(U)$的任何原子完备子代数 B 在 U 上都存在等价关系 θ，这种对应关系是一个双映射，且 B 的元素是$\varnothing$和其相关等价关系的并集。

若 $a\in B$，那么对每个 $X\subseteq U$，若 $a\in X_u$，则 $a\in X$，且相应近似空间的粗糙集是正则双 Stone 代数 $\langle B,F\rangle$ 的元素，其中 F 是 B 的筛选，是由 B 的单个元素的并集产生的。如果 θ 是 U 上的恒等式，则 $F=\{U\}$。

其他代数方法也可以在文献中找到。例如，Pomykala 等[2] 认为可以通过下列定义将 (U,ϑ) 的粗糙集 $\mathscr{B}_\theta(U)$ 转化为 Stone 代数$(\mathscr{B}_\theta(U),+,\cdot,*,(\varnothing,\varnothing),(U,U))$。

$$(\underline{X},\overline{X})+(\underline{Y},\overline{Y})=(\underline{X}\cup\underline{Y},\overline{X}\cup\overline{Y})$$

$$(\underline{X},\overline{X})\cdot(\underline{Y},\overline{Y})=(\underline{X}\cap\underline{Y},\overline{X}\cap\overline{Y})$$

$$(\underline{X},\overline{X})^{*}=(-\overline{X},-\overline{X})$$

式中：对于 $X\subseteq U$，U 中 Z 的补码由$-Z$ 表示。

我们还可以用 Nelson 代数和三值 Łukasiewicz 代数来描述粗糙集。在 4.4 节中，将讨论用 Nelson 代数表征粗糙集。

4.2 模态逻辑和粗糙集

有人认为模态逻辑是粗糙集理论的基础。在这方面，Yao 和 Lin[3] 对模态逻辑方法的泛化进行了系统研究，Liau[4] 进行了综合的概述。

设 $\mathrm{apr}=\langle U,R\rangle$为一个近似空间。对于任意集合 $A\subseteq U$，可能无法使用 R 的等价类来精确描述 A。在这种情况下，可以通过一对上、下近似来表征 A：

$$\underline{\mathrm{apr}}(A)=\cup_{[x]_R\subseteq A}[x]_R$$

$$\overline{\mathrm{apr}}(A)=\cup_{[x]_R\cap A\neq\varnothing}[x]_R$$

式中：$[x]_R=\{y\mid xRy\}$是包含 x 的等价类。对偶$\langle\underline{\mathrm{apr}}(A),\overline{\mathrm{apr}}(A)\rangle$是关于 A 的粗

糙集。

由于下近似 $\underline{apr}$ (A)是A的子集中所有初等集的并集，而$\overline{apr}(A)$是与A有非空交集的所有初等集的并集，因此它们可以描述为

$$\underline{apr}(A)=\{x\mid[x]_R\subseteq A\}=\{x\in U\mid y\in U,\ xRy\ 蕴含\ y\in A\}$$

$$\overline{apr}(A)=\{x\mid[x]_R\cap A=\varnothing\}=\{x\in U\ 存在\ y\in U,\ xRy\ 且\ y\in A\}$$

这些解释与模态逻辑中的必要性和可能性算子的解释密切相关。

这里列出 $\underline{apr}$ 和 $\overline{apr}$ 的一些性质。对于任何子集A，$B\subseteq U$，$\underline{apr}$ 的下列性质成立：

(AL1) $\underline{apr}(A)=\sim\overline{apr}(\sim A)$

(AL2) $\underline{apr}(U)=U$

(AL3) $\underline{apr}(A\cap B)=\underline{apr}(A)\cap\underline{apr}(B)$

(AL4) $\underline{apr}(A\cup B)\supseteq\underline{apr}(A)\cup\underline{apr}(B)$

(AL5) $A\subseteq B\Rightarrow\underline{apr}(A)\subseteq\underline{apr}(B)$

(AL6) $\underline{apr}(\varnothing)=\varnothing$

(AL7) $\underline{apr}(A)\subseteq A$

(AL8) $A\subseteq\underline{apr}(\overline{apr}(A))$

(AL9) $\underline{apr}(A)\subseteq\underline{apr}(\underline{apr}(A))$

(AL10) $\overline{apr}(A)\subseteq\underline{apr}(\overline{apr}(A))$

$\overline{apr}$ 的下列性质成立：

(AU1) $\overline{apr}(A)=\sim\underline{apr}(\sim A)$

(AU2) $\overline{apr}(\varnothing)=\varnothing$

(AU3) $\overline{apr}(A\cup B)=\overline{apr}(A)\cup\overline{apr}(B)$

(AU4) $\overline{apr}(A\cap B)\subseteq\overline{apr}(A)\cap\overline{apr}(B)$

(AU5) $A\subseteq B\Rightarrow\overline{apr}(A)\subseteq\overline{apr}(B)$

(AU6) $\overline{apr}(U)=U$

(AU7) $A\subseteq\overline{apr}(A)$

(AU8) $\overline{apr}(\underline{apr}(A))\subseteq A$

(AU9) $\overline{apr}(\overline{apr}(A))\subseteq\overline{apr}(A)$

(AU10) $\overline{apr}(\underline{apr}(A))\subseteq\underline{apr}(A)$

式中：$\sim A=U-A$ 表示A的补集。此外，上、下近似值满足以下性质：

(K) $\underline{apr}(\sim A\cup B)\subseteq\sim\underline{apr}(A)\cup\underline{apr}(B)$

(ALU) $\underline{apr}(A)\subseteq\overline{apr}(A)$

性质(AL1)和(AU1)说明两个近似算子是对偶算子。事实上，具有相同数量的性质可以被视为“双重”性质。但是这些性质不是独立的。例如，性质

(AL3) 蕴涵性质(AL4),性质(AL9)、(AL10)、(AU9)和(AU10)能用“集包含”表示。

上面描述的粗糙集称为“Pawlak 粗糙集”，它们是从等价关系中构造出来的。上、下近似可以解释为 U 的两个算子 $\underline{\text{apr}}$ 和 $\overline{\text{apr}}$。Pawlak 粗糙集模型可以用拓扑空间和拓扑布尔代数的概念来解释，其中算子 $\underline{\text{apr}}$ 和 $\overline{\text{apr}}$ 可以与一般集论算子 ~、∩和∪一起使用。

由于模态逻辑 S5 可以通过拓扑布尔代数来理解，因此很自然地期望 Pawlak 粗糙集与模态逻辑 S5 之间存在联系。

第 3 章中介绍了模态逻辑。设 Φ 是一个非空命题集，由有限的逻辑符号∧、∨、¬ 、→,模态算子□、◇,命题常数⊤、⊥，以及命题变量的无限可枚举集 $P=\{\phi, \psi,\cdots\}$ 组成。$\Box\phi$ 表示 ϕ 是必要的，$\Diamond\phi$ 表示 ϕ 是可能的。

设 W 是可能世界的非空集合，R 是二元关系，称为 W 上的可达性关系，(W,R) 称为 Kripke 框架。(W,R) 中的解释是函数 v：$W\times P\rightarrow\{\text{true, false}\}$，它为每个关于特定世界 w 的命题变量指定一个真值。例如，$v(w,a)=\text{true}$ 的意思是，世界 w 中的解释 v 表明命题 a 是真的，记为“$w\models_v a$”。

通常可将 v 扩展到所有命题，定义 $v^*:W\times\Phi\rightarrow\{\text{true, false}\}$ 如下：

(m0) $a\in P$，$w\models_{v*}a$，当且仅当 $w\models_v a$

(m1) $w\not\models_{v*}\bot$，$w\models_{v*}\top$

(m2) $w\models_{v*}\phi\wedge\psi$，当且仅当 $w\models_{v*}\phi$ 且 $w\models_{v*}\psi$

(m3) $w\models_{v*}\phi\vee\psi$，当且仅当 $w\models_{v*}\phi$ 或 $w\models_{v*}\psi$

(m4) $w\models_{v*}\phi\rightarrow\psi$，当且仅当 $w\not\models_{v*}\phi$ 或 $w\models_{v*}\psi$

(m5) $w\models_{v*}\neg\phi$，当且仅当 $w\not\models_{v*}\phi$

(m6) $w\models_{v*}\Box\phi$，当且仅当 $\forall w\in W$ $(wRw'\Rightarrow w'\models_{v*}\phi)$

(m7) $w\models_{v*}\Diamond\phi$，当且仅当 $\exists w\in W$ $(wRw'$ 且 $w'\models_{v*}\phi)$

式中：$\not\models$表示非 $\models$。为了简单起见，当上下文清楚时，可以将 $w\models_v\phi$ 中的 v 删除。从某种意义上说，必要性和可能性是双重的，如下所述：

$$\Box\phi=_{\text{def}}\neg\Diamond\neg\phi$$

$$\Diamond\phi=_{\text{def}}\neg\Box\neg\phi$$

如果可达性关系 R 是等价关系，则是模态逻辑 S5。

可以通过可能世界的集合来描述一个命题，该命题在可能世界的集合中的估值函数 v 下是真的。基于这个想法，可以定义一个映射 $t:\Phi\rightarrow 2^W$，如下所示：

$$t(\phi)=\{w\in W:w\models\phi\}$$

其中，$t(\phi)$ 称为命题 ϕ 的真集，真集的表述如下：

(s1) $t(\bot)=\varnothing$，$t(\top)=W$

(s2) $t(\phi\wedge\psi)=t(\phi)\cap t(\psi)$

$$(s3)\ t(\phi \vee \psi)=t(\phi)\cap t(\psi)$$

$$(s4)\ t(\phi \rightarrow \psi)=\sim t(\phi)\cup t(\psi)$$

$$(s5)\ t(\neg \phi)=\sim t(\phi)$$

$$(s6)\ t(\Box \phi)=\underline{\mathrm{apr}}(t(\phi))$$

$$(s7)\ t(\Diamond \phi)=\overline{\mathrm{apr}}(t(\phi))$$

可以得出以下两个性质：

$$\begin{aligned} t(\Box \phi) &= \{w \in W: w \models \Box \phi\} \\ &= \{w \in W: \forall w'(wRw' \Rightarrow w' \models \phi)\} \\ &= \{w \in W: \forall w'(wRw' \Rightarrow w' \in t(\phi))\} \\ &= \underline{\mathrm{apr}}(t(\phi)) \end{aligned}$$

$$\begin{aligned} t(\Diamond \phi) &= \{w \in W: w \models \Diamond \phi\} \\ &= \{w \in W: \exists w'(wRw' \text{ 且 } w' \models \phi)\} \\ &= \{w \in W: \exists w'(wRw' \text{ 且 } w' \in t(\phi))\} \\ &= \overline{\mathrm{apr}}(t(\phi)) \end{aligned}$$

在上述真集解释中，Pawlak 粗糙集模型中的近似算子与 S5 中的模态算子相关。在 Kripke 模型中，可达性关系的性质可作为许多模态系统的依据。

根据 Chellas 的命名，对应于（AK）、（ALU）、（AL7）~（AL10）的模态逻辑公理如下：

$$(K)\ \Box(\phi \rightarrow \psi) \rightarrow (\Box \phi \rightarrow \Box \psi)$$

$$(D)\ \Box \phi \rightarrow \Diamond \phi$$

$$(T)\ \Box \phi \rightarrow \phi$$

$$(B)\ \phi \rightarrow \Box \Diamond \phi$$

$$(4)\ \Box \phi \rightarrow \Box \Box \phi$$

$$(5)\ \Diamond \phi \rightarrow \Box \Diamond \phi$$

Pawlak 粗糙集模型可以用模态逻辑 S5 来描述。事实上，标准逻辑算子是由一般集论算子来解释的，模态算子是由粗糙集算子来解释的。

通过不同类型的可达性关系可以得到模态逻辑的不同系统。利用模态逻辑的 Kripke 模型可以构造不同的粗糙集模型。

Yao 和 Lin[3] 通过推广 Pawlak 粗糙集模型得到了基于 Kripke 模型可达性关系的不同粗糙集模型。他们主要研究粗糙集理论的基础，下面介绍他们的研究内容。

给定一个二元关系 R 和两个元素 $x, y \in U$，如果 xRy，则 y 与 x 是 R 相关的。二元关系可以用映射 $r: U \rightarrow 2^U: r(x)) = \{y \in U \mid xRy\}$ 来表示。

其中，$r(x)$ 由 x 的所有 R 相关元素组成。定义两个一元集论算子 $\underline{\mathrm{apr}}$ 和 $\overline{\mathrm{apr}}$：

$$\underline{\mathrm{apr}}(A) = \{x: r(x)) \subseteq A\}$$

$$= \{x \in U \mid \forall y \in U(xRy \Rightarrow y \in A)\}$$

$$\overline{\mathrm{apr}}(A) = \{x : r(x)) \cap A \neq \varnothing\}$$

$$= \{x \in U \mid \exists y \in U(xRy \text{ 且 } y \in A)\}$$

集合$\underline{\mathrm{apr}}(A)$ 由那些 R 相关元素都在 A 中的元素组成，而$\overline{\mathrm{apr}}(A)$ 由那些至少有一个 R 相关元素在 A 中的元素组成。

($\underline{\mathrm{apr}}(A)$和$\overline{\mathrm{apr}}(A)$) 表示由 R 归纳出 A 的广义粗糙集，算子 $\underline{\mathrm{apr}}$、$\overline{\mathrm{apr}}$：$2^U \to 2^U$ 称为"广义粗糙集算子"，归纳系统$(2^U, \cap, \cup, \sim, \underline{\mathrm{apr}}, \overline{\mathrm{apr}})$称为"代数粗糙集模型"。等式(s6)和(s7)适用于广义粗糙集算子。当 R 是等价关系时，广义粗糙集算子可简化为 Pawlak 粗糙集模型中的算子。

下面介绍代数粗糙集模型的分类。首先，广义粗糙集算子不满足 Pawlak 粗糙集模型的所有性质。但是属性(AL1)~(AL5)和(AU1)~(AU5)在任何粗糙集模型中都成立。

在模态逻辑中，(AK)和(AL6)~(AL10)的性质产生不同的系统，可以将这些性质用于各种粗糙集模型。这里重新定义模态逻辑中的一些性质：

(K) $\underline{\mathrm{apr}}(\sim A \cup B) \subseteq \sim \underline{\mathrm{apr}}(A) \cup \underline{\mathrm{apr}}(B)$

(D) $\underline{\mathrm{apr}}(A) \subseteq \overline{\mathrm{apr}}(A)$

(T) $\underline{\mathrm{apr}}(A) \subseteq A$

(B) $A \subseteq \underline{\mathrm{apr}}(\overline{\mathrm{apr}}(A))$

(4) $\underline{\mathrm{apr}}(A) \subseteq \underline{\mathrm{apr}}(\underline{\mathrm{apr}}(A))$

(5) $\overline{\mathrm{apr}}(A) \subseteq \underline{\mathrm{apr}}(\overline{\mathrm{apr}}(A))$

上述性质成立还需要二元关系 R 上的某些条件来构造粗糙集模型。

如果对于所有 $x \in U$，存在一个 $y \in U$，使得 xRy，则关系 R 是串行的；如果对于所有 $x \in U$，xRx 成立，则关系 R 是自反的。如果对于所有 $x, y \in U$，xRy 蕴涵 yRx，则关系 R 是对称的。如果对于所有 $x, y, z \in U$，xRy 和 yRz 意味着 xRz，则关系 R 是传递的。如果对于所有 $x, y, z \in U$，xRy 和 xRz 意味着 yRz，则关系 R 是具有欧几里得性的。对应的近似算子如下：

(连续性)对于 $\forall x \in U$，满足 $r(x) \neq \varnothing$；

(自反性)对于 $\forall x \in U$，满足 $x \in r(x)$；

(相似性)对于 $\forall x$，$y \in U$，满足 $x \in r(y)$，$y \in r(x)$；

(传递性)对于 $\forall x$，$y \in U$，满足 $y \in r(x)$，$r(y) \subseteq r(x)$；

(欧几里得性)对于 $\forall x$，$y \in U$，满足 $y \in r(x)$，$r(x) \subseteq r(y)$。

定理 4.1 介绍了具有特定性质的粗糙集模型：

定理 4.1 以下关系成立：

(1) 串行粗糙集模型满足(D)。

(2) 自反粗糙集模型满足(T)。

(3) 对称粗糙集模型满足(B)。

(4) 传递粗糙集模型满足(4)。

(5) 欧氏粗糙集模型满足(5)。

证明：在串行粗糙集模型(1)中，对于任意 $x \in \underline{\mathrm{apr}}(A)$，有 $r(x)) \subseteq A$ 和 $r(x) \neq \varnothing$。这意味着 $r(x) \cap A \neq \varnothing$，即 $x \in \overline{\mathrm{apr}}(A)$。因此，性质(D)在串行粗糙集模型中成立。

在自反粗糙集模型(2)中，对于任意 $x \in U$，xRx 蕴涵 $x \in r(x)$。设 $x \in \underline{\mathrm{apr}}\ (A)$，等价于 $r(x) \subseteq A$，结合 $x \in r(x)$ 和 $r(x) \subseteq A$，得到 $x \in A$，因此性质(T)成立。

在对称粗糙集模型(3)中，假设 $x \in A$，根据 R 的对称性，对于所有 $y \in r(x)$，有 $x \in r(y)$，即 $x \in r(y) \cap A$。这表明对于所有 $y \in r(x)$，有 $y \in \overline{\mathrm{apr}}(A)$。因此，$r(x) \subseteq \overline{\mathrm{apr}}(A)$，这意味着 $x \in \underline{\mathrm{apr}}(\overline{\mathrm{apr}}(A))$。因此，性质(B)成立。

在传递粗糙集模型(4)中，假设 $x \in \underline{\mathrm{apr}}(A)$，即 $r(x) \subseteq A$，则对于所有 $y \in r(x)$，有 $r(y) \subseteq r(x) \subseteq A$，等价于对于所有 $y \in r(x)$，$y \in \underline{\mathrm{apr}}(A)$。因此，$r(x) \subseteq \underline{\mathrm{apr}}(A)$，相应地有 $x \in \underline{\mathrm{apr}}(\underline{\mathrm{apr}}(A))$。也就是说，性质(4)成立。

在欧几里得粗糙集模型(5)中，设 $x \in \overline{\mathrm{apr}}(A)$，即 $r(x) \cap A \neq \varnothing$，根据 R 的欧几里得性质，对于所有 $y \in r(x)$，有 $r(x) \subseteq r(y)$。结合假设 $r(x) \cap A \neq \varnothing$，可以得出对于所有 $y \in r(x)$，有 $y \in \overline{\mathrm{apr}}(A)$，等价于 $r(x) \subseteq \overline{\mathrm{apr}}(A)$。因此，性质(5)成立。

串行性、自反性、对称性、传递性和欧几里得性这五个二元关系的性质，归纳出近似算子的五个性质，即

(1) 串行性：性质(D)成立。

(2) 自反性：性质(T)成立。

(3) 对称性：性质(B)成立。

(4) 传递性：性质(4)成立。

(5) 欧几里得性：性质(5)成立。

这些性质可以构造出更多的粗糙集模型。根据定理 4.1，可以得到定理 4.2。

定理 4.2 以下结论成立：

(1) $T=KT$ 粗糙集模型满足(K)、(T)。

(2) $B=KB$ 粗糙集模型满足(K)、(B)。

(3) $S4=KT4$ 粗糙集模型满足(K)、(T)和(4)。

(4) $S5=KT5$ (Pawlak) 粗糙集模型满足(K)、(T)和(5)。

普通模态系统可以相对应地构建粗糙集模型。注意，$S5$(Pawlak) 模型是最强的模型。Yao 和 Lin 研究确定了(正常)模态逻辑和粗糙集理论的联系。

4.3 多阶和概率模态逻辑及粗糙集

Yao 和 Lin 将他们的模态逻辑方法推广到了多阶和概率模态逻辑。下面介绍一下他们的方法。

Yao 和 Lin 的研究有多种方式的扩展，主要是多阶和概率模态逻辑，其重点在于，在模态逻辑方法中不考虑有关 $r(x)$ 与 A 的重叠程度的定量信息。

多阶模态逻辑[5-7] 通过引入模态算子$\Box_n$ 和$\Diamond_n$ 扩展了模态逻辑，其中 $n\in N$ 和 N 是自然数集。这些算子可以解释如下：

(gm6) $w\models\Box_n\phi$，当且仅当 $|r(w)|-|r(\phi)\cap r(w)|\leq n$

(gm7) $w\models\Diamond_n\phi$，当且仅当 $|t(\phi)\cap r(w)|>n$

式中：$|\cdot|$表示集合的基数；$t(\phi)$是 ϕ 为真的可能世界集合；$r(w)$是可从 w 获得的可能世界集合；$\Box_n\phi$ 是指从 w 得到的最多 n 个可能世界中，ϕ 是假的；$\Diamond_n\phi$ 是指从 w 得到的 n 个以上的可能世界中，ϕ 是正确的。

多阶必要性算子和可能性算子是双重的：

$$\Box_n\phi=_{\text{def}}\neg\Diamond_n\neg\phi$$

$$\Diamond_n\phi=_{\text{def}}\neg\Box_n\neg\phi$$

如果 $n=0$，则将它们简化为正常模态算子。

$$\Box\phi=_{\text{def}}\neg\Diamond\neg\phi$$

$$\Diamond\phi=_{\text{def}}\neg\Box\neg\phi$$

此外，我们引入了一个新的多阶模态算子 $\Diamond!_n$ ，其定义为 $\Diamond!_n\phi=\Box_0\neg\phi$ 和 $\Diamond!_n\phi=\Diamond_{n-1}\phi\wedge\neg\Diamond_n\phi$ ，其中 $n>0$。$\Diamond!_n\phi$ 是指在可从 w 得到的 n 个可能世界中 ϕ 为真。

我们可以将多阶模态系统形式化。基本的多阶模态逻辑称为 Gr(K)，其中公理(K)被以下三个公理代替：

(GK1) $\Box_0(\phi-\psi)\rightarrow(\Box_0\phi-\Box_0\psi)$

(GK2) $\Box_n\phi\rightarrow\Box_{n+1}\phi$

(GK3) $\Box_0\neg(\phi\wedge\psi)\rightarrow((\Diamond!_n\phi\wedge\Diamond!_m\psi)\rightarrow\Diamond_{n+m}(\phi\vee\psi))$

通过将(GT)与 Gr(K)相加可以得到多阶模态逻辑 Gr(T)，而通过将 Gr(T)与($G5$)相加可以得到 Gr($S5$)。公理(GT)和($G5$)定义如下：

(GT) $\Box_0\phi\rightarrow\phi$

($G5$) $\Diamond_n\phi\rightarrow\Box_0\Diamond_n\phi$

基于多阶模态逻辑，介绍“多阶粗糙集”的概念。给定论域 U 和 U 上的二元关系 R，多阶粗糙集算子定义为

$$\underline{\text{apr}}_n(A)=\{x\mid|r(x))|-|A\cap r(x))|\leq n\}$$

$$\overline{\text{apr}}_n(A)=\{x\mid|A\cap r(x))|>n\}$$

如果 U 中元素的 R 相关元素中最多有 n 个不在 A 中，则该元素属于 $\underline{\text{apr}}_n(A)$，如果 U 中元素的 R 相关元素中有 n 个以上在 A 中，则该元素属于 $\overline{\text{apr}}_n(\text{A})$。在多阶模态逻辑和粗糙集之间建立联系如下：

$$(gs6)\ t(\Box_n\phi)=\underline{apr}_n(t(\phi))$$

$$(gs7)\ t(\Diamond_n\phi)=\overline{apr}_n(t(\phi))$$

可以用多阶模态算子来解释多阶粗糙集算子。多阶粗糙集算子与二元关系的类型无关，满足以下性质：

$$(GL0)\ \underline{apr}(A)=\underline{apr}_0(A)$$

$$(GL1)\ \underline{apr}_n(A)=\sim\overline{apr}_n(\sim A)$$

$$(GL2)\ \underline{apr}_n(A)=U$$

$$(GL3)\ \underline{apr}_n(A\cap B)\subseteq\underline{apr}_n(A)\cap\underline{apr}_n(A)$$

$$(GL4)\ \underline{apr}_n(A\cup B)\supseteq\underline{apr}_n(A)\cup\underline{apr}_n(A)$$

$$(GL5)\ A\subseteq B\Rightarrow\underline{apr}_n(A)\subseteq\underline{apr}_n(B)$$

$$(GL6)\ n\geqslant m\Rightarrow\underline{apr}_n(A)\supseteq\underline{apr}_m(A)$$

$$(GU0)\ \overline{apr}(A)=\overline{apr}_0(A)$$

$$(GU1)\ \overline{apr}_n(A)=\sim\underline{apr}_n(\sim A)$$

$$(GU2)\ \overline{apr}_n(\varnothing)=\varnothing$$

$$(GU3)\ \overline{apr}_n(A\cup B)\supseteq\overline{apr}_n(A)\cup\overline{apr}_n(B)$$

$$(GU4)\ \overline{apr}_n(A\cap B)\subseteq\overline{apr}_n(A)\cap\overline{apr}_n(B)$$

$$(GU5)\ A\subseteq B\Rightarrow\overline{apr}_n(A)\subseteq\overline{apr}_n(B)$$

$$(GU6)\ n\geqslant m\Rightarrow\overline{apr}_n(A)\subseteq\overline{apr}_m(A)$$

性质(GL0)和(GU0)表明多阶粗糙集算子和一般粗糙集算子之间的关系。性质(GL1)~(GL5)和(GU1)~(GU5)对应于代数粗糙集的性质(AL1)~(AL5)和(AU1)~(AU5)。对于性质(GL3)和(GU3)，集相等被“集包含”取代。性质(GL6)和(GU6)表明多阶模态算子之间的关系。实际上，(GL6)对应于多阶模态逻辑的(GK2)。对应于(GK1)和(GK3)的性质可以很容易地构造。

基于二元关系所满足的性质，可以构造不同的多阶粗糙集模型。如果二元关系 R 是等价关系，可以得到多阶 Pawlak 粗糙集。

多阶 Pawlak 粗糙集算子与多阶模态逻辑公理相对应的性质为：

$$(GD)\ \underline{apr}_0(A)\subseteq\overline{apr}_0(A)$$

$$(GT)\ \underline{apr}_0(A)\subseteq A$$

$$(GB)\ A\subseteq\underline{apr}_0(\overline{apr}_0(A))$$

$$(G4)\ \underline{apr}_n(A)\subseteq\underline{apr}_0(\underline{apr}_n(A))$$

$$(G5)\ \overline{apr}_n(A)\subseteq\underline{apr}_0(\overline{apr}_n(A))$$

下面介绍“概率粗糙集”。虽然在多阶模态算子的定义中，我们只使用可从命题 ϕ 为真（假）的世界 w 中得到可能世界的绝对数，但并没有考虑 $r(w)$ 的大小。在概率模态逻辑中，所有这些信息都将被使用。

假设框架（W,R），对于每个 $w\in W$，定义概率函数 P_w：$\Phi\to[0,1]$。

$$P_w(\phi)=\frac{|t(\phi)\cap r(w)|}{|r(w)|}$$

式中：$t(\phi)$是 ϕ 为真的可能世界集合；$r(w)$是可从 w 获得的可能世界集合。假设 R 至少是串行的，即对于所有 $w\in W,|r(w)|\geqslant 1$。那么，对于 $\alpha\in[0,1]$，概率模态逻辑算子定义为

(pm6) 当且仅当 $P_w(\phi)\geqslant 1-\alpha$，$\frac{|t(w)\cap r(w)|}{|r(w)|}\geqslant 1-\alpha$ 时，$w\models\Box_\alpha\phi$；

(pm7) 当且仅当 $P_w(\phi)>\alpha$，$\frac{|t(w)\cap r(w)|}{|r(w)|}>\alpha$ 时，$w\models\Diamond_\alpha\phi$。

这些概率模态算子是对偶的，即

$$\Box_\alpha\phi=_{\text{def}}\neg\Diamond_\alpha\neg\phi$$

$$\Diamond_\alpha\phi=_{\text{def}}\neg\Box_\alpha\neg\phi$$

如果 $\alpha=0$，则为一般模态算子：

$$\Box_0\phi=_{\text{def}}\Box\phi$$

$$\Diamond_0\phi=_{\text{def}}\Diamond\phi$$

概率模态算子的定义与 Murai 等[8,9] 的定义一致，也是 Fattorosi-Barnaba 和 Amati[10] 的概率 Kripke 模型中的一个特例。

实际上，概率模态算子与多阶模态算子有关。如果(gm6)和(gm7)的不等式两边都除以$|r(w)|$并用 α 代替 $n/|r(w)|$，则可得到概率模态算子。但是，这些算子是不同的。假设两个可能世界 $w,w'\in W,|r(w)\cap t(\phi)|=|r(w')\cap t(\phi)|=1$ 和$|r(w)|\neq|r(w')|$，则对于 $n\geqslant 1$，有 $w\models\Diamond_0\phi,w'\models\Diamond_0\phi$ 和 $w\models\neg\Diamond_n\phi,w'\models\neg\Diamond_n\phi$。也就是说，$\Diamond_n\phi$ 的值在 w 和 w'世界中是相同的。$r(w)$和 $r(w')$的大小差异由算子$\Box_n$ 反映出来。另一方面，由于$1/|r(x)|\neq 1/|r(y)|$,$\Diamond_\alpha\phi$ 和$\Box_\alpha$ 的值在 w 和 w'世界中是不同的。

那么可以定义概率粗糙集。设 U 为论域，R 是 U 上的二元关系，概率粗糙集算子定义如下：

$$\underline{\text{apr}}_\alpha(A)=\left\{x\,\middle|\,\frac{|A\cap r(x))|}{|r(x)|}\geqslant 1-\alpha\right\}$$

$$\overline{\text{apr}}_\alpha(A)=\left\{x\,\middle|\,\frac{|A\cap r(x))|}{|r(x))|}>\alpha\right\}$$

利用这个定义可以建立概率模态逻辑与概率粗糙集之间的联系：

$$(\text{ps6})\,t(\Box_\alpha\phi)=\underline{\text{apr}}_\alpha(t(\phi))$$

$$(\text{ps7})\,t(\Diamond_\alpha\phi)=\overline{\text{apr}}_\alpha(t(\phi))$$

根据定义，对于串行二元关系和 $\alpha\in[0,1]$，概率粗糙集算子满足以下性质：

(PL0) $\underline{\mathrm{apr}}(A)=\underline{\mathrm{apr}}_0(A)$

(PL1) $\underline{\mathrm{apr}}_\alpha(A)=\sim\overline{\mathrm{apr}}_\alpha(\sim A)$

(PL2) $\underline{\mathrm{apr}}_\alpha(U)=U$

(PL3) $\underline{\mathrm{apr}}_\alpha(A\cap B)\subseteq\underline{\mathrm{apr}}_\alpha\cap\underline{\mathrm{apr}}_\alpha(B)$

(PL4) $\underline{\mathrm{apr}}_\alpha(A\cup B)\subseteq\underline{\mathrm{apr}}_\alpha\cup\underline{\mathrm{apr}}_\alpha(B)$

(PL5) $A\subseteq B\Rightarrow\underline{\mathrm{apr}}_\alpha(A)\subseteq\underline{\mathrm{apr}}_\alpha(B)$

(PL6) $\alpha\geqslant\beta\Rightarrow\underline{\mathrm{apr}}_\alpha(A)\supseteq\underline{\mathrm{apr}}_\beta(A)$

(PU0) $\overline{\mathrm{apr}}(A)=\overline{\mathrm{apr}}_0(A)$

(PU1) $\overline{\mathrm{apr}}_\alpha(A)=\sim\underline{\mathrm{apr}}_\alpha(\sim A)$

(PU2) $\overline{\mathrm{apr}}_\alpha(\varnothing)=\varnothing$

(PU3) $\overline{\mathrm{apr}}_\alpha(A\cup B)\subseteq\overline{\mathrm{apr}}_\alpha(A)\cup\overline{\mathrm{apr}}_\alpha(B)$

(PU4) $\overline{\mathrm{apr}}_\alpha(A\cap B)\subseteq\overline{\mathrm{apr}}_\alpha(A)\cap\overline{\mathrm{apr}}_\alpha(B)$

(PU5) $A\subseteq B\Rightarrow\overline{\mathrm{apr}}_\alpha(A)\subseteq\overline{\mathrm{apr}}_\alpha(B)$

(PU6) $\alpha\geqslant\beta\Rightarrow\overline{\mathrm{apr}}_\alpha(A)\subseteq\overline{\mathrm{apr}}_\beta(A)$

上述性质与多阶粗糙集算子的性质相对应。此外，对于 $0\leqslant\alpha\leqslant0.5$，(PD) $\underline{\mathrm{apr}}_\alpha(A)\subseteq\overline{\mathrm{apr}}_\alpha(A)$ 可以解释为公理(D)的概率表述。

Wong 和 Ziarko[11] 首先引入“概率函数”，提出了概率粗糙集的概念。Murai 等[8-9] 也提出了类似的概率模态算子，这将在第 5 章中介绍。

4.4 Nelson 代数与粗糙集

粗糙集除了用双 Stone 代数外，还可以用其他代数方法来解释。其中一个值得注意的方法是基于 Nelson 代数的 Pagliani 代数特征描述[12-13]。Nelson 代数给出了具有强否定的构造逻辑的代数语义[14-15]。1996 年，Pagliani 研究了 Nelson 代数与粗糙集的关系[12]。2013 年，Järvinen 等通过有限粗糙集为基础的 Nelson 代数证明了构造逻辑的强否定的代数完整性[13]。

介绍 Pagliani 方法之前，简要介绍一下初等概念。

Kleene 代数是一种结构 $(A,\vee,\wedge,\sim,0,1)$，使得 A 是以 0，1 为界的分布格，对于所有 a，$b\in A$：

($K1$) $\sim\sim a=a$

($K2$) $a\leqslant b$，当且仅当 $\sim b\leqslant\sim a$

($K3$) $a\wedge\sim a\leqslant b\vee\sim b$

Nelson 代数 $(A,\vee,\wedge,\rightarrow,\sim,0,1)$ 是 Kleene 代数 $(A,\vee,\wedge,\sim,0,1)$，需满足以下条件：

$$(N1)\ a \wedge c \leqslant \sim a \vee b，当且仅当 c \leqslant a \to b$$

$$(N2)\ (a \wedge b) \to c = a \to (b \to c)$$

在 Nelson 代数中，¬ 算子可以定义为 $\neg a = a \to 0$。算子→分别称为弱相对伪补码、~强否定和¬ 弱否定。

如果对于所有 $a \in A$，有 $a \vee \neg a = 1$，则 Nelson 代数是半单的。众所周知，半单的 Nelson 代数与三值 Lukasiewicz 代数[16] 和正则双 Stone 代数是一致的。

如果对于所有 $x \in L$，有 $a \wedge x = 0 \Leftrightarrow x \leqslant a^*$，则格 L 中具有 0 的元素 a^* 称为 $a \in L$ 的伪补。如果 a 的伪补存在，则它是唯一的。

Heyting 代数 H 是包含 0 的格，因此对于所有 $a, b \in H$，存在 H 的最大元素 x 且 $a \wedge x \leqslant b$。该元素称为 a 相对于 b 的相对伪补，记为“$a \Rightarrow b$”。Heyting 代数表示为$(H, \vee, \wedge, \Rightarrow, 0, 1)$，其中 a 的伪补是 $a \Rightarrow 0$。

设 Θ 为 Heyting 代数 H 上的布尔同余，Sendlewski[17] 介绍了从 Heyting 代数对到 Nelson 代数的构造过程。实际上，如果添加以下运算，对的集合 $N_\Theta(H) = \{(a, b) \in H \times H \mid a \wedge b = 0 且 a \vee b \Theta 1\}$ 可以将其视为 Nelson 代数：

$$(a, b) \vee (c, d) = (a \vee c, b \wedge d)$$

$$(a, b) \wedge (c, d) = (a \wedge c, b \vee d)$$

$$(a, b) \to (c, d) = (a \Rightarrow c, a \vee d)$$

$$\sim (a, b) = (b, a)$$

注意，(0,1) 是 0 元素，(1,0) 是 1 元素。在上述等式的右边是 Heyting 代数 H 的算子。Sendlewski 构造可以直观地表示 Vakarelov 的 Nelson 代数构造。

下面介绍 Pagliani 构造。设 U 为集合，E 为等价关系，可根据不可分辨空间(使得 E 是 U 的等价关系的关系结构(U, E))定义近似值。

对于 U 中 X 的子集，定义 X 的下近似 X_E 由 X 中包含 E 类的所有元素组成，而 X 的上近似 X^E 是 E 类与 X 具有非空交集的元素集合。

因此，当用 E 合成的知识来研究元素时，X_E 是确定属于 X 的元素集合，而 X^E 是可能存在于 X 中的元素集合。

在这种情况下，可以使用任意二元关系代替等价关系。为此，引入近似值 $(\cdot)_R$ 和 $(\cdot)^R$，其中 R 是自反的，记为“真”的上、下近似算子。

定义 4.2 设 R 为 U 的自反关系，$X \subseteq U$。集合 $R(X) = \{y \in U \mid xRy,\ x \in X)\}$ 是 X 的 R 邻域。如果 $X = \{a\}$，则将 $R(\{a\})$ 记为 $R(a)$。近似值定义为 $X_R = \{x \in U \mid R(x) \subseteq X\}$ 和 $X^R = \{x \in U \mid R(x) \cap \neq \varnothing\}$。如果 $R(X) = X$，则集合 $X \subseteq U$ 称为 R 闭合的；如果元素 $x \in U$ 的单集$\{x\}$是 R 闭合的，则元素 x 是 R 闭合的。R 闭合的集合用 S 表示。

X 的粗糙集是满足 $Y_E = X_E$ 和 $Y^E = X^E$ 的所有 $Y \subseteq U$ 的等价类。由于每个粗糙集都是由近似对唯一确定的，因此可以将 X 的粗糙集表示为 (X_E, X^E) 或 $(X_E, -X^E)$。前者称为“递增表示”，后者称为“不交表示”。这些表示可以得出以下集合：

$$\mathrm{IRS}_E(U)=\{(X_E,X^E)|X\subseteq U\}$$

$$\mathrm{DRS}_E(U)=\{(X_E,-X^E)|X\subseteq U\}$$

集合 $\mathrm{IRS}_E(U)$ 可以按分量排序：

$$(X_E,X^E)\leqslant(Y_E,Y^E)\Leftrightarrow X_E\subseteq Y_E \text{ 且 } X^E\subseteq Y^E$$

$\mathrm{DRS}_E(U)$ 通过对中第二分量的反序来排序：

$$(X_E,-X^E)\leqslant(Y_E,-Y^E)\Leftrightarrow X_E\subseteq Y_E \text{ 且} -X^E\supseteq -Y^E$$

$$\Leftrightarrow X_E\subseteq Y_E \text{ 且 } X^E\subseteq Y^E$$

因此，$\mathrm{IRS}_E(U)$ 和 $\mathrm{DRS}_E(U)$ 是次序同构的完全分配格。

每个布尔格 B（其中 x′表示 $x\in B$ 的补码）都是 Heyting 代数，对于 $x,y\in B$，都有 $x\Rightarrow y=x'\vee y$。元素 $x\in B$ 只有当 $x'=0$，即 $x=1$ 时才是稠密的。

每个布尔格的都是同余格，所以商格是布尔格，如果 $x\cap s=y\cap s$ 且当 $\mathscr{B}_E(U)$ 被解释为 Heyting 代数时，由 $X\cong sY$ 定义的 $\mathscr{B}_E(U)$ 的同余 $\cong s$ 是布尔的。

Pagliani[12] 介绍了粗糙集的不交表示的特征：

$$\mathrm{DRS}_E(U)=\{(A,B)\in\mathscr{B}_E(U)^2|A\cap B=\varnothing \text{且 } A\cup B\cong_s U\}$$

因此，$\mathrm{DRS}_E(U)$ 与 Nelson 格 $N_{\cong_s}(\mathscr{B}_E(U))$ 是一致的。由于 $\mathscr{B}_E(U)$ 是布尔格，故 $N_{\cong_s}(\mathscr{B}_E(U))$ 是一个半单的 Nelson 代数，因此由等价关系定义的粗糙集也决定了正则双 Stone 代数和三值 Lukasiewicz 代数。

Järvinen 等[13] 进一步扩展了 Pagliani 的研究成果，用一个能够表示经典真理的模态算子扩展了 Nelson 代数，提出了“有效格”概念，对于计算机科学、人工智能和自然语言语义学的问题具有特别重要的意义。

4.5 三值逻辑与粗糙集

由于粗糙集被用来描述信息的不完备性，很自然地要研究基于三值逻辑的粗糙集理论基础。Akama 和 Murai[18] 以及 Avron 和 Konikowska[19] 介绍了这类研究。在本节中，我们将简要回顾 Avron 和 Konikowska 的方法。

设 $K=(U,\mathscr{R})$，$R\in\mathscr{R}$ 和 $X\subseteq U$。那么如第 2 章的粗糙集理论所述，可以分类成三个区域，即 R-正区域 $\mathrm{POS}_R(X)$、R-负区域 $\mathrm{NEG}_R(X)$ 和 R-边界区域 $\mathrm{BN}_R(X)$。其中，$\mathrm{POS}_R(X)$ 的元素肯定属于 X，$\mathrm{NEG}_R(X)$ 的元素肯定不属于 X，无法判断 $\mathrm{BN}_R(X)$ 的元素是否属于 X。由于分类可以与三值语言相联系，因此 Avron 和 Konikowska 提出了一种三值逻辑方法来处理粗糙集。

构造简单的三值逻辑 $\mathscr{L}_{rs}$，其公式都是 Ax 形式的表达式，其中 A 是表示 U 子集的表达式，x 是表示 U 中对象的变量。

用 $\mathscr{T}=\{T, f, u\}$ 中的逻辑值表示 $\mathscr{L}_{rs}$ 的语义，其中：

(1) t 代表经典值真。

(2) f 代表经典值假。

(3) u 代表非经典值未知。

我们可以取 $\{u,t\}$ 作为指定值，则得到弱逻辑，或者只取 $\{t\}$，则得到强逻辑。

关于知识库 $k=<U,\mathscr{R}>$、关系 $R\in\mathscr{R}$，集合表达式的解释 $|\cdot|$ 和对象变量的估值 v 的公式 $\mathscr{L}_{rs}$ 的真值，如下所示：

$$(1)\quad \| Ax \|_v = \begin{cases} t, \text{如果 } v(x)\in \mathrm{POS}_R(|A|) \\ f, \text{如果 } v(x)\in \mathrm{NEG}_R(|A|) \\ u, \text{如果 } v(x)\in \mathrm{BN}_R(|A|) \end{cases}$$

但是逻辑 $\mathscr{L}_{rs}$ 有一个重要缺点，即它的语义不是可分解的。这是因为集合的上、下近似值服从以下规则：

$$(2)\quad \begin{cases} \overline{R}(A\cup B)=\overline{R}A\cup\overline{R}B-\underline{R}(A\cup B)\supseteq\underline{R}A\cup\underline{R}B \\ \underline{R}(A\cap B)=\underline{R}A\cap\underline{R}B-\overline{R}(A\cap B)\subseteq\overline{R}A\cup\overline{R}B \\ \underline{R}(-A)=-\overline{R}A-\overline{R}(-A)=-\underline{R}A \end{cases}$$

式中：包含关系一般不能用等式代替。

显然，这些包含关系意味着 $(A\cup B)x$ 和 $(A\cap B)x$ 的值并不总是由 Ax 和 Bx 的值唯一地确定，这正是使 $\mathscr{L}_{rd}$ 语义不可分解的原因。同理可得，如果 $\| Ax \|=u$ 且 $\| Bx \|=u$，那么 $\| (A\cup B)x \|=\{u,t\}$ 且 $\| (A\cap B)x \|=\{f,u\}$。通常不能事先通过解释知道两个值各自分配给两个公式的哪一个。

普通的逻辑矩阵不能提供 $\mathscr{L}_{rs}$ 的语义。为了给出一个恰当的语义，需要使用不确定性逻辑矩阵（$\boldsymbol{N}$ 矩阵）[20]，它是对不确定性建模的普通矩阵的概括，认为逻辑连接词反射为逻辑值集，而不是单个值。

定义 4.3 命题语言 L 的不确定性矩阵($\boldsymbol{N}$ 矩阵)是元组 $\mathscr{M}=(\mathscr{T}, \mathscr{D}, \mathscr{O})$，其中：

(1) $\mathscr{T}$ 是非空的真值集。

(2) $\varnothing\subset\mathscr{D}\subseteq\mathscr{T}$ 是指定值集。

(3) 对于 $\mathscr{L}$ 的每个 n 元连接词 $\Diamond$，$\mathscr{O}$ 包括一个从 $\mathscr{T}$ 到 $2^{\mathscr{T}}-\{\phi\}$ 的 n 元函数 $\tilde{\Diamond}$。

令 W 为 L 的完整公式集。对于 L 的每个 n 元连接词 $\Diamond$ 和任何 $\psi_1,\psi_2,\cdots,\psi_n\in W$，在 $\boldsymbol{N}$ 矩阵中的估值 $\mathscr{M}$ 是一个满足以下条件的函数 $v:W\to\mathscr{T}$。

$$v(\Diamond(\psi_1,\psi_2,\cdots,\psi_n))\in\tilde{\Diamond}(\psi_1,\psi_2,\cdots,\psi_n))$$

设 $\mathscr{V}_M$ 是 $\boldsymbol{N}$ 矩阵 $\mathscr{M}$ 中所有估值的集合。满足估值、有效性和推理关系条件的概念定义如下：

(1) 如果 $v(\phi)\in\mathscr{D}$，则估值 $v\in\mathscr{V}_M$ 满足公式 $\phi\in W$，记为 $v\vDash\phi$。

(2) 当且仅当 v 不满足 Γ 中的某些公式，或者 v 满足 Δ 中的某些公式时，估值 $v\in\mathscr{V}_M$ 满足 $\Sigma=\Gamma\Rightarrow\Delta$，记为 $v\vDash\Sigma$。

（3）如果所有估值 $v \in \mathscr{V}_M$ 都满足 Σ，则 Σ 是有效的，记为 $\models \Sigma$。

（4）由 $\mathscr{M}$ 定义的 W 的推理关系是 W 中公式集的关系 $\vdash_{\mathscr{M}}$，且对于任何 T，$S \subseteq W$，$T \vdash_{\mathscr{M}} S$，当且仅当存在有限集 $\Gamma \subseteq T$，$\Delta \subseteq S$ 时，$\Gamma \Rightarrow \Delta$ 是有效的。

Avron 和 Lev[20] 定义了一个三值逻辑用于基于 **N** 矩阵语义的粗糙集建模。Avron 和 Konikowska 提出了一种用原子公式来表示集合中对象的隶属关系的简单谓词语言。

定义 4.4 简单谓词语言 L_P 的符号系统包含：

（1）n 元谓词符号集 P_n，其中 $n=0,1,2,\cdots$

（2）n 元谓词的 k 元算子号集 O_n^k，其中 n，$k=0,1,2,\cdots$

（3）单个变量集 V。

参数 n 的谓词表达式的集合 E_n 是最小集合，满足：

（1）$P_n \subseteq E_n$。

（2）如果 $\Diamond \in O_n^k$ 且 $e_1,e_2,\cdots,e_k \in E_n$，则 $\Diamond(e_1,e_2,\cdots,e_k) \in E_n$。

（3）由 $\mathscr{M}$ 定义的 W 的推理关系是 W 中公式集的关系 $\vdash_{\mathscr{M}}$，且对于任何 T，$S \subseteq W$，$T \models_{\mathscr{M}} S$，当且仅当存在有限集 $\Gamma \subseteq T$，$\Delta \subseteq S$ 时，$\Gamma \Rightarrow \Delta$ 是有效的。

L_P 的完全公式集 W 由 $e(x_1,x_2,\cdots,x_n)$ 的所有表达式组成，其中 $n \geqslant 0$，$e \in E_n$，且 $x_1,x_2,\cdots,x_n \in V$。

L_P 的语义是由基于 L_P 的 N 矩阵和 L_P 的结构来定义的。

定义 4.5 L_P 的 **N** 矩阵是一个不确定性矩阵，$\mathscr{M}=(\mathscr{T}, \mathscr{D}, \mathscr{O})$，其中对于 O_n^k 的 n 元谓词的每个 k 元算子 $\Diamond$，$n \geqslant 0$，$\mathscr{O}$ 包含解释 $\tilde{\Diamond}$：$\mathscr{T}^k \to 2^{\mathscr{T}} / \{\varnothing\}$。

定义 4.6 L_P 的 $\mathscr{T}$-结构是 $M=(X,|\cdot|)$，其中：

（1）X 是非空集合。

（2）$|\cdot|$ 是谓词符号的一种解释，其中对于任意 $p \in P_n$，$n \geqslant 0$，有 $|p|$：$X^n \to \mathscr{T}$。

为了定义给定结构中 L_p 的解释，我们用“不确定性矩阵”来解释该语言的算子。

定义 4.7 设 $\mathscr{M}=(\mathscr{T}, \mathscr{D}, \mathscr{O})$ 为 L_p 的 **N** 矩阵，$\mathscr{M}=(X,|\cdot|)$ 为 L_P 的 $\mathscr{T}$-结构。

对于估值 $c: V \to X$，在结构 $\mathscr{M}=(X,|\cdot|)$ 下，$\mathscr{M}=(\mathscr{T}, \mathscr{D}, \mathscr{O})$ 对 L_p 的解释是一个函数 $\|\cdot\|_v^M$：$W \to \mathscr{T}$，且对于 n 元谓词的任何 k 元算子 $\Diamond \in O_n^k$，n 元谓词表达式 $e_1,e_2,\cdots,e_n \in E_n$ 和任何单一变量 $x_i \in V$，$i=1,2,\cdots,n$，满足：

（1）$\|p(x_1,x_2,\cdots,x_n)\|=|p|v(x_1),v(x_2),\cdots, v(x_n))$，对 $\forall p \in P_n$，$n \geqslant 0$。

（2）$\|\Diamond(e_1,e_2,\cdots,e_n)(x_1,x_2,\cdots,x_n)\|_v^M \in \tilde{\Diamond}(\|e_1(x_1,x_2,\cdots,x_n))\|_v^M,\cdots,\|e_k(x_1,x_2,\cdots x_n)\|_v^M$

简单起见，后文中将去掉符号 $\| \ \|$。

Avron 和 Konikowska 定义了命题粗糙集逻辑。描述粗糙集的谓词语言 L_{RS} 只使用一元谓词符号来表示集合、对象变量和符号-、∪、∩。

（1）$P_1=\{P, Q, R, \cdots\}$，对于 $n \neq 1$，有 $P_n=\varnothing$。

（2）$O_1^1=\{-\}, O_1^2=\{\cup, \cap\}$，否则 $O_n^k=\varnothing$。

因此，L_{RS} 的完整公式集 W_{RS} 包含 Ax 的所有表达式，其中 A 表示一个集合的一元谓词表达式，由 P_1 中的谓词符号构成，并使用算子-、∪、∩，而 $x \in V$ 是一个独立变量。

L_{RS} 的语义由 $\mathscr{M}_{RS}=(\mathscr{T}, \mathscr{D}, \mathscr{O})$ 给出，其中 $\mathscr{T}=\{f, u, t\}$，$\mathscr{D}=\{t\}$，并且-、∪、∩为集论在粗糙集上的算子，其语义为

$\tilde{-}$	f	u	t
	t	u	f

$\tilde{\cup}$	f	u	t
f	f	u	t
u	u	$\{u,t\}$	t
t	t	t	t

$\tilde{\cap}$	f	u	t
f	f	f	f
u	f	$\{f,u\}$	u
t	f	u	t

其中、f、u 和 t 代表适当的单元素集。

根据粗糙集框架下，下近似和上近似运算与集论运算相互作用的规则（2），$\mathscr{M}_{RS}$ 中后面的算子的解释对应于该框架中 Ax 型公式的预期解释（1）。

注意，补码是确定的，而并集和交集是不确定的。事实上，对并集和交集两个未定义参数的运算结果也是不确定的。

下面介绍三值粗糙集逻辑 $\mathscr{L}_{RS}$，它是由含有 $\mathscr{M}_{RS}$ 语义的语言 $\mathscr{L}_{RS}$ 定义的，其蕴涵定义为

$$A \to B = \neg A \vee B$$

式中：¬、∨对应于 $\mathscr{M}_{RS}$ 中的-、∪。

命题粗集逻辑 $\mathscr{L}^I_{RS}$ 由 $\boldsymbol{P}=\{p, q, r, \cdots\}$ 和连接词¬、→中的命题变量定义。$\mathscr{L}^I_{RS}$ 的公式由 $A, B, C, \cdots$ 表示，所有完整公式集由 W_1 表示。

对应于 $\mathscr{L}^I_{RS}$ 的是 $\mathscr{M}^I_{RS}=(\mathscr{T}, \mathscr{D}, \mathscr{O}_1)$，其中 $\mathscr{T}$、$\mathscr{D}$ 与之前相同，而 $\mathscr{O}_1$ 包含¬ 和→的解释，定义如下：

$\tilde{\neg}$	f	u	t
	t	u	f

$\tilde{\to}$	f	u	t
f	t	t	t
u	u	$\{u,t\}$	t
t	f	u	t

基于 $\mathscr{M}^I_{RS}$ 的逻辑可以看成是 Kleene 和 Lukasiewicz 三值逻辑的“公分母”，这是因为这两个著名的三值逻辑是由上述 t 真值表蕴涵的非确定性部分来分辨的。

Avron 和 Konikowska 描述了 $\mathscr{M}_{\mathrm{RS}}^{I}$ 生成的逻辑的相继式演算，并给出了一个完备性结果。此外，他们还讨论了 Kleene 和 Lukasiewicz 三值逻辑的关系，认为 L_{RS}^{I} 是这两个三值逻辑的公共部分。

Gentzen[21] 提出了一种用于经典逻辑和直觉逻辑的相继式演算，还进一步提出了自然推理。由于某些技术原因，相继式演算被认为比自然推理更方便。

$\mathscr{L}_{\mathrm{RS}}^{I}$ 是基于 $\mathscr{M}_{\mathrm{RS}}^{I}$ 的。逻辑由有效的序列表示，没有重言式，只有有效的蕴涵。因此，适当的表述就是相继式演算，IRS 是 $\mathscr{L}_{\mathrm{RS}}^{I}$ 上的相继式演算。

设 Γ、Δ 为公式集，A、B 为公式。序列是形式 $\Gamma\Rightarrow\Delta$ 的表达式，其中 Γ 称为前项，Δ 称为后项。注意，前项中的公式以合取方式表示，后项中的公式以析取方式表示。

相继式演算是由公理集和规则集来形式化的，规则分为结构规则和逻辑规则。

IRS

公理：

$$(\mathrm{A1})\ A\Rightarrow A$$
$$(\mathrm{A2})\ \neg A,\ A\Rightarrow$$

推理规则：

两边弱化，同时遵循（弱化）$\dfrac{\Gamma\Rightarrow\Delta}{\Gamma'\Rightarrow\Delta'}$

在弱化规则内，$\Gamma\subseteq\Gamma'$，$\Delta\subseteq\Delta'$

$$(\neg\neg\Rightarrow)\frac{\Gamma,A\Rightarrow\Delta}{\Gamma,\neg\neg A\Rightarrow\Delta},\qquad(\Rightarrow\neg\neg)\frac{\Gamma\Rightarrow\Delta,A}{\Gamma\Rightarrow\Delta,\neg\neg A}$$

$$(\Rightarrow\to I)\frac{\Gamma\Rightarrow\Delta,\neg A}{\Gamma\Rightarrow\Delta,A\to B},\qquad(\Rightarrow\to II)\frac{\Gamma\Rightarrow\Delta,B}{\Gamma\Rightarrow\Delta,A\to B}$$

$$(\to\Rightarrow I)\frac{\Gamma\Rightarrow\Delta,A\Gamma,B\Rightarrow\Delta}{\Gamma,A\to B\Rightarrow\Delta},\qquad(\to\Rightarrow II)\frac{\Gamma,\neg A\Rightarrow\Delta\Gamma\Rightarrow\Delta,\neg B}{\Gamma,A\to B\Rightarrow\Delta}$$

$$(\Rightarrow\neg\to)\frac{\Gamma\Rightarrow\Delta,A\Gamma\Rightarrow\Delta,\neg B}{\Gamma\Rightarrow\Delta,\neg(A\to B)}$$

$$(\neg\to\Rightarrow I)\frac{\Gamma,A\Rightarrow\Delta}{\Gamma,\neg(A\to B)\Rightarrow\Delta},\qquad(\neg\to\Rightarrow II)\frac{\Gamma,\neg B\Rightarrow\Delta}{\Gamma,\neg(A\to B)\Rightarrow\Delta}$$

可以获得比上面更简洁的规则集，即可以将规则（$\Rightarrow\to I$）和（$\Rightarrow\to II$）组合为

$$\frac{\Gamma\Rightarrow\Delta,\neg A,B}{\Gamma\Rightarrow\Delta,A\to B}$$

同时，规则（$\to\Rightarrow I$）和（$\to\Rightarrow II$）还可以组合为

$$\frac{\Gamma,\neg A\Rightarrow\Delta\Gamma,B\Rightarrow\Delta\Gamma\Rightarrow\Delta,A,\neg B}{\Gamma,A\to B\Rightarrow\Delta}$$

最后，规则（$\neg \rightarrow\Rightarrow I$）和（$\neg \rightarrow\Rightarrow II$）可以合并为

$$\frac{\Gamma, A, \neg B\Rightarrow\Delta}{\Gamma, \neg (A\rightarrow B)\Rightarrow\Delta}$$

可以看到，在规则集的大小和单个规则的复杂性之间存在明显的取舍。因此，特定选项的选择应取决于预期的应用。

引理 4.2 以下结论成立：

（1）系统 IRS 的公理有效。

（2）对于 IRS 的任何推理规则 r 和任何估值 v，如果 v 满足 r 的所有前提，则 v 满足 r 的结论。

作为引理 4.2 的推论，IRS 的推理规则是合理的，其保留了序列的有效性。

定理 4.3 对 $\vdash_{\mathscr{M}^I_{\mathrm{RS}}}$ 而言，相继式演算 IRS 是可靠的和完整的。

由于析取和合取可以用否定和蕴涵来表示，对于关系：

$$A\vee B=_{\mathrm{def}}\neg A\rightarrow B$$

$$A\wedge B=_{\mathrm{def}}\neg (A\rightarrow\neg B)$$

在我们的语言中，它们可以被视为派生运算。

从上述表示和 IRS 中，可以得出以下合取和析取的序列规则：

$$\frac{\Gamma\Rightarrow\Delta, A}{\Gamma\Rightarrow\Delta, A\vee B}, \quad \frac{\Gamma\Rightarrow\Delta, B}{\Gamma\Rightarrow\Delta, A\vee B}$$

$$\frac{\Gamma\Rightarrow\Delta, \neg A\Gamma\Rightarrow\Delta, \neg B}{\Gamma\Rightarrow\Delta, \neg (A\vee B)}$$

$$\frac{\Gamma, \neg A\Rightarrow\Delta}{\Gamma. \neg (A\vee B)\Rightarrow\Delta}, \quad \frac{\Gamma, \neg B\Rightarrow\Delta}{\Gamma. \neg (A\vee B)\Rightarrow\Delta}$$

$$\frac{\Gamma, A\Rightarrow\Delta\Gamma\Rightarrow\Delta, \neg B}{\Gamma, A\vee B\Rightarrow\Delta}, \quad \frac{\Gamma, B\Rightarrow\Delta\Gamma\Rightarrow\Delta, \neg A}{\Gamma, A\vee B\Rightarrow\Delta}$$

$$\frac{\Gamma\Rightarrow\Delta, A\Gamma\Rightarrow\Delta, B}{\Gamma\Rightarrow\Delta, A\wedge B}$$

$$\frac{\Gamma\Rightarrow\Delta, \neg A}{\Gamma\Rightarrow\Delta, \neg (A\wedge B)}, \quad \frac{\Gamma\Rightarrow\Delta, \neg B}{\Gamma\Rightarrow\Delta, \neg (A\wedge B)}$$

$$\frac{\Gamma, A\Rightarrow\Delta}{\Gamma A\wedge B\Rightarrow\Delta}, \quad \frac{\Gamma, B\Rightarrow\Delta}{\Gamma A\wedge B\Rightarrow\Delta}$$

$$\frac{\Gamma, \neg A\Rightarrow\Delta\Gamma\Rightarrow\Delta,\ B}{\Gamma, \neg (A\wedge B)\Rightarrow\Delta}, \quad \frac{\Gamma, \neg B\Rightarrow\Delta\Gamma\Rightarrow\Delta,\ A}{\Gamma, \neg (A\wedge B)\Rightarrow\Delta}$$

具有 IRS 的取反规则的上述系统可以在粗糙集逻辑 $\mathscr{L}^I_{\mathrm{RS}}$ 中用于推理。如果首先通过 τ 将 $\mathscr{L}^I_{\mathrm{RS}}$ 语言转化为由¬、∨、∩组合成的原子谓词表达式的语言 $\mathscr{L}^I_{\mathrm{RS}}$，使得：

$$\tau((A\cup B)x)=\tau(Ax)\vee\tau(Bx)$$

$$\tau((A\cap B)x)=\tau(Ax)\wedge\tau(Bx)$$

$$\tau((-A)x) = -\tau(Ax)$$

则上述系统与交换原则，对于 $\mathscr{L}'_{\mathrm{RS}}$ 和 $\mathscr{L}_{\mathrm{RS}}$都是完整的。

Avron 和 Konikowska 通过将 $\mathscr{L}^I_{\mathrm{RS}}$ 作为这些三值逻辑的共同部分，进一步研究了 Kleene 和 Lukasiewicz 三值逻辑之间的关系。

设 $\mathscr{L}_{\mathrm{K}}$ 和 $\mathscr{L}_{\mathrm{L}}$ 表示 Kleene 的 Lukasiewicz 的三值逻辑。$\mathscr{L}^I_{\mathrm{RS}}$ 由 $\boldsymbol{M}^I_{\mathrm{RS}}=(\mathscr{T},\mathscr{D},\{\tilde{\neg},\tilde{\rightarrow}\})$ 给出，并满足以下条件：

$\tilde{\neg}$	f	u	t
	t	u	f

$\tilde{\rightarrow}$	f	u	t
f	t	t	t
u	u	(u,t)	t
t	f	u	t

使用相同的符号约定，Kleene 和 Lukasiewicz 逻辑的 $\{\neg, \rightarrow\}$ 由普通矩阵 $\boldsymbol{M}_{\mathrm{L}}$，具有 $\mathscr{T}$、$\mathscr{D}$的矩阵 $\boldsymbol{M}_{\mathrm{L}}$ 以及 $\boldsymbol{N}$ 矩阵 $\boldsymbol{M}^I_{\mathrm{RS}}$ 中常见的否定解释$\tilde{\neg}$ 给定。而由$\rightarrow_{\mathrm{K}}$ 和$\rightarrow_{\mathrm{L}}$ 给出蕴涵的不同解释定义如下：

$\rightarrow_{\mathrm{L}}$	f	u	t
f	t	t	t
u	u	t	t
t	f	u	t

$\rightarrow_{\mathrm{K}}$	f	u	t
f	t	t	t
u	u	u	t
t	f	u	t

从这三个矩阵中，包含在 $\boldsymbol{N}$ 矩阵 $\boldsymbol{M}^I_{\mathrm{RS}}$ 中的 $\boldsymbol{M}_{\mathrm{K}}$ 和 $\boldsymbol{M}_{\mathrm{L}}$ 表现了两种不同的“确定性”。因此，有下列结论。

引理 4.3 对于 Kleene 和 Lukasiewicz 逻辑而言，系统 IRS 都是合理的。

为了使 IRS 对于 $\mathscr{L}_{\mathrm{K}}$ 和 $\mathscr{L}_{\mathrm{L}}$ 也完整，只需为每个逻辑添加一个序列规则即可。

定理 4.4 设(K)和(L)为下列两个序列规则：

$$(K)\frac{\Gamma,\neg A\Rightarrow\Delta \quad \Gamma,B\Rightarrow\Delta}{\Gamma,A\rightarrow B\Rightarrow\Delta}$$

$$(L)\frac{\Gamma,A\Rightarrow\Delta \quad \Gamma,\neg B\Rightarrow\Delta}{\Gamma\Rightarrow\Delta,A\rightarrow B}$$

则有以下结论：

（1）对于 Kleene 逻辑，通过在 IRS 中加入规则(K)得到的系统 IRS^K 是可靠的和完整的。

（2）对于 Lukaisewicz 逻辑，通过在 IRS 中加入规则(L)得到的系统 IRS^L 是可靠的和完整的。

三值逻辑方法为粗糙集理论的发展提供了新的可能性。如果考虑其他三值逻辑，可以得到一种新的粗糙集理论。此外，还应该探索其他多值逻辑（如四值逻辑）在粗糙集中的应用。

4.6 粗糙集逻辑

为了实际应用，有必要提出一种基于粗糙集的逻辑系统，这种逻辑称为“粗糙集逻辑”。第一种粗糙集逻辑的方法是由 Düntsch[22] 在 1997 年提出的。下面简要介绍他的系统及其相关系统。

Düntsch 受到布尔代数粗糙集拓扑结构的启发，提出了粗糙集的命题逻辑。他的研究是基于集合的所有子集类在集论运算下形成一个布尔代数，并且近似空间的粗糙集类是一个正则双 Stone 代数这一情况。因此，我们可以假设正则双 Stone 代数可以作为粗糙集的逻辑语义。

为了理解他的逻辑，我们需要介绍一些概念。类型$\langle 2,2,1,1,0,0\rangle$的双 Stone 代数（DSA）用$\langle L,+,\cdot,*.+,0,1\rangle$表示，满足以下条件：

（1）$\langle L,+,\cdot,0,1\rangle$是有界分配格。

（2）x^*是 x 的伪补，即 $y\leqslant x^*\Leftrightarrow y\cdot x=0$。

（3）x^+是 x 的对偶伪补，即 $y\leqslant x^+\Leftrightarrow y+x=1$。

（4）$x^*+x^{**}=1$，$x^+\cdot x^{++}=0$。

如果满足附加条件 $x\cdot x^+\leqslant x+x^*$，则 DSA 称为正则双 Stone 代数。设 B 为布尔代数，F 为 B 的筛选，并且$\langle B,F\rangle=\{\langle a,b\rangle|a,\ b\in B,\ a\leqslant b,\ a+(-b)\in F\}$。我们在 $\langle B,F\rangle$ 上定义以下运算：

$$\langle a,b\rangle+\langle c,d\rangle=\langle a+c,b+d\rangle$$
$$\langle a,b\rangle\cdot\langle c,d\rangle=\langle a\cdot c,b\cdot d\rangle$$
$$\langle a,b\rangle^*=\langle -b,-b\rangle$$
$$\langle a,b\rangle^+=\langle -a,-a\rangle$$

如果$\langle U,R\rangle$是一个近似空间，则 R 的类可以视为布尔代数 $B(U)$的完整子代数。相反地，$B(U)$的任何原子完整子代数 B 都通过以下关系在 U 上产生等价关系 R：$xRy\Leftrightarrow x$ 和 y 包含在 B 的同一原子中，并且该对应关系是双射的。

如果$\{a\}\in B$，那么对于每个 $X\subseteq U$，有：如果 $a\in \underline{R}X$，则 $a\in X$，以及相应的近似空间的粗糙集是正则双 Stone 代数$\langle B,F\rangle$的元素，其中 F 是 B 的筛选，它是由 B 的单元素并集产生的。

基于正则双 Stone 代数结构，Düntsch 提出了命题粗糙集逻辑（RSL）。RSL 的语言 $\mathscr{L}$ 具有两个二元联结词$\wedge$（合取）和$\vee$（析取），两个一元联结词 $*$ 和$+$用于两种否定形式，逻辑常数$\top$作为真理。

令 P 为命题变量的非空集合，则具有逻辑算子的公式集 Fml 构成类型为$\langle 2,2,1,1,0\rangle$的绝对自由代数。设 W 为集合，$B(W)$为基于 W 的布尔代数。那么，将 L 的模型 M 记为(W,v)，其中 $v:P\to B(W)\times B(W)$是估值函数，所有 $p\in P$ 都满足“若 $v(p)=\langle A,B\rangle$，则 $A\subseteq B$” 的条件。$v(p)=\langle A,B\rangle$表示 p 在 A 的所有状态下均

成立，在 B 之外的任何状态下均不成立。

Düntsch 通过以下构造将估值与 Lukasiewicz 的三值逻辑联系起来。

对于每个 $p\in P$，令 $v_p:W\to 3=\left\{0,\frac{1}{2},1\right\}$。$v:P\to B(W)\times B(W)$ 定义为$v(p)=\{w\in W:v_p(w)=1\}$，$\{w\in W:v_p(w)\neq 0\}$。此外，Düntsch 将估值和粗糙集以下列方式联系起来：

$$v_p(w)=1，当 w\in A$$

$$v_p(w)=\frac{1}{2}，当 w\in B\setminus A$$

否则 $v_p(w)=0$。

给定一个模型 $M=(W,v)$，内涵函数 mng：$\mathrm{Fml}\to B(W)\times B(W)$ 以下列方式给出任意公式的估值：

$$\mathrm{mng}(\top)=\langle W,W\rangle$$

$$\mathrm{mng}(\rightarrow p)=\langle W,W\rangle$$

$$\mathrm{mng}(p)=v(p)\text{，对 } p\in P$$

$$\text{如果 } \mathrm{mng}(\phi)=\langle A,B\rangle \text{ 且 } \mathrm{mng}(\psi)=\langle C,D\rangle\text{，则}$$

$$\mathrm{mng}(\phi\wedge\psi)=\langle A\cap C,B\cap D\rangle$$

$$\mathrm{mng}(\phi\vee\psi)=\langle A\cup C,B\cup D\rangle$$

$$\mathrm{mng}(\phi^{*})=\langle -B,-B\rangle$$

$$\mathrm{mng}(\phi^{+})=\langle -A,-A\rangle$$

式中：$-A$ 表示 $B(W)$ 中 A 的补码。我们可以理解为内涵函数将含义赋予公式。

L 中所有模型的类型用 Mod 表示。公式 A 适用于模型 $M=\langle W,v\rangle$，如果 mng$(A)=\langle W,W\rangle$，记为 $M\vDash A$。命题集 Γ 导出公式 A，如果每个 Γ 的模型都是 A 的模型，记为 $\Gamma\vdash A$。

我们可以通过以下方式定义 Fml 的其他运算。

$$A\to B=A^{*}\vee B\vee(A^{+}\wedge B^{**})$$

$$A\leftrightarrow B=(A\to B)\wedge(B\to A)$$

Düntsch 证明了包括完整性在内的多个研究成果。

定理 4.5 如果 $M=\langle W,c\rangle\in\mathrm{Mod}$ 且 ϕ，$\psi\in\mathrm{Fml}$，那么

（1）$M\vDash\phi\leftrightarrow\psi$，当且仅当 $\mathrm{mng}(\phi)=\mathrm{mng}(\psi)$。

（2）$M\vDash\rightarrow p\leftrightarrow\phi$，当且仅当 $M\vDash\phi$。

定理 4.5 体现了 RSL 的完备性、紧致性和 Beth 可定义性。

定理 4.6 下列情况成立：

（1）RSL 具有有限完备的强 Hilbert 型公理系统。

（2）RSL 具有紧致性定理。

（3）RSL 不具有 Beth 可定义性。

RSL 中的蕴涵令人关注，但却不够直观。因此，需要用另一种蕴涵来扩展

RSL。Akama[23,24] 中介绍了这种扩展，他把粗糙集逻辑与 Heyting-Brouwer 逻辑及其子逻辑联系起来。

如第 3 章所述，Nelson 代数产生了粗糙集的代数解释。由于 Nelson 代数是一种强否定构造逻辑的代数语义，可以将强否定构造逻辑变成其他粗糙集逻辑。这个想法已经在 Pagliani 的粗糙集方法中得到了探讨。

Düntsch 的粗糙集逻辑是粗糙集逻辑的最初研究，该逻辑是三值的，应该将其与上一节中介绍的 Avron 和 Konikowska 逻辑进行比较。

4.7 关于知识推理的逻辑

第一种将粗糙集理论和模态逻辑联系起来的方法源于 Orlowska 的论文[25-27]。她含蓄地介绍了 Pawlak 粗糙集与模态逻辑 $S5$ 的关系。然而，她研究的远不止这些，下面回顾她的知识推理逻辑。

Orlowska 提出了一种与知识算子有关的逻辑，该逻辑与相关 Agent 的不可分辨关系有关，并具有基于粗糙集的语义。Orlowska 的方法具有以下三种直觉知识：

（1）关于谓词 F 的 Agent 知识可以通过 Agent 将对象分类为 F 的实例或非实例的能力来反映。

（2）对于命题 F 的 Agent 知识可以通过 Agent 将状态分类为 F 为真或假的能力来反映。

（3）每一个 Agent 都有一个不可分辨关系，Agent 决定对象或状态的不可分辨关系。因此，知识算子与不可分辨性有关。

设 U 为（状态或对象的）论域，AGT 为 Agent 集合。对于每个 $a\in \mathrm{AGT}$，设 $\mathrm{ind}(a)\subseteq U\times U$ 是与 Agent a 对应的不可辨关系。

对于 Agent 集合 A，我们定义 $\mathrm{ind}(A)$ 如下：

$(s,t)\in \mathrm{ind}(A)$，当且仅当 $(s,t)\in \mathrm{ind}(a)$ 时，对所有 $a\in A$，$\mathrm{ind}(\varnothing)=U\times U$。

不可分辨关系是等价关系（自反、对称和传递）或相似关系（自反和对称）。下面讨论局限于等价关系的情况，介绍不可分辨关系的属性。

命题 4.1 不可分辨关系满足以下条件：

（1）$\mathrm{ind}(A\cup B)=\mathrm{ind}(A)\cap \mathrm{ind}(B)$。

（2）$(\mathrm{ind}(A)\cup \mathrm{ind}(B))^*\subseteq \mathrm{ind}(A\cap B)$。

（3）$A\subseteq B$ 蕴涵 $\mathrm{ind}(B)\subseteq \mathrm{ind}(A)$。

其中，$(\mathrm{ind}(A)\cup \mathrm{ind}(B))^*=\mathrm{ind}(\{A,B\}^*)$ 是所有有限序列的集合，其元素来自集合 $\{A,B\}$。

命题 4.2 类 $\{\mathrm{ind}(A)\}_{A\subseteq \mathrm{AGT}}$ 是一个下半格，其中 $\mathrm{ind}(\mathrm{AGT})$ 是零元素。

假设论域 U 的子集 X 和一组特定 agent 的不可分辨关系为 $\mathrm{ind}(A)$。由于

agent 能识别划分到 ind(A) 的 U 元素，因此会在 X 的上、下近似确定的约束范围内获得 X。

对于 ind(A) 而言，X 的下近似$\underline{\mathrm{ind}}(A)X$ 是包含在 X 中的由 ind(A) 确定的等价类的并集，X 的上近似$\overline{\mathrm{ind}}(A)X$ 是具有与 X 任一相同元素的由 ind(A) 确定的等价类的并集。

对于非传递不可分辨关系，用相似类代替等价类得到了近似的定义。

命题 4.3　$\underline{\mathrm{ind}}(A)X$ 和$\overline{\mathrm{ind}}(A)X$ 满足以下条件：

（1）当且仅当 $\forall t\in U$，如果 $(x,t)\in \mathrm{ind}(A)$，$t\in X$，那么 $x\in \underline{\mathrm{ind}}(A)X$。

（2）当且仅当 $t\in U$ 满足 $(x,t)\in \mathrm{ind}(A)$ 且 $t\in X$ 时，$x\in \overline{\mathrm{ind}}(A)X$。

命题 4.4　下列关系成立：

（1）$\underline{\mathrm{ind}}(A)\varnothing=\varnothing$，$\overline{\mathrm{ind}}(A)U=U$。

（2）对于 $X\neq U$，$\underline{\mathrm{ind}}(\varnothing)X=\varnothing$，$\underline{\mathrm{ind}}(\varnothing)U=U$。

对于 $X\neq\varnothing$，$\overline{\mathrm{ind}}(\varnothing)X=U$，$\mathrm{ind}(\varnothing)\varnothing=\varnothing$。

（3）$\underline{\mathrm{ind}}(A)X\subseteq X\subseteq\overline{\mathrm{ind}}(A)X$。

（4）$\underline{\mathrm{ind}}(A)\underline{\mathrm{ind}}(A)X=\underline{\mathrm{ind}}(A)X$，$\underline{\mathrm{ind}}(A)\overline{\mathrm{ind}}(A)X=\overline{\mathrm{ind}}(A)X$。

$\overline{\mathrm{ind}}(A)\overline{\mathrm{ind}}(A)X=\overline{\mathrm{ind}}(A)X$，$\overline{\mathrm{ind}}(A)\underline{\mathrm{ind}}(A)X=\underline{\mathrm{ind}}(A)X$。

（5）$X\subseteq Y$ 蕴涵$\underline{\mathrm{ind}}(A)X\subseteq\underline{\mathrm{ind}}(A)Y$ 且$\overline{\mathrm{ind}}(A)X\subseteq\overline{\mathrm{ind}}(A)Y$。

（6）$\forall X\subseteq U$，$\mathrm{ind}(A)\subseteq\mathrm{ind}(B)$蕴涵$\underline{\mathrm{ind}}(B)X\subseteq\underline{\mathrm{ind}}(A)X$ 且$\overline{\mathrm{ind}}(A)X\subseteq\overline{\mathrm{ind}}(B)X$。

命题 4.5　补码具有下列关系：

（1）$\overline{\mathrm{ind}}(A)X\cup\underline{\mathrm{ind}}(A)(-X)=U$。

（2）$\overline{\mathrm{ind}}(A)X\cap\underline{\mathrm{ind}}(A)(-X)=\varnothing$。

（3）$-\overline{\mathrm{ind}}(A)X=\underline{\mathrm{ind}}(A)(-X)$。

（4）$-\underline{\mathrm{ind}}(A)X=\overline{\mathrm{ind}}(A)(-X)$。

命题 4.6　并集和相交保持下列关系：

（1）$\underline{\mathrm{ind}}(A)X\cup\underline{\mathrm{ind}}(A)Y\subseteq\underline{\mathrm{ind}}(A)(X\cup Y)$。

（2）$X\cap Y=\varnothing$ 蕴涵$\underline{\mathrm{ind}}(A)(X\cup Y)=\underline{\mathrm{ind}}(A)X\cup\underline{\mathrm{ind}}(A)Y$。

（3）$\underline{\mathrm{ind}}(A)(X\cap Y)=\underline{\mathrm{ind}}(A)X\cap\underline{\mathrm{ind}}(A)Y$。

（4）$\overline{\mathrm{ind}}(A)(X\cup Y)=\overline{\mathrm{ind}}(A)X\cap\overline{\mathrm{ind}}(A)Y$。

（5）$\overline{\mathrm{ind}}(A)(X\cap Y)\subseteq\overline{\mathrm{ind}}(A)X\cap\overline{\mathrm{ind}}(A)Y$。

当且仅当$\underline{\mathrm{ind}}(A)X=X=\overline{\mathrm{ind}}(A)X$ 或 $X=\varnothing$时，集合 $X\subseteq U$ 称为“A 可定义”。

当且仅当$\underline{\mathrm{ind}}(A)\neq\varnothing$且$\overline{\mathrm{ind}}(A)X\neq U$ 时，集合 $X\subseteq U$ 称为“A 粗糙可定义”。

当且仅当$\underline{\text{ind}}(A)=\varnothing$时，集合$X\subseteq U$称为“$A$内可定义”。

当且仅当$\overline{\text{ind}}(A)X=U$时，集合$X\subseteq U$称为“$A$外可定义”。

当且仅当A内不可定义且A外不可定义时，集合$X\subseteq U$称为“A全不可定义”。

我们可以定义集合$X\subseteq U$的A正集、A负集和A边界集。

$\text{POS}(A)X=\underline{\text{ind}}(A)X$。

$\text{NEG}(A)X=-\overline{\text{ind}}(A)X$。

$\text{BOR}(A)X=\overline{\text{ind}}(A)X-\underline{\text{ind}}(A)X$。

直观地说，如果$s\in\text{POS}(A)X$，那么元素s是X的一个成员，如果$s\in\text{NEG}(A)X$，元素s不是X的成员。$\text{BOR}(A)X$是不确定的范围，当不能决定s是否是X的成员时，元素$s\in\text{BOR}(A)X$。

对于这些集合，有以下命题。

命题4.7 下列关系成立：

(1) $\text{POS}(A)X$、$\text{NEG}(A)X$、$\text{BOR}(A)X$成对不相交。

(2) $\text{POS}(A)X\cup\text{NEG}(A)X\cup\text{BOR}(A)X=U$。

(3) $\text{POS}(A)X$、$\text{NEG}(A)X$、$\text{BOR}(A)X$为A可定义。

命题4.8 下列关系成立：

(1) $A\subseteq B$蕴涵$\text{POS}(A)X\subseteq\text{POS}(B)X$，$\text{NEG}(A)X\subseteq\text{NEG}(B)X$，$\text{BOR}(B)X\subseteq\text{BOR}(A)X$。

(2) $\text{ind}(A)\subseteq\text{ind}(B)$蕴涵$\text{POS}(B)X\subseteq\text{POS}(A)X$，$\text{NEG}(B)X\subseteq\text{NEG}(A)X$，$\text{BOR}(A)X\subseteq\text{BOR}(B)$。

命题4.9 下列关系成立：

(1) $\text{POS}(A)X\subseteq X$，$\text{NEG}(A)X\subseteq -X$。

(2) $\text{POS}(A)\varnothing=\varnothing$，$\text{NEG}(A)U=\varnothing$。

(3) 如果$X\neq U$，$\text{POS}(\varnothing)U=U$，则$POR(\varnothing)X=\varnothing$。

(4) 如果$X\neq\varnothing$，$\text{NEG}(\varnothing)\varnothing=U$，则$\text{NEG}(\varnothing)X=\varnothing$。

(5) $X\subseteq Y$蕴涵$\text{POS}(A)X\subseteq\text{POS}(A)Y$，$\text{NEG}(A)Y\subseteq\text{NEG}(A)X$。

命题4.10 下列关系成立：

(1) $\text{POS}(A)X\cup\text{POS}(A)Y\subseteq\text{POS}(A)(X\cup Y)$。

(2) 如果$X\cap Y=\varnothing$，那么$\text{POS}(A)(X\cup Y)=\text{POS}(A)X\cup\text{POS}(B)Y$。

(3) $\text{POS}(A)(X\cap Y)=\text{POS}(A)X\cap\text{POS}(A)(Y)$。

(4) $\text{NEG}(A)(X\cup Y)=\text{NEG}(A)X\cap\text{NEG}(A)(Y)$。

(5) $\text{NEG}(A)X\cup\text{NEG}(A)Y\subseteq\text{NEG}(A)(X\cup Y)$。

(6) $\text{NEG}(A)(-X)=\text{POS}(A)X$。

命题4.11 下列关系成立：

(1) $\text{BOR}(A)(X\cup Y)\subseteq\text{BOR}(A)X\cup\text{BOR}(A)Y$。

(2) $X \cap Y = \varnothing$ 蕴涵 $\mathrm{BOR}(A)(X \cup Y) = \mathrm{BOR}(A)X \cup BOR(A)Y$。

(3) $\mathrm{BOR}(A)(X \cap Y) \subseteq \mathrm{BOR}(A)X \cap \mathrm{BOR}(A)Y$。

(4) $\mathrm{BOR}(A)(-X) = \mathrm{BOR}(A)X$。

命题 4.12 下列关系成立:

(1) $\mathrm{POS}(A)X \cup \mathrm{POS}(B)X \subseteq \mathrm{POS}(A \cup B)X$。

(2) $\mathrm{POS}(A \cap B)X \subseteq \mathrm{POS}(A)X \cap \mathrm{POS}(B)X$。

(3) $\mathrm{NEG}(A)X \cup \mathrm{NEG}(B)X \subseteq \mathrm{NEG}(A \cup B)X$。

(4) $\mathrm{NEG}(A \cap B)X \subseteq \mathrm{NEG}(A)X \cap \mathrm{NEG}(B)X$。

命题 4.13 下列关系成立:

(1) $\mathrm{POS}(A)\mathrm{POS}(A)X = \mathrm{POS}(A)X$。

(2) $\mathrm{POS}(A)\mathrm{NEG}(A)X = \mathrm{NEG}(A)X$。

(3) $\mathrm{NEG}(A)\mathrm{NEG}(A)X = -\mathrm{NEG}(A)X$。

(4) $\mathrm{NEG}(A)\mathrm{POS}(A)X = -\mathrm{POS}(A)X$。

我们为 $A \in \mathrm{AGT}$ 定义了一个知识算子类 $K(A)$:

$$K(A)X = \mathrm{POS}(A)X \cup \mathrm{NEG}(A)X$$

直观地讲，当 s 被 A 的 agent 判定为 X 的 A 正实例或 A 负实例时，则 $s \in K(A)X$。

命题 4.14 下列关系成立:

(1) $K(A)\varnothing$，$K(A)U = U$。

(2) $K(\varnothing)X = \varnothing$，如果 $X \neq U$。

(3) $\forall X \subseteq U$，$\mathrm{ind}(A) \subseteq \mathrm{ind}(B)$ 蕴涵 $K(B)X \subseteq K(A)X$。

(4) $\forall X \subseteq U$，$A \subseteq B$ 蕴涵 $K(A)X \subseteq K(B)X$。

(5) 如果 X 是 A 可定义，那么 $K(A)X = U$。

关于 X 的 Agent A 的知识是:

当且仅当 $K(A)X = U$ 时，完备。

当且仅当 $\mathrm{BOR}(A)X \neq \varnothing$ 时，不完备。

当且仅当 $\mathrm{POS}(A)X$，$\mathrm{NEG}(A)X$，$\mathrm{BOR}(A)X \neq \varnothing$ 时，粗糙。

当且仅当 $\mathrm{POS}(A)X = \varnothing$ 时，正空。

当且仅当 $\mathrm{NEG}(A)X = \varnothing$ 时，负空。

当且仅当 A 关于 X 的知识是正空、负空的时，知识是空的。

如果 A 对 X 的知识是完全的，那么 A 可以分辨 X 和 X 的补集，每一个 A 对任何 A 的可定义集，特别是关于 $\varnothing$ 和 U 的知识是完备的。任何一个 agent 对整个论域的知识都是完备的，不应被认为是一个悖论。

在某种意义上，谓词的扩展等同于 U 提供了一些琐碎的信息。在任一特定示例中，U 表示“agent 可感知的所有事物”的集合。但是，如果 U 包含谓词演算的所有公式，且 $X \subseteq U$ 是所有有效公式的集合，那么，尽管每个 agent 具有关于 U 的完备知识，但显然并不是都具有关于 X 的完备知识。

观察到$X\subseteq Y$并不蕴涵$K(A)X\subseteq K(A)Y$，并且$K(A)X$不一定包含在X中。因此，我们可以避免众所周知的认识逻辑悖论，即所有被认知的公式都是有效的，并且每个 agent 都知道其知识的所有逻辑推论。

命题 4.15 下列条件是等价的：

（1）$K(A)X$是完备的。

（2）X是A可定义的。

（3）$\mathrm{BOR}(A)X=\varnothing$。

（4）$\mathrm{POS}(A)X=-\mathrm{NEG}(A)X$。

因此，如果 agent A有关于X的完备知识，那么就可从X的补码中分辨出X。

命题 4.16 下列条件是等价的：

（1）$K(A)X$是粗糙的。

（2）X大致上是A可定义的。

（3）$\varnothing\neq BOR(A)X\neq U$。

（4）$\mathrm{POS}(A)X\subseteq-\mathrm{NEG}(A)X$。

命题 4.17 下列条件是等价的：

（1）$K(A)X$为正空集。

（2）X在内部是A不可定义的。

（3）$K(A)X=\mathrm{POS}(A)X$。

（4）$\mathrm{BOR}(A)X=-\mathrm{NEG}(A)X$。

命题 4.18 下列条件是等价的：

（1）$K(A)X$为非空集。

（2）X是外部A不可定义的。

（3）$K(A)X=\mathrm{POS}(A)X$。

（4）$\mathrm{BOR}(A)X=-\mathrm{POS}(A)X$。

命题 4.19 下列条件是等价的：

（1）$K(A)X$为空集。

（2）X完全不可定义。

（3）$\mathrm{BOR}(A)X=U$。

命题 4.20 下列公式成立：

（1）$\forall X\subseteq U$，$K(A)X\subseteq K(B)X$蕴涵$\mathrm{ind}(B)\subseteq\mathrm{ind}(A)$。

（2）$\forall X\subseteq U$，当且仅当$K(A)X=K(B)X$时，$\mathrm{ind}(A)=\mathrm{ind}(B)$。

（3）$\mathrm{ind}(A)\subseteq\mathrm{ind}(B)$蕴涵$K(B)X\subseteq\mathrm{POS}(B)K(A)X$且$\mathrm{POS}(A)K(B)X\subseteq K(A)X$。

（4）当且仅当$K(A)X$对于所有X都完备时，则$\mathrm{ind}(A)$是U上恒等式。

命题 4.21 下列公式成立：

（1）$K(A)X=K(A)(-X)$。

（2）$K(A)K(A)X=U$。

(3) $K(A)X \cup K(B)X \subseteq K(A \cup B)X$。

(4) $K(A \cap B)X \subseteq K(A)X \cap K(B)X$。

下面讨论 agent 的独立性。当且仅当 $B \subset A$ 时，对于所有的 $X \subseteq U$，$K(A)X = K(B)X$ 成立，则称 agent 的集合 A 是依赖的。如果 A 不是依赖的，则 A 是独立的。

命题 4.22 下列条件是等价的：

(1) A 是独立的。

(2) 对于每个 $B \subset A$，$X \subseteq U$，满足 $K(B)X \subset K(A)X$。

命题 4.23 下列命题成立：

(1) 如果 A 是独立的，则其每个子集都是独立的。

(2) 如果 A 是依赖的，则其每个超集都是依赖的。

命题 4.24 如果 AGT 是独立的，那么对于 $\forall A, B \subseteq \mathrm{AGT}$，应满足以下条件：

(1) $\forall X$，$K(A)X \subseteq K(B)X$ 蕴涵 $A \subseteq B$。

(2) $\mathrm{ind}(A \cap B) = (\mathrm{ind}(A) \cup \mathrm{ind}(B))^*$。

agent 集合独立性的直观含义是，如果从独立集合中删除某些 agent，则剩余 agent 集合的知识将少于整个集合的知识。

类似地，如果一个集合是依赖的，那么它的某些元素是多余的，我们可以在不更改知识的情况下删除它们。当且仅当对于所有 $X \subseteq U$，$K(A-B)X = K(B)X$ 成立时，agent 的集合 B 是多余的。

命题 4.25 下列情况成立：

(1) 如果集合 A 是依赖的，则存在 $B \subset A$，使得 B 在 AGT 中是多余的。

(2) 当且仅当 $B \subset A$ 时，B 在 A 中是多余的，则集合 S 是依赖的。

下面关注共同知识和常识。不可分辨 $\mathrm{ind}(A \cup B)$ 的知识可以被认为是 A 和 B 的共同知识。$\mathrm{ind}(A \cup B)$ 不大于不可分辨关系 $\mathrm{ind}(A)$ 和 $\mathrm{ind}(B)$。

命题 4.26 $K(A)X$，$K(B)X \subseteq K(A \cup B)X$。

因此，一组 agent 的共同知识不少于该组任何成员的知识。

关于不可分辨关系 $\mathrm{ind}(A \cap B)$ 的知识，可以被视为 A 和 B 的常识。要讨论这些常识，必须接受非传递不可分辨关系。这里介绍以下符号：

$\mathrm{ind}(A) \circ \mathrm{ind}(B) = \mathrm{ind}(AB)$，其中 $\circ$ 是构成关系。

$(\mathrm{ind}(A) \cup \mathrm{ind}(B))^* = \mathrm{ind}(\{A, B\}^*)$，其中，$\{A, B\}^*$ 是所有有限序列的集合，序列中所有元素都来自集合 $\{A, B\}$。

对于 $S \in \{A, B\}^*$，$\mathrm{ind}(S)$ 是关于序列 S 中所有元素 A 的 $\mathrm{ind}(A)$ 的组成。

命题 4.27 下列情况成立：

(1) $\mathrm{ind}(A), \mathrm{ind}(B) \subseteq \mathrm{ind}(AB)$。

(2) $\mathrm{ind}(\{A, B\}^*) \subseteq \mathrm{ind}(A \cap B)$。

(3) 如果 $\mathrm{ind}(AB) = \mathrm{ind}(BA)$，那么 $\mathrm{ind}(\{A, B\}^*) = \mathrm{ind}(AB)$。

(4) $\forall C \subseteq \mathrm{AGT}$，如果 $\mathrm{ind}(A) \subseteq \mathrm{ind}(B)$，那么 $\mathrm{ind}(AC) \subseteq \mathrm{ind}(BC)$ 且 ind

$(CA)\subseteq \mathrm{ind}(CB)$。

(5) 如果 AGT 是独立的，那么 $\mathrm{ind}(\{A,B\}^*)=\mathrm{ind}(A\cap B)$。

注意，对于 $S\in\{A,B\}^*$，关系 $\mathrm{ind}(S)$ 不一定是可传递的。

命题 4.28 对于任何 $S\in\{A,B\}^*$，有 $K(A\cap B)X\subseteq K(S)X$。

因此，$\mathrm{ind}(A)$ 和 $\mathrm{ind}(B)$ 组成关系的知识中包含了 A 和 B 的公共知识。

Orlowska 用一系列相关知识算子定义了命题语言。每个算子由解释为知识主体的参数集合来确定。令 CONAGT 为常量集，这些常量将被解释为 agent 集合。我们定义了 agent 表达式的集合 EXPAGT：

CONAGT $\subseteq$ EXPAGT

$A,B\in$ EXPAGT 蕴涵 $-A$，$A\cup B$，$A\cap B\in$ EXPAGT

设 VARPROP 是命题变量集。公式集合 FOR 是满足下列条件的最小集合：

VARPROP $\subseteq$ FOR

$F,G\in$ FOR 蕴涵 $\neg F$，$F\vee G$，$F\wedge G$，$F\to G$，$F\leftrightarrow G\in$ FOR

$A\in$ EXPAGT，$F\in$ FOR 蕴涵 $K(A)F\in$ FOR

对于经典命题联结词和由 agent 表达式确定的知识算子，集合 FOR 是封闭的。

设认知系统 $E=(U,\mathrm{AGT},\{\mathrm{ind}(A)_{A\in\mathrm{AGT}}\})$。此外指定系统 $M=(E,m)$ 作为模型，其中 m 是内涵函数，它能够将命题变量分配给状态集，agent 常量分配给 agent 集合，且 m 满足下列条件：

$m(p)\subseteq U$，对于 $p\in$ VARPROP

$m(A)\subseteq$ AGT，对于 $A\in$ CONAGT

$m(A\cup B)=m(A)\cup m(B)$

$m(A\cap B)=m(A)\cap m(B)$

$m(-A)=-m(A)$

对于任意 $F\in$ FOR，我们归纳定义了集合类 $\mathrm{ext}_M F$（模型 M 中公式 F 的外延）：

$\mathrm{ext}_M p=m(p)$，对于 $p\in$ VARPROP

$\mathrm{ext}_M(\neg F)=-\mathrm{ext}_M F$

$\mathrm{ext}_M(F\vee G)=\mathrm{ext}_M F\cup \mathrm{ext}_M G$

$\mathrm{ext}_M(F\wedge G)=\mathrm{ext}_M F\cap \mathrm{ext}_M G$

$\mathrm{ext}_M(F\to G)=\mathrm{ext}_M(\neg F\vee G)$

$\mathrm{ext}_M(F\leftrightarrow G)=\mathrm{ext}_M((F\to G)\wedge(G\to F))$

$\mathrm{ext}_M K(A)F=K(m(A))\,\mathrm{ext}_M F$

在模型 M（$\models_M F$）中，当且仅当 $\mathrm{ext}_M F=U$ 时，公式 F 是真的。当且仅当公式 F 在所有模型中都是真的时，公式 F 是有效的（$\models F$）。

注意，公式 $K(A)F\to F$ 和 $(F\to G)\wedge K(A)F\to K(A)G$ 是无效的。这意味着，如果一个 agent 知道 F，那么 F 不一定是正确的，并且 agent 也不知道其知识的所有结果。因此，该系统可以避免认知逻辑中众所周知的悖论。

下面列出了有关 agent 知识的一些可以用逻辑表示的事实。

命题 4.29 下列条件成立：

(1) $\models(F\leftrightarrow G)$ 蕴涵 $\models(K(A)F\leftrightarrow K(A)G)$。

(2) $\models F$ 蕴涵 $\models K(A)F$。

(3) $\models K(A)F\rightarrow K(A)K(A\cup N)F$。

(4) $\models K(A\cup B)K(A)F\rightarrow K(A\cup B)F$。

(5) $\models(K(A)F\vee K(B)F)\rightarrow K(A\cup B)F$。

(6) $\models K(A\cap B)F\rightarrow K(A)F\wedge K(B)F$。

(7) $\models K(A)F\leftrightarrow K(A)(\neg F)$。

(8) $\models K(A)(K(A)F\rightarrow F)$。

这里，(4)中对一组 agent 的知识超过了该组的部分 agent 的知识。(7)结果表明，当且仅当 agent A 能通过$\neg F$ 的补码分辨$\neg F$ 的外延时，可以通过 F 的补码分辨 F 的外延。

观察到 $\models F$ 蕴涵 $\models K(A)F$，这通常被认为是理想认知者的悖论。但这与通过知识判定属性是不矛盾的。这是因为，整个论域 U 对任何 A 都是 A 可定义的，换句话说，无论 A 的感知能力是什么（无论 ind(A)是什么），U 中所有元素的等价类会超过 U。

尽管 Orlowska 的逻辑是基于 Kripke 语义的，但该逻辑与标准认知逻辑[28-31]有很大不同。Orlowska 的逻辑实际上可以克服认知逻辑的一些缺陷，并且可以被认为是知识逻辑的有效替代方案。

Orlowska 仅研究了逻辑语义和完整公理化，对于真正问题的应用，不得不研究知识推理逻辑的证明理论。在 Orlowska 的方法中，近似算子是基于 Pawlak 的粗糙集理论的，但可以通过多种方式将其推广，其中之一是通过近似集合的广义概念来定义二元关系的知识算子[25]。

令 R 为集合 U 中的二元关系。对于 $x\in U$，定义 x 是相对于 R 的邻域：

$$n_R(x)=\{y\in U\mid(x,y)\in R \text{ 或 } (y,x)\in R\}$$

然后，通过对集合 $X\subseteq U$ 的下（上）近似，得到属于 X 的邻域并集（这些邻域与 X 有一个共同元素）。

为了定义相应的知识算子，假设 agent 的每个集合 A 在集合 U 中都有一个关联关系 $R(A)$，对应的认知结构是$(U,\mathrm{AGT},\{R(A)\}_{A\subseteq\mathrm{AGT}},\{K(A)\}_{A\subseteq\mathrm{AGT}})$，其中 R：$P(\mathrm{AGT})\rightarrow P(U\times U)$ 将二元关系赋给 agent 集，并且 K:$P(\mathrm{AGT})\rightarrow P(U)$是一个算子，使得 $K(A)(X)$是对于 $R(A)$的 X 下近似值和 X 上近似值的补集之和。

因此，Kripke 结构可以用由参数集确定的可及性关系概括为

$$(\mathrm{KR})K=(W,\mathrm{PAR},\mathrm{RL},\{R(P)\}_{P\subseteq\mathrm{PAR},R\in\mathrm{REL}})$$

式中：W 是世界（或状态、对象等）的非空集；PAR 是元素称为参数的非空集；集合 REL 的元素映射 R:$P(\mathrm{PAR})\rightarrow P(W\times W)$，将集合 W 中的二元关系赋给集合 PAR 的子集。此外，假设 $R(P)$满足以下条件：

$$R(\varphi)=W\times W$$

$$R(P\cup Q)=R(P)\cap R(Q)$$

第一个条件表明，空参数集不能使我们分辨任何世界。第二个条件表明，如果有更多的参数，那么关系就越少，交联世界也就越少。

基于相对可及性关系的 Kripke 模型的逻辑公理化是一个开放问题。

4.8 知识表示逻辑

虽然 Orlowska 的逻辑关于知识推理，但是在文献中可以找到几种知识表示（模态）逻辑，其中一些逻辑与粗糙集理论密切相关。本节将介绍这些逻辑。这些方法是源于 Pawlak[32] 引入的信息系统。信息系统是信息采集，其形式为：对象、对象的属性列表。其中，对象是自然语句中可以用在主语位置的任何东西。虽然对象可以在信息系统中组合和结构化，但它们被视为不可分割的整体。对象的属性由属性及属性值表示。

信息系统由指定非空对象集 OB、非空属性集 AT、属性值集的类 $\{VAL_a\}_{a\in AT}$ 和为对象赋值的信息函数 f 组成。

信息函数有两种类型。一种是确定性信息函数 f: OB×AT→VAL= $\cup\{VAL_a\in AT\}$，它赋予对象一个属性值。假设对任意 $x\in$ OB 和 $a\in$ AT，有 $f(x,a)\in VAL_a$。这种类型的函数以确定的方式确定对象的属性，即属性被唯一地分配给对象。

另一种是非确定性信息函数 f: OB×AT→P(VAL)，它将属性值集的子集赋给对象。非确定性信息函数反映了对象属性信息的不完备性。该函数表示对象每个属性值的可能范围，但值本身是未知的。

信息系统的结构形式定义如下：

$$\boldsymbol{S}=(OB,AT,\{VAL_a\}_{a\in AT},f)$$

如果 f 是确定性信息函数，则系统 $\boldsymbol{S}$ 称为确定性信息系统；如果 f 是非确定性信息函数，则 $\boldsymbol{S}$ 称为非确定性信息系统。

对象属性信息是信息系统中的一种基本明确信息。从这些信息中可以得到一些通常用对象集合中的二元关系来表示的其他信息。设 $A\subseteq$ AT 为属性集，由集合 A 决定的不可分辨关系 ind(A) ⊆OB×OB 定义为

$$\forall a\in \text{AT}，当且仅当 f(x,a)=f(y,a) 时,有 (x,y)\in \text{ind}(A)$$

对于空属性集，假定 ind(∅) ⊆OB×OB。因此，当两个对象不能通过属性集 A 中属性来分辨时，它们就属于关系 ind(A)。

以下命题表明不可分辨关系的基本性质。

命题 4.30　ind 满足以下属性：

（1）ind(A)是自反、相似且可传递的。

（2）ind($A\cup B$) = ind(A) ∩ind(B)。

（3）(ind(A) ∪ind(B))* ⊆ind($A\cap B$)。

(4) $A \subseteq B$ 蕴涵 $\text{ind}(B) \subseteq \text{ind}(A)$。

其中，(1)表明不可分辨关系是等价关系。$\text{ind}(A)$的等价类由集合 A 中属性无法分辨的对象组成。

(2) 说明属性并集比并集的部分分辨能力强。因此，代数$(\{\text{ind}(A)_{A\subseteq \text{AT}}\}, \cap)$是一个具有零元素 $\text{ind}(\text{AT})$的下半格。

对象的不可分辨性在许多应用中起着至关重要的作用，在这些应用中，对象集的确定性对于单个对象的属性来说非常重要。确定性和不确定性信息系统中都可以得到不可分辨关系。

关于不确定性信息系统，Orlowska 和 Pawlak[33] 还讨论了其他几种关系。设 S 是一个不确定性信息系统，$A \subseteq \text{AT}$ 的“相似关系类”定义为 $\text{sim}(A)$：

$\forall a \in A$，当且仅当$f(x,a) \cap f(y,a) \neq \phi$ 时，$(x,y) \in \text{sim}(A)$。

对象的弱相似性：

当且仅当$\exists a \in A$，满足$f(x,a) \cap f(y,a) \neq \varnothing$时，$(x,y) \in \text{wsim}(A)$。

对象的非相似性：

$\forall a \in A$，当且仅当$-f(x,a) \cap -f(y,a) \neq \phi$ 时，$(x,y) \in \text{nsim}(A)$。

对象的信息包含$(\text{in}(A))$ 和弱信息包含$(\text{win}(A))$定义如下：

对于所有 $a \in A$，当且仅当$f(x,a) \subseteq f(y,a)$时，$(x,y) \in \text{in}(A)$。

当且仅当 $a \in A$，满足$f(x,a) \subseteq f(y,a)$时，$(x,y) \in \text{win}(A)$。

注意，给定关系不是独立的，其满足以下条件。

命题 4.31 下列条件成立：

(1) $(x,y) \in \text{in}(A)$且$(x,z) \in \text{sim}(A)$蕴涵$(y,z) \in \text{sim}(A)$。

(2) $(x,y) \in \text{ind}(A)$蕴涵$(x,y) \in \text{in}(A)$。

(3) $(x,y) \in \text{in}(A)$且$(y,x) \in \text{in}(A)$蕴涵$(x,y) \in \text{ind}(A)$。

信息系统和模态逻辑能够自然地联系起来。Kripke 结构形式为 $K=(W,R)$，其中 W 是可能世界或状态的非空集合，$R \subseteq W \times W$ 是一种可及性关系的二元关系。

对于信息系统 S，可以关联相应的 Kripke 结构 $K(S)$，其中论域为集合 OB，由系统决定的关系为可及关系[34]。

假定不可分辨的可及性关系为等价关系，相似关系具有自反性和对称性，信息包含具有自反性和传递性。然而，必须假设一个不可分辨关系类在交集下是闭合的，命题 4.31 在 $K(S)$中满足条件(1)(2)(3)，并提供了不可分辨性、相似性和信息包含之间的关系。

Fariñas del Cerro 和 Orlowska[35] 提出了数据分析逻辑(DAL)，是用于信息系统对象推理的几种模态逻辑之一，该逻辑可以在不完备信息的情况下处理推论。数据分析可以理解为在数据集中获取模式的过程。DAL 考虑了数据分析涉及的两个主要任务，即：

(1) 根据数据属性将数据归纳到集合。

(2) 定义足以描述数据集特征的属性。

显然，这两个任务对于数据分析是必要的。

DAL 定义了数据集和属性集的对应形式，即数据集是通过 DAL 语言定义的，而属性是通过关系表达式定义的。

因此，用非空对象集以及集合的等价关系类来标识数据。对象将被解释为数据项，并且关系对应于数据项的属性。每个属性都有一个等价关系，使得该关系的等价类由具有该属性的对象组成。

DAL 语言包含模态算子，即由不可分辨关系确定的上下近似算子。DAL 语义由具有不可分辨关系的 Kripke 结构给出。代数结构假定为不可分辨关系集，即该集合在交和并关系的传递闭包下是闭合的。

DAL 的表达式由下列对偶不相交集合的符号组成。

- VARPROP：可数的命题变量集。
- $\{IND_i\}$：可数的关系常数集（i 是自然数）。
- $\{\cap, \cup^*\}$：交和并的传递闭包的关系运算集。
- $\{\neg, \vee, \wedge, \rightarrow\}$：经典非、析取、合取和蕴涵的命题运算集。
- $\{[\,], \langle\rangle\}$：模态算子集。

关系表达式的集合 EREL 是最小集合，需满足下列条件：

$$\text{CONTEL} \subseteq \text{EREL}$$

$IND_1, IND_2 \in EREL$ 蕴涵 $IND_1 \cap IND_2, IND_1 \cup^* IND_2 \in EREL$

公式集 FOR 是最小集合，使得：

$$\text{VARRROP} \subseteq \text{FOR}$$

$$F, G \in \text{FOR} \text{ 蕴涵} \neg F, F \vee G, F \wedge G, F \rightarrow G \in \text{FOR}$$

$$F \in \text{FOR}，\text{IND} \in \text{EREL} \text{ 蕴涵} [\text{IND}]F，\langle \text{IND} \rangle F \in \text{FOR}$$

DAL 语义由 Kripke 模型给出：

$$(\text{MD})\, M = (\text{OB}, \{S_p\}_{p \in \text{VAPROP}}, \{\text{ind}_i\}, m)$$

式中：OB 是非空对象集。对于任何命题变量 p，集合 S_p 是 OB 的子集。对于任何自然数 i，ind_i 是 OB 的等价关系，并且 m 是满足下列条件的赋值函数：

(m1) 对于 $p \in \text{VARPOP}$，$m(p) = S_p$，对于 $\forall i, m(\text{IND}_i) = \text{ind}_i$。

(m2) $m(\text{IND}_1 \cap \text{IND}_2) = m(\text{IND}_1) \cap m(\text{IND}_2)$。

(m3) $m(\text{IND}_1 \cup^* \text{IND}_2) = m(\text{IND}_1) \cup^* m(\text{IND}_2)$。

(m4) $m(\neg F) = -m(F)$。

(m5) $m(F \vee G) = m(F) \vee m(G)$。

(m6) $m(F \wedge G) = m(F) \wedge m(G)$。

(m7) $m(F \rightarrow G) = m(F) \rightarrow m(G)$。

(m8) $m([\text{IND}]F) = \{x \in \text{OB} |$，对于 $\forall y \in \text{OB}$，当 $(x, y) \in m(\text{IND})$ 时，$y \in m(F))$。

(m9) $m(\langle \text{IND} \rangle F) = \{x \in \text{OB} |$，对于 $y \in \text{OB}$，满足 $(x, y) \in m(\text{IND})$ 且 $y \in m(F))$。

在模型 M 中，当且仅当 $m(F) = \text{OB}$ 时，公式 F 成立，记为“$\models_M F$”。当且

仅当 F 在所有模型中都成立时，公式 F 是有效的，记为 $\models F$。

在上述 DAL 语义中，公式被解释为模型中对象集的子集，经典命题运算与集合理论运算相对应，而模态算子[IND]和⟨IND⟩分别对应于关于不可分辨关系 $m(\text{IND})$ 的上、下近似算子。

命题 4.32 下列条件成立：

(1) 当且仅当 $m(F)$ism(IND)可定义时，$\models_M F\to[\text{IND}]F$。

(2) 当且仅当 $\text{POS}(m(\text{IND}))m(F)=\text{OB}$ 时，$\models_M[\text{IND}]F$。

(3) 当且仅当 $\text{POS}(m(\text{IND}))m(F)=\phi$ 时，$\models_M\neg[\text{IND}]F$。

(4) 当且仅当 $\text{NEG}(m(\text{IND}))m(F)=\text{OB}$ 时，$\models_M\neg\langle\text{IND}\rangle F$。

(5) 当且仅当 $\text{NEG}(m(\text{IND}))m(F)=\phi$ 时，$\models_M\langle\text{IND}\rangle F$。

(6) 当且仅当 $\text{BOR}(m(\text{IND}))m(F)=\text{OB}$ 时，$\models_M\langle\text{IND}\rangle F\wedge\langle\text{IND}\rangle\neg F$。

(7) 当且仅当 $\text{BOR}(m(\text{IND}))m(F)=\phi$ 时，$\models_M\langle\text{IND}\rangle F\wedge[\text{IND}]\neg F$。

由于不可分辨关系中交和并的传递闭包是等价关系，故算子[IND]和⟨IND⟩分别是必要性和可能性的 S5 算子。因此，所有替换 S5 定理的公式在 DAL 中都是有效的。

命题 4.33 下列条件成立：

(1) $\models[\text{IND}_1]F\vee[\text{IND}_2]F\to[\text{IND}_1\cap\text{IND}_2]F$。

(2) $\models[\text{IND}_1\cup^*\text{IND}_2]F\to[\text{IND}_1]F\wedge[\text{IND}_2]F$。

上述形式模型(MD)是具有不可分辨关系的本地协议模型。无论何时，对于任何对象 x、任何关系 ind_1 和 ind_2，x 的等价类 ind_1 都包含在 x 的等价类 ind_2 中，或者，等价类 ind_2 包含在等价类 ind_1 中。

DAL 关于具有局部协议模型类别的完全公理化如下：

(D1) 具有经典命题重言式形式的所有公式。

(D2) $[\text{IND}](F\to G)\to([\text{IND}]F\to[\text{IND}]G)$。

(D3) $[\text{IND}]F\to F$。

(D4) $\langle\text{IND}\rangle F\to[\text{IND}]\langle\text{IND}\rangle F$。

(D5) $[\text{IND}\cup^*\text{IND}_2]F\to[\text{IND}_1]F\wedge[\text{IND}_2]F$。

(D6) $(([\text{IND}_1]F\to[\text{IND}_2]F)\wedge([\text{IND}_1]F\to[\text{IND}_2]F))\to([\text{IND}_2]F\to[\text{IND}_2\cup^*\text{IND}_3]F)$。

(D7) $[\text{IND}_1]F\vee[\text{IND}_2]F\to(\text{IND}_1\cap\text{IND}_2]F$。

(D8) $(([\text{IND}_1]F\to[\text{IND}_3]F)\wedge([\text{IND}_2]F\to[\text{IND}_3]F))\to([\text{IND}_1\cap\text{IND}_2]F\to[\text{IND}_3]F)$。

所有算子的推理规则都是假言推理和必然规则，如[IND]，$A/[\text{IND}]A$。公理(D1)~(D4)是模态逻辑 S5 的标准公理。

Fariñasdel del Cerro 和 Orlowska [35] 证明了 DAL 的完备性。DAL 有多种涉及关系算子的外延方式。例如，增加关系的组成，假设关系不一定是等价关系。

Balbiani[36] 解决了 DAL 的公理化问题，给出了 $\text{DAL}^{\cup}$ 的完备性结果，并使

用具有∪相对可及性关系的 Kripke 语义来表示 $DAL^{\cup}$[36]。

为了解释非确定性信息逻辑(NIL)，Orlowska 和 Pawlak 引入了由对象的相似性和信息包含决定的模态算子[33]。NIL 的公式集是包含命题变量集 VARPOP 的最小集合，并且在经典命题算子和模态算子[SIM]、⟨SIM⟩、[IN]、⟨IN⟩、$[IN^{-1}]$、IN^{-1} 下是闭合的，其中 SIM 和 IN 是相似性和信息包含的关系常数，IN^{-1} 表示关系 IN 的逆。

NIL 的 Kripke 模型是如下形式系统：

$$(\mathrm{MN})\, M = (\mathrm{OB}, \{S_P\}_{p \in \mathrm{VARPOP}}, \{\mathrm{sim}, \mathrm{in}\}, m)$$

式中：OB 是非空对象集。对于每个 $p \in \mathrm{VARPROP}$，$S_p \subseteq \mathrm{OB}$，sim 是 OB 中的自反性和传递性关系，并满足下列条件：

$$(\mathrm{n1})\ \text{当}(x,y) \in \mathrm{in}\ \text{且}(x,z) \in \mathrm{sim}, \text{那么}(y,z) \in \mathrm{sim}$$

赋值函数 m 定义如下：对于 $p \in \mathrm{VARPROP}$，$m(p) = S_p$，$m(\mathrm{SIM}) = \mathrm{sim}$，$m(\mathrm{IN}) = \mathrm{in}$，$m(\mathrm{IN}^{-1}) = m(\mathrm{IN})^{-1}$；对于用经典命题运算子 m 的复杂公式，由条件($m4$)，($m5$)，…，($m9$)给出，其中 IND 分别由 SIM、IN 和 IN^{-1} 代替。

逻辑公理集 NIL 由具有算子[SIM]和⟨SIM⟩的逻辑 B、具有算子[IN]、⟨IN⟩、$[IN^{-1}]$、$\langle IN^{-1}\rangle$的逻辑 S4 以及条件(n1)对应的公理组成：

$$(\mathrm{N1})\,[\mathrm{SIM}]F \rightarrow [\mathrm{IN}^{-1}][\mathrm{SIM}][\mathrm{IN}]F$$

推理规则是该语言中三种模态算子的假言推理和必然规则。

Vakarelov[37] 证明了 NIL 模型可以充分代表不确定性信息系统，其命题如下。

命题 4.34 对于任何形式为(MN)的模型，都存在形式为（***S***）的不确定性信息系统，该系统具有相同的对象集合 OB，使得对于任何 $x, y \in \mathrm{OB}$，有：

$\forall a \in \mathrm{AT}$，当且仅当$f(x,a) \cap f(y,a) \neq \varnothing$时，$(x,y) \in \mathrm{sim}$。

$\forall a \in \mathrm{AT}$，当且仅当$f(x,a) \subseteq f(y,a)$时，$(x,y) \in \mathrm{sim}$。

Vakarelov[38] 引入了信息逻辑 IL 作为 NIL 的外延。IL 语言包含不可分辨关系算子 NIL、[IND]和 ⟨IND⟩。

在相应的 Kripke 模型中，假定不可分辨关系 ind 是等价关系，并且关系 sim、in、ind 满足条件(n1)和以下条件：

(n2) $\mathrm{ind} \subseteq \mathrm{in}$。

(n3) $\mathrm{in} \cap \mathrm{in}^{-1} \subseteq \mathrm{ind}$。

IL 的公理包含 NIL 公理、[IND]和⟨IND⟩的 S5 公理和对应(n2)的以下公理：

$$[\mathrm{IN}]\mathrm{F} \rightarrow [\mathrm{IND}]F$$

注意，条件(n3)不能用 IL 表示。

对于满足条件(n1)和(n2)的模型类别以及满足条件(n1)～(n3)的模型类别，Vakarelov 证明了给定公理集的完备性，并介绍了一些与确定性和不确定性信息系统相关的其他信息逻辑。

NIL 可以推断出未完全定义的对象。不完备表示缺少有关对象属性值的确定信息。通过模态算子，可以在信息包含和相似性方面与对象相比较。

IL 可以处理两种不完备信息：不可分辨对象及其不确定的属性。

Vakarelov[39] 还研究了 Pawlak 的知识表示系统和某些逻辑类型的信息系统（称为双结论系统）之间的对偶性，提出了基于信息关系的完备模态逻辑(INF)。

Konikowska[40] 基于粗糙集理论的思想，提出了一种用于相对相似性推理的模态逻辑。还提出了 Kripke 语义和 Gentzen 系统，并证明了一个完备性结果。

数据分析和知识表示逻辑也是基于“不可分辨”概念来描述知识的不完备性的，而且比目前人工智能中使用的知识表示语言更强大。然而，在理论上，许多这样的逻辑仍然存在公理化问题，缺乏切实可行的证明方法需要进行详细的研究。

参考文献

1. Iwinski, T.: Algebraic approach to rough sets. Bull. Pol. Acad. Math. **37**, 673–683 (1987)
2. Pomykala, J., Pomykala, J.A.: The stone algebra of rough sets. Bull. Pol. Acad. Sci., Math. **36**, 495–508 (1988)
3. Yao, Y., Lin, T.: Generalization of rough sets using modal logics. Intell. Autom. Soft Comput. **2**, 103–120 (1996)
4. Liau, C.-J.: An overview of rough set semantics for modal and quantifier logics. Int. J. Uncertain. Fuzziness Knowl. -Based Syst. **8**, 93–118 (2000)
5. de Caro, F.: Graded modalities II. Stud. Logica **47**, 1–10 (1988)
6. Fattorosi-Barnaba, M., de Caro, F.: Graded modalities I. Stud. Logica **44**, 197–221 (1985)
7. Fattorosi-Barnaba, M., de Caro, F.: Graded modalities III. Stud. Logica **47**, 99–110 (1988)
8. Murai, T., Miyakoshi, M., Shinmbo, M.: Measure-based semantics for modal logic. In: Lowen, R., Roubens, M. (eds.) Fuzzy Logic: State of the Arts, pp. 395–405. Kluwer, Dordrecht (1993)
9. Murai,T., Miyakoshi, M., Shimbo, M.: Soundness and completeness theorems between the Dempster-Shafer theory and logic of belief. In: Proceedings of 3rd FUZZ-IEEE (WCCI), pp. 855–858 (1994)
10. Fattorosi-Barnaba, M., Amati, G.: Modal operators with probabilistic interpretations I. Stud. Logica **46**, 383–393 (1987)
11. Wong, S., Ziarko, W.: Comparison of the probabilistic approximate classification and the fuzzy set model. Fuzzy Sets Syst. **21**, 357–362 (1987)
12. Pagliani, P.: Rough sets and Nelson algebras. Fundam. Math. **27**, 205–219 (1996)
13. Järvinen, J., Pagliani, P., Radeleczki, S.: Information completeness in Nelson algebras of rough sets induced by quasiorders. Stud. Logica **101**, 1073–1092 (2013)
14. Rasiowa, H.: An Algebraic Approach to Non-Classical Logics. North-Holland, Amsterdam (1974)
15. Vakarelov, D.: Notes on constructive logic with strong negation. Stud. Logica **36**, 110–125 (1977)
16. Iturrioz, L.: Rough sets and three-valued structures. In: Orlowska, E. (ed.) Logic at Work: essays Dedicated to the Memory of Helena Rasiowa, pp. 596–603. Physica-Verlag, Heidelberg (1999)
17. Sendlewski, A.: Nelson algebras through Heyting ones I. Stud. Logica **49**, 105–126 (1990)
18. Akama, S., Murai, T.: Rough set semantics for three-valued logics. In: Nakamatsu, K., Abe, J.M. (eds.) Advances in Logic Based Intelligent Systems, pp. 242–247. IOS Press, Amsterdam (2005)
19. Avron, A., Konikowska, B.: Rough sets and 3-valued logics. Stud. Logica **90**, 69–92 (2008)
20. Avron, A., Lev, I.: Non-deterministic multiple-valued structures. J. Logic Comput. **15**, 241–261 (2005)

21. Gentzen, G.: Collected papers of Gerhard Gentzen. In: Szabo, M.E. (ed.) North-Holland, Amsterdam (1969)
22. Düntsch, I.: A logic for rough sets. Theoret. Comput. Sci. **179**, 427–436 (1997)
23. Akama, S., Murai, T., Kudo, Y.: Heyting-Brouwer rough set logic. In: Proceedings of KSE2013, pp. 135–145. Hanoi, Springer, Heidelberg (2013)
24. Akama, S., Murai, T., Kudo, Y.: Da Costa logics and vagueness. In: Proceedings of GrC2014, Noboribetsu, Japan (2014)
25. Orlowska, E.: Kripke models with relative accessibility relations and their applications to inferences from incomplete information. In: Mirkowska, G., Rasiowa, H. (eds.) Mathematical Problems in Computation Theory, pp. 327–337. Polish Scientific Publishers, Warsaw (1987)
26. Orlowska, E.: Logical aspects of learning concepts. Int. J. Approximate Reasoning **2**, 349–364 (1988)
27. Orlowska, E.: Logic for reasoning about knowledge. Zeitschrift für mathematische Logik und Grundlagen der Mathematik **35**, 559–572 (1989)
28. Hintikka, S.: Knowledge and Belief. Cornell University Press, Ithaca (1962)
29. Fagin, R., Halpern, J., Moses, Y., Vardi, M.: Reasoning about Knowledge. MIT Press, Cambridge. Mass (1995)
30. Halpern, J., Moses, Y.: Towards a theory of knowledge and ignorance: preliminary report. In: Apt, K. (ed.) Logics and Models of Concurrent Systems, pp. 459–476. Springer, Berlin (1985)
31. Halpern, J., Moses, Y.: A theory of knowledge and ignorance for many agents. J. Logic Comput. **7**, 79–108 (1997)
32. Pawlak, P.: Information systems: theoretical foundations. Inf. Syst. **6**, 205–218 (1981)
33. Orlowska, E., Pawlak, Z.: Representation of nondeterministic information. Theoret. Comput. Sci. **29**, 27–39 (1984)
34. Orlowska, E.: Kripke semantics for knowledge representation logics. Stud. Logica **49**, 255–272 (1990)
35. Fariñas del Cerro, L., Orlowska, E.: DAL-a logic for data analysis. Theoret. Comput. Sci. **36**, 251–264 (1985)
36. Balbiani, P.: A modal logic for data analysis. In: Proceedings of MFCS'96, pp. 167–179. LNCS 1113, Springer, Berlin
37. Vakarelov, D.: Abstract characterization of some knowledge representation systems and the logic NIL of nondeterministic information. In: Skordev, D. (ed.) Mathematical Logic and Applications. Plenum Press, New York (1987)
38. Vakarelov, D.: Modal logics for knowledge representation systems. Theoret. Comput. Sci. **90**, 433–456 (1991)
39. Vakarelov, D.: A modal logic for similarity relations in Pawlak knowledge representation systems. Stud. Logica **55**, 205–228 (1995)
40. Konikowska, B.: A logic for reasoning about relative similarity. Stud. Logica **58**, 185–228 (1997)

第 5 章　基于粒度的推理框架

摘要：本章采用 Ziarko 提出的可变精度粗糙集模型和 Murai 等人提出的基于测度的模态逻辑语义进行推理，提出了一个基于粒度的演绎、归纳、溯因框架，这是一种非常重要的粗糙集理论一般推理方法，此外，还讨论了非单调推理、条件逻辑关联规则以及背景知识。

5.1　演绎、归纳和溯因

我们日常生活中的推理，往往包含对各种不确定性的推理，例如，具有一定非单调性的逻辑推理、概率推理，具有模棱两可和模糊性的推理。又如，从目前信息中逻辑暗示推理出结论，从观察中发现规则，并通过观察（或研究）的事实推测其背后原因。一般地，这些类型的推理过程的逻辑方面分为以下三类：

- 演绎：从一般规则中得出具体事实的推理过程。
- 归纳：从具体事实中提出一般规则的推理过程。
- 溯因：提供假设来解释给定事实的推理过程。

此外，当我们研究这类推理过程时，并没有考虑所有与命题可能匹配的场景或情况，而仅仅是一些典型的场景或情况。

例如，假设考虑以下演绎：从“太阳从东方升起”和“如果太阳从东方升起，那么太阳从西方落下”的命题，得出“太阳从西方落下”的结论。

在这个推理过程中，没有考虑太阳从东方升起的所有日子，只需考虑太阳从东方升起的少数几天作为典型情况即可。此外，任何太阳从东方升起的日子里，太阳都从西方落下，因此得出结论，太阳从西方落下。

换句话说，太阳从东方升起的典型情况也是太阳从西方落下的典型情况。这个例子表明，考虑典型情景之间的关系，日常生活中演绎、归纳和溯因的各个方面都可以进行研究。

本章通过模态逻辑的可能域语义来表征演绎、归纳和溯因的语义。在可能域语义中，每一事实非模态句子都有其“真值集”特征，即给定模型中，非模态句子为真的所有可能域的集合。

我们认为，非模态真值集是给定事实的正确表示。但是，正如我们所讨论过的，需要处理与事实相关的典型情况，并且只处理代表事实的非模态真值集是不合适的，因为这些真值集对应所有与事实相匹配的情况。因此，必须基于某种理论来表示典型情况。为了表示关于事实的典型情况，这里考虑将粗糙集理论引入模态逻辑的可能域语义中，如第 4 章所述。

结合上述讨论，采用基于 VPRS 模型的粒度和基于测度的模态逻辑语义，提出了一个统一的演绎、归纳和溯因框架，如第 2 章所述，其中，VPRS 基于多数关系。

把 U 作为全集，X、Y 是 U 的子集。多数包含关系由 $c(X,Y)$ 定义，$c(X,Y)$ 是指 X 相对于 Y 的误分类相对程度的度量。

形式上，多数包含关系 $\overset{\beta}{\subseteq}$ 精度固定为 $\beta \in [0,0.5)$，采用相对误分类程度定义如下：

$$X \overset{\beta}{\subseteq} Y, \quad c(X,Y) \leqslant \beta$$

其中，精度 β 给出了误分类所允许的上限。

设 $X \subseteq U$ 是任意一组对象，R 是 U 上的不可分辨关系，精度范围 $\beta \in [0,0.5)$，X 的 β-下近似值 $\underline{R}_\beta(X)$ 和 β-上近似值 $\overline{R}_\beta(X)$ 定义如下：

$$\underline{R}_\beta(x) = \{x \in U \mid [x]_R \overset{\beta}{\subseteq} X\} = \{x \in U : c([x]_R, X) \leqslant \beta\}$$

$$\overline{R}_\beta(x) = \{x \in U \mid c([x]_R, X) < 1 - \beta\}$$

如第 2 章所述，精度 β 表示集合 X 的等价类 $[x]_R$ 中误分类阈值程度。因此，在 VPRS 中，当误分类比小于 β 时，允许元素误分类。注意，$\beta=0$ 时的 β-下近似和 β-上近似对应于 Pawlak 的下近似和上近似。

表 5-1 给出 β-下近似和 β-上近似的属性，其中符号“○”和“×”分别表示在 $\beta=0$ 和 $0<\beta<0.5$ 的情况下，满足（○）和不满足（×）属性。

表 5-1　β-下近似和 β-上近似的一些性质

属性	条件	$\beta=0$	$0<\beta<0.5$
Df◇	$\overline{R}_\beta(X) = \underline{R}_\beta(X^c)^c$	○	○
M	$\underline{R}_\beta(X \cap Y) \subseteq \underline{R}_\beta(X) \cap \underline{R}_\beta(Y)$	○	○
C	$\underline{R}_\beta(X) \cap \underline{R}_\beta(Y) \subseteq \underline{R}_\beta(X \cap Y)$	○	×
N	$\underline{R}_\beta(U) = U$	○	○
K	$\underline{R}_\beta(X^c \cup Y) \subseteq (\underline{R}_\beta(X)^c \cup \underline{R}_\beta(Y))$	○	×
D	$\underline{R}_\beta(X) \subseteq \overline{R}_\beta(X)$	○	○
P	$\underline{R}_\beta(\varnothing) = \varnothing$	○	○
T	$\underline{R}_\beta(X) \subseteq X$	○	×
B	$X \subseteq \underline{R}_\beta(\overline{R}_\beta(X))$	○	○
4	$\underline{R}_\beta(X) \subseteq \underline{R}_\beta(\underline{R}_\beta(X))$	○	○
5	$\overline{R}_\beta(X) \subseteq \underline{R}_\beta(\overline{R}_\beta(X))$	○	○

例如，通过 β-下近似的定义，很容易证明在 $0<\beta<0.5$ 的情况下，属性 T 不满足 $\underline{R}_\beta(X) \subseteq X$。注意，属性分配与模态逻辑公理模式相对应，例如属性 T，这将在后面进行讲解。

5.2 度量语义

Murai 等人提出的粗糙集扩展之一的模态逻辑方法，称为“度量语义[1,2]”，采用模糊测度模态逻辑度量语义，而不是可达性关系解释模态语句。

令 $L_{ML}(\mathscr{P})$ 是由无限集合 $\mathscr{P}=\{p_1, p_2, \cdots\}$ 构成的模态逻辑语言 ML。若每句至少包含一个模态算子，则它是模态的；否则是非模态的。

如果函数 μ 满足以下三个条件，则函数 $\mu: 2^U \to [0,1]$ 称为 U 上的“模糊测度”：

（1）$\mu(U)=1$。

（2）$\mu(\varnothing)=0$。

（3）$\forall XY \subseteq U(X \subseteq Y \Rightarrow \mu(X) \leqslant \mu(Y))$。

其中，2^U 代表 U 的幂集。

形式上，模糊测度模型 M_μ 是以下三元组：

$$M_\mu = \langle U, \{\mu_x\}_{x\in U}, v\rangle$$

式中：U 是一组可能域；v 是一个估值。$\{\mu_x\}_{x\in U}$ 是赋给所有可能域 $x\in U$ 的模糊测度 μ_x。

在模态逻辑度量语义中，模糊测度每个 $\alpha\in[0,1]$ 对应一个模态算子$\Box_\alpha$。因此，模糊测度模型可以提供具有模态算子$\Box_\alpha(\alpha\in[0,1])$ 的多模态逻辑语义。但是，当 α 不变时，考虑 α-模糊测度模型的两个模态算子$\Box$和$\Diamond$。

与 Kripke 模型的情况类似，M_μ，$x\models p$ 表明通过 α 级模糊测度模型 M_μ，在可能域 $x\in U$，句子 p 为真。非模态句子的解释与 Kripke 模型中的解释相同。另一方面，在 α 级模糊测度模型 M_μ 中，定义每个域 $x\in U$ 的模态句的真值，我们使用分配给域 x 的模糊测度 μ_x 代替可达性关系。

对域 x 上模态句$\Box p$ 的解释定义如下：

$$M_\mu, x\models \Box p \Leftrightarrow \mu_x(\| P \|^{M_\mu}) \geqslant \alpha$$

式中：μ_x 为分配给 x 的模糊测度。

根据这个定义，模态句$\Diamond p$ 的解释通过如下对偶模糊测度获得：

$$M_\mu, x\models \Diamond p \Leftrightarrow \mu_x^*(\| P \|^{M_\mu}) > 1-\alpha$$

其中，分配给模糊测度 μ_x 的对偶模糊测度 μ_x^* 定义为

$$\mu_x^* = 1-\mu_x(X^C),\ \forall X \subseteq U$$

注意，模态系统 EMNP 对于所有 α 级模糊测度模型的类都是合理的、完备的[1,2]。EMNP 由命题逻辑的所有推理规则和公理模式，以及以下推理规则和公理模式共同组成：

(Df$\Diamond$)$\Diamond p \leftrightarrow \neg\Box\neg p$

(RE)$p\leftrightarrow q / \Box p \leftrightarrow \Box q$

(M)$\Box(p \wedge q) \to (\Box p \wedge \Box q)$

(N)$\Box \bot$

(P)$\neg \Box \bot$

接下来引入基于背景知识的 α 级模糊测度模型，利用基于 VPRS 的粒度和基于度量的模态逻辑语义，将典型情况描述为模态逻辑的一种模态。

采用基于 VPRS 和基于度量的语义作为推理基础，假设 Kripke 模型 $M=(U, R, v)$，它由给定的近似空间(U, R)和估值 v 组成。在 Kripke 模型 M 中，任何代表事实的非模态语句 p 都由其真值集 $\| p \|^M$ 来表征。

当我们考虑非模态语句 p 所表示的事实时，可能不会考虑真理集 $\| p \|^M$ 中的所有可能域。在这种情况下，通常只考虑关于事实 p 的典型情况。

为了确定这种典型情况，通过不可分辨关系 R 对真值集的 $\| p \|$ 下近似值进行计算，并将真值集 $\| p \|$ 下近似值中的每个可能域当作基于背景知识 U 的典型情况 p。

此外，开展非典型情况相对典型情况的差异性研究也很重要。这里用事实语句真值集的 β 下近似值来表示这一特征。

因此，使用来自 Kripke 模型 M 的背景知识，可以对以下两组关于事实 p 的可能域进行研究：

- $\| p \|^M$：事实 p 的正确表示。
- $\underline{R}_\beta(\| p \|^M)$：关于 p 的典型情况的集合（不典型情况可能也包括在内）。

采用给定的 Kripke 模型作为背景知识，定义了一个 α 级模糊测度模型，在模态逻辑框架下，将事实的典型情况 β-下近似。

定义 5.1　令 $M=(U, R, v)$是一个 Kripke 模型，它由一个近似空间(U, R)和一个估值函数 v 组成：$P \times U \to \{0, 1\}$ 和 $\alpha \in (0.5, 1]$ 是固定值。基于背景知识的 α 级模糊测度模型 M_α^R 可以表示为以下三元组：

$$M_\alpha^R=(U, \{\mu_x^R\}_{x \in U}, v)$$

式中：U 和 v 与 M 中的相同。每个 $x \in U$ 的模糊测度$\mu_x^R: 2^U \to [0, 1]$ 是一个基于等价类 $[x]_R$ 的概率度量，定义为

$$\mu_x^R(X)=\frac{|[x]_R \cap X|}{|[x]_R|}, \ \forall X \subseteq U$$

与 Kripke 模型类似，通过 α 级模糊测度模型 M_α^R 表示语句 p 在域 $x \in U$ 上是真的，即 $M_\alpha^R, x \models p$。模态语句的真值定义为

$$M_\alpha^R, \ x \models \Box p \Leftrightarrow \mu_x^R(\| p \|^{M_\alpha^R}) \geqslant \alpha$$

$$M_\alpha^R, \ x \models \Diamond p \Leftrightarrow \mu_x^R(\| p \|^{M_\alpha^R}) > 1 - \alpha$$

α 级模糊测度模型 M_α^R 中的语句真值集用 $\| p \|$ 表示，定义为

$$\| p \| = \{x \in U: M_\alpha^R, \ x \models p\}$$

由给定的 Kripke 模型 M_α^R 构建的 α 级模糊测度模型具有以下优良性质。

定理 5.1 令 M 是一个有限 Kripke 模型，使得它的可达性关系 R 是一个等价关系，M_α^R 是基于背景知识 M 的 α 级模糊测度模型。对于任何非模态语句 $p \in L_{\mathrm{ML}}(\mathscr{P})$ 和任何语句 $q \in L_{\mathrm{ML}}(\mathscr{P})$，均满足以下等式：

(1) $\| p \|^{M_\alpha^R} = \| p \|^M$。

(2) $\| \Box q \|^{M_\alpha^R} = \underline{R}_{1-\alpha}(\| q \|^{M_\alpha^R})$。

(3) $\| \Diamond q \|^{M_\alpha^R} = \overline{R}_{1-\alpha}(\| q \|^{M_\alpha^R})$。

其中，$\models$的定义可证明公式（1）。

对于公式（2），表明当且仅当 $x \in \underline{R}_{1-\alpha}(\| q \|^M)$ 时，任何语句 $q \in L_{\mathrm{ML}}(\mathscr{P})$ $M_\alpha^R x \models \Box q$ 成立。假设 M_α^R，$x \models \Box q$ 成立。根据定义 5.1，得到 $\mu_x^R(\| r \|^{M_\alpha^R}) \geqslant \alpha$。根据 VPRS 中误分类的相对程度 $c(X, Y)$ 的定义和模糊测度 μ_α^R 的定义，当且仅当 $c([x]_R, \| q \|^M) \leqslant 1-\alpha$ 时，$\mu_x^R(\| q \|^M) \geqslant \alpha$ 成立。因此，得到 $x \in \underline{R}_{1-\alpha}(\| q \|)$。公式（3）也同样可以证明。

采用 α 级模糊测度模型 M_α^R 作为推理事实和规则典型情况的演绎、归纳和溯因的统一框架基础。

因此，正如 5.1 节中讨论的，将推理事实和规则表示为非模态语句，将事实和规则的典型情况表示为非模态语句的真值集的下近似。

从定理 5.1 中的公式（1）和（2）中，基于背景知识 M 的 α 级测度模型 M_α^R，通过非模态语句的真值集表示真实事实，通过非模态语句真值集的$(1-\alpha)$下近似表示典型事实。

因此，把情态句$\Box p$ 解读为“典型的 p”，用情态句来表示典型情境之间的关系。表明模型 M_α^R 是演绎、归纳和溯因统一框架的充分基础。

此外，对于基于背景知识的所有 α 级模糊测度模型，模态逻辑系统具有以下性质。

定理 5.2 对于基于任意有限 Kripke 模型 M 的任何 α 级模糊测度模型 M_α^R，使得其可达性关系 R，分别在 $\alpha=1$ 和 $\alpha \in (0.5, 1)$ 的情况下满足以下性质：

如果 $\alpha=1$，则系统 $S5$ 的所有定理在 M_α^R 中都为真。

如果 $\alpha \in (0.5, 1)$，则 EMND45 的所有定理在 M_α^R 中都为真。

其中，系统 EMND5 由系统 EMNP 的推理规则和公理以及以下公理模式组成：

$$D: \Box p \to \Diamond p,\ 4: \Box p \to \Box\Box p,\ 5: \Diamond p \to \Box\Diamond p$$

证明：从表 5-1 所示的公理模式与 β-下近似的性质之间的对应关系可知。

定理 5.2 表明，基于背景知识的 α 级模糊测度模型的性质取决于 α 的程度。如果 $\alpha=1$，则不允许在典型情况下出现任何异常；否则，允许例外。

这是因为，如果 $\alpha=1$，则基于背景知识的任何 α 级模糊测度模型 M_α^R 满足公理模式 T，$\Box p \to p$；否则，M_α^R 不满足 T。因此，如果 $\alpha \in (0.5, 1)$，一个非模态

命题 p 和一个可能域 $x \in U$ 能使 $x \in \| \Box p \|^{M_\alpha^R}$，否则 $x \notin \| p \|^{M_\alpha^R}$；即使 p 在 M_α^R 中的 x 处不为真，x 也被认为是 p 的典型情况。

5.3 推理的统一表述

本节考虑典型情况的基于背景知识的 α 级模糊测度模型中演绎、归纳和溯因的推理过程。

现在，基于典型情况的演绎具有以下 q 推理过程：

$$\begin{array}{r|l} p \to q & \text{若 } P\text{，则 } Q \\ p & \text{若 } P \\ \hline q & \text{因此 } Q \end{array}$$

其中，左侧为演绎公式，右侧为演绎每步语句的含义。众所周知，演绎与几乎所有二值逻辑推理规则的假言推理相同。

注意，演绎是一个有效逻辑推理，其中“逻辑上有效”是指，如果前提 p 和规则 $p \to q$ 都为真，则结论 q 为真。假设所有表示事实 p 和规则 q 的语句 $p \to q$ 都是非模态语句。

令 $M=(U, R, v)$ 由一个近似空间 Kripke 模型 (U,R) 和背景知识估值函数 v 组成。在可能域语义框架下，演绎说明如下：

$$\begin{array}{r|l} M \models p \to q & \text{（任何情况下）若 } P\text{，则 } Q \\ M, x \models p & \text{当且仅当 } P \text{ 时} \\ \hline M, x \models q & \text{（这种情况下）当 } Q \text{ 时} \end{array}$$

这里，我们考虑基于典型情况的溯因。M_α^R 是一个基于背景知识的 α 级模糊测度模型，具有固定度 $\alpha \in (0.5, 1]$。真规则由真值集包含关系表示如下：

$$M_\alpha^R \models p \to q \Leftrightarrow \| p \|^{M_\alpha^R} \subseteq \| q \|^{M_\alpha^R} \tag{5-1}$$

由于对所有的 $\beta \in [0, 0.5)$ 都满足 β-下近似的单调性，因此有这样的关系：

$$M_\alpha^R \models \Box p \to \Box q \Leftrightarrow \| \Box p \|^{M_\alpha^R} \subseteq \| \Box q \|^{M_\alpha^R} \tag{5-2}$$

如果将真值集 $\Box p$ 视为 p 的典型情况，通过式（5-2），每个元素 $x \in \| \Box p \|^{M_\alpha^R}$ 也是真值集 $\Box q$ 的元素。可得，p 的所有典型情况也是 q 的典型情况。

因此，采用 α 级模糊测度模型 M_α^R，可以按以下有效推理描述典型情况的演绎：

$$\begin{array}{r|l} M_\alpha^R \models \Box p \to \Box q & \text{（典型情况下）若 } P\text{，则 } Q \\ M_\alpha^R, x \models \Box p & \text{（典型情况下）当 } P \text{ 时} \\ \hline M_\alpha^R, x \models \Box q & \text{（典型情况下）当 } Q \text{ 时} \end{array}$$

注意，基于典型情况的推理过程不受程度 α 影响。这是因为，对任何固定

度 $\alpha \in (0.5, 1]$，式（5-2）都成立，因此，如果可能域 x 是事实 p 的典型情况，模态语句 $\Box p \rightarrow \Box q$ 在 α 级模糊测度模型 M_α^R 是合理的，那么 x 也是事实 q 的典型情况。

演绎举例，假设句子 p 和 q 具有以下含义：

- p：太阳从东方升起。
- q：太阳从西方落下。

因此，演绎如下：

$M_\alpha^R \models \Box p \rightarrow \Box q$	若太阳从东方升起，则太阳从西方落下
$M_\alpha^R,\ x \models \Box p$	今天，太阳从东方升起
$M_\alpha^R,\ x \models \Box q$	太阳将从西方落下

现在转向基于典型情况的归纳。归纳是具有以下形式的推理过程：

p	当 P 时
q	当 Q 时
$p \rightarrow q$	因此，若 P，则 Q

众所周知，归纳法在逻辑上是无效的。但是经常使用归纳法，可从特定事实中得出一般规则。

归纳有以下特点：由所有满足 p 的观察对象也满足 q 得出，如果一个对象满足 p，那么它也满足 q。假设语句 p 的真值集 $\| p \|^{M_\alpha^R}$ 的（$1-\alpha$）下近似，表示了满足 p 的观察对象的集合。从归纳特点来看，基于典型情况的归纳具有形式：

$M_\alpha^R \models \Box p \rightarrow \Box q$	若观测对象满足 P，则满足 Q
$M_\alpha^R, x \models p \rightarrow q$	若 P，则 Q

这种形式的推理是无效的，但是可以通过假设以下属性来认为这个推理是有效的：

$$M_\alpha^R \models \Box p \rightarrow p \tag{5-3}$$

这个假设意味着满足 p 的观测对象的集合 $\| \Box p \|^{M_\alpha^R}$ 与满足 p 的所有观测对象的集合 $\| p \|^{M_\alpha^R}$ 相同；我们从 p 的典型情况推广到 p 的所有情况。这个假设对于基于典型情况的归纳法是必不可少的。结合这些推理过程，可得描述典型情况的归纳如下：

$M_\alpha^R \models \Box p \rightarrow \Box q$	若观测对象满足 P，则满足 Q
$M_\alpha^R \models \Box \leftrightarrow p$	观测泛化
$M_\alpha^R \models p \rightarrow q$	若 P，则 Q

通过重复观察，我们获得了更详细的背景知识，式（5-3）的假设变得更有可能。如表 5-1 所列，在 VPRS 模型中，即使划分得更细（即当前等价关系 R 属

于另一个等价关系 R'使得 $R'\subseteq R$)，β-下近似也可能不变大。但是，进一步等价关系 R'可能导致以下情况：

$$\forall q,\ M_{\alpha}^{R}\models\Box p\rightarrow q，否则M_{\alpha}^{R'}\not\models\Box p\rightarrow q$$

这说明，背景知识越丰富，更容易在观测对象中发现异常，找到满足 p 不满足 q 的情况。因此，在基于背景知识的 α 级模糊测度模型框架内，归纳具有非单调性。

这表明，与典型情况的推导不同，$\alpha\in(0.5,1]$时，可能影响典型情况的归纳结果；在式（5-3）中，$\alpha=1$ 时比 $\alpha\in(0.5,1)$时更可靠。这是因为，如果 $\alpha=1$，模态语句$\Box p\rightarrow p$ 在任何背景知识的 α 级模糊测度模型 M_{α}^{R} 中都是有效的。

另一方面，如果 $\alpha\in(0.5,1)$，则该模态语句在某些观测对象 $x\in\|p\|^{M_{\alpha}^{R}}$ 中可能不成立，此时 x 称为假设的反例。

归纳和非单调推理举例，设语句 p 和 q 具有以下含义：

- p：它是鸟。
- q：它会飞。

因此，归纳和非单调推理说明如下：

$M_{\alpha}^{R}\models\Box p\rightarrow\Box q$	所有观测到的鸟都会飞
$M_{\alpha}^{R}\models\Box p\rightarrow\Box q$	观测泛化
$M_{\alpha}^{R}\models p\rightarrow q$	因此，所有鸟都会飞

通过重复观测，等价关系 R 演变为更详细的等价关系 R'。

$$M_{\alpha}^{R}\ |\neq\Box p\rightarrow q\ |\ 不是所有的鸟都会飞$$

溯因法是一个具有以下形式的推理过程：

q	当 Q 时
$p\rightarrow q$	若 P，则 Q
p	因此，当 P 时

从事实 q 和规则 $p\rightarrow q$，推导出事实 q 的假设 p。因此，溯因也称为"假设推理"。注意，溯因法是对结果的肯定，因此，如果假设 p 为假而事实 q 为真，则溯因法在逻辑上是无效的。但是，我们经常使用这种形式的溯因产生新想法。

一般地，事实 q 的规则很多，需要从 $p_i\rightarrow q(p_i\in\{p_1,p_2,\cdots,p_n\})$中选取一个规则，即 q。因此，采用分配给事实 q 的典型情况的模糊测度，来决定采用哪个规则。

与演绎的情况类似，将$\Box q$ 真值集 $\|\Box q\|^{M_{\alpha}^{R}}$当作典型情况的集合。对于每个事实 q 的规则 $p_i\rightarrow q$，遵循 q 的典型情况最小程度的前提 p_i。

定义 5.2 令 $p\rightarrow q$，$q\in L_{\mathrm{ML}}(\mathscr{P})$ 为非模态语句，则典型情况 q 下 p 的度 $\alpha(p\mid q)$ 定义如下：

$$\alpha(p\mid q)=\begin{cases}\min\{\mu_{x}^{R}(\|p\|^{M_{\alpha}^{R}})\mid x\in\|\Box q\|^{M_{\alpha}^{R}}\}，当\ \|q\|^{M_{\alpha}^{R}}\neq\phi\\0，其他\end{cases}$$

举例说明度 $\alpha(p|q)$ 的计算。令 $M=(U,R,v)$ 是一个 Kripke 模型，它由一组可能域 $U=\{w_1,w_2,\cdots,w_{10}\}$、等价关系 R 和估值函数 v 组成。等价关系 R 给出以下三个等价类：

$$[w_1]_R=\{w_1,w_2,w_3\}$$

$$[w_4]_R=\{w_4,w_5,w_6,w_7\}$$

$$[w_8]_R=\{w_8,w_9,w_{10}\}$$

此外，M 中三个非模态语句 p_1、p_2 和 q 的真值集是：

$$\|p_1\|^M=\{w_1,w_2,w_3,w_4,w_5,w_6\}$$

$$\|p_2\|^M=\{w_1,w_2,w_3,w_4,w_5,w_6\}$$

$$\|q\|^M=\{w_1,w_2,w_3,w_4,w_5,w_6,w_7,w_8\}$$

注意，p_1 和 p_2 都得出 q。

假设固定 $\alpha=0.7$，计算基于背景知识 M 的 α 级模糊测度模型 $M_\alpha^R a$。这里，对于两个规则 $p_1\to q$ 和 $p_2\to q$，计算 $\alpha(p_1|q)$ 和 $\alpha(p_2|q)$。M_α^R 中典型情况 q 的集合是：

$$\|\Box q\|=[w_1]_R\cup[w_4]_R=\{w_1,w_2,w_3,w_4,w_5,w_6,w_7\}$$

对于 $\alpha(p_1|q)$，需要通过以下模糊测度 μ_x^R 来计算真值集 $\|p\|^M$ 的度数：

$$\mu_{w_i}^R(\|p_1\|^M)=\frac{|[w_1]_R\cap\|p_1\|^M|}{|[w_1]_R|}=\frac{|\{w_1,w_2,w_3\}|}{|\{w_1,w_2,w_3\}|}=1,w_i\in[w_1]_R$$

$$\mu_{w_j}^R(\|p_1\|^M)=\frac{|[w_4]_R\cap\|p_1\|^M|}{|[w_1]_R|}=\frac{|\{w_4,w_5,w_6\}|}{|\{w_4,w_5,w_6,w_7\}|}=\frac{3}{4},w_j\in[w_4]_R$$

因此，可得 $\alpha(p_1|q)=\min\left\{1,\frac{3}{4}\right\}=\frac{3}{4}$。

同理，计算出 $\alpha(p_2|q)=\frac{2}{3}$。对于任何非模态语句 $p\to q$，程度 $\alpha(p|q)$ 满足以下性质。

命题 5.1 令 p，$q\in L_{\mathrm{ML}}(\mathscr{P})$ 是一个非模态语句。对于任何 α 级背景知识模糊测度模型 M_α^R，固定 $\alpha\in(0.5,1)$，如果条件 $\|\Box q\|^{M_\alpha^R}\neq\phi$ 成立，则满足以下性质：

$$M_\alpha^R\models\Box q\to\Box p\Leftrightarrow\alpha(p|q)\geqslant\alpha$$

证明：($\Leftarrow$)设 $\alpha(p|q)\geqslant\alpha$ 成立，由于 $\|\Box q\|^{M_\alpha^R}\neq\phi$，可能域 $y\in\|\Box q\|^{M_\alpha^R}$ 使得所有典型情况下，$\alpha(p|q)=\mu_y^R(\|p\|^{M_\alpha^R})$ 和 $\mu_y^R(\|p\|^{M_\alpha^R})\leqslant\mu_x^R(\|p\|^{M_\alpha^R})$。由 $\alpha(p|q)\geqslant\alpha$ 得到，对于所有 $x\in\|\Box q\|^{M_\alpha^R}$，$\mu_x^R(\|p\|^{M_\alpha^R})\geqslant\alpha$。因此，得到 $\|\Box q\|^{M_\alpha^R}\subseteq\|\Box p\|^{M_\alpha^R}$，从而 $M_\alpha^R\models\Box q\to\Box p$。

($\Rightarrow$) 设 $M_\alpha^R\models q\to\Box p$ 成立，意味着 $\|\Box q\|^{M_\alpha^R}\subseteq\|\Box p\|^{M_\alpha^R}$，从而由于 $\|\Box q\|^{M_\alpha^R}\neq\phi$，

至少存在一个典型情况 q，因此，对于 q 的所有典型情况 $x \in \| \Box q \|^{M_\alpha^R}$，都有 $\mu_x^R(\| p \|^{M_\alpha^R}) \geqslant \alpha$ 成立。因此，通过定义 $\alpha(p \mid q)$，能得到 $\alpha(p \mid q) \geqslant \alpha$ 成立。

命题 5.1 表明，可以用 $\alpha(p \mid q)$ 作为选取 q 的规则 $p \to q$ 的标准。例如，从 q 的规则 $p_i \to q(p_i \in p_1, p_2, \cdots, p_n)$ 中，选取一个 $\alpha(p_j \mid q)$ 最大值的规则 $p_j \to q$，使得 $\alpha(p_j \mid q) \geqslant \alpha$。

在这种情况下，选取的规则 $p_j \to q$ 是最普遍的规则，可从一定意义上解释所有符合 p_j 的典型情况 q。因此，以上例子中，由于 $\alpha(p_1 \mid q) \geqslant \alpha = 0.7$，故选择规则 $p_1 \to q$，否则 $\alpha(p_2 \mid q) < \alpha$。

另一方面，5.2 中不满足规则的情况，视为无法用当前背景知识解释的事实 q。

因此，为从事实 q 中推导出 p 的归纳法可以描述为，选择 $\alpha(p \mid q)$ 最大值的规则 $p \to q$，使得 $\alpha(p \mid q) \geqslant \alpha$，可以通过以下有效推理的形式来描述：

$M_\alpha^R, x \models \Box q$	（实际上）Q
$M_\alpha^R \models \Box q \to \Box p$	选取规则“若 P，则 Q”
$M_\alpha^R, x \models \Box p$	（可能）P

通过这种基于典型情况的归纳法描述，可以看出，$\alpha \in (0.5, 1)$ 的差异会影响归纳结果。

举个归纳（或假设推理）例子，即一种占卜推理。假设上述例子中，使用的语句 p_1、p_2 和 q 具有以下含义：

p_1：我穿着红衣服。

p_2：我的血型是 AB。

q：我很幸运。

接着，采用以上例子中 α 级背景知识 M 的模糊测度模型 M_α^R，占卜推理特点如下：

$M_\alpha^R, x \models \Box q$	我今天很幸运
$M_\alpha^R \models \Box q \to \Box p$	杂志上说，穿红衣服会带来好运
$M_\alpha^R \models \Box p$	实际上我穿的红袜子

本节介绍了一个基于背景知识的 α 级模糊测度模型，并提出了一个统一的演绎、归纳和溯因的表述公式。

利用所提出的模型，给定事实和规则的典型情况，可用给定事实和规则的非模态语句真值集 $(1-\alpha)$-下近似来表征。

已经证明了 EMND45 系统对于所有背景知识 α 级模糊测度模型都是合理的。同时，给出典型情况下演绎、归纳和溯因的推理过程的特征。

在拟议的框架中，演绎和归纳被说明为基于事实的典型情况的有效推理过程。另一方面，归纳被说明为基于观察的概括推理过程。

此外，在基于背景知识的 α 级模糊测度模型中，我们已经指出，归纳法具有非单调性，其依据是修改了在给定的 Kripke 模型中，作为背景知识的不可辨关系，我们指出归纳法具有非单调性。并举了一个例子，在这个例子中，基于典型情况的归纳推断的规则被举例说明，根据典型情况归纳出的规则被细化的不可辨别性关系所拒绝。

在所提出的框架中，演绎和溯因法是基于典型事实的有效推理过程。另一方面，归纳法是一种基于观测的泛化推理过程。

此外，在基于背景知识的 α 级模糊测度模型中，基于对给定 Kripke 模型中不可分辨关系的修正和举例，得出归纳具有非单调性。其中基于典型情况的归纳法规则通过优化不可分辨关系被拒绝 。

5.4 非单调推理

常识推理通常不是单调的。这意味着，新信息不能否定旧结论，经典逻辑不足以形式化常识推理。Minsky 批评经典逻辑是一种知识表达语言[3]。在这里，一些词可能是合适的。

设 Γ、Γ' 为一组公式，A、B 为公式。在经典逻辑 CL 中，如果可以由 Γ 证明 A，那么 A 被视为一个定理。CL 是单调的，即如果 $\Gamma \subseteq \Gamma'$，那么 $\mathrm{Th}(\Gamma) \subseteq \mathrm{Th}(\Gamma')$，其中 $\mathrm{Th}(\Gamma)=\{B \mid \Gamma \vdash_{CL} B\}$。但是，常识推理是非单调的，正如 Minsky 观测到的。新信息可能修改旧结论。但是，由于经典逻辑是单调的，所以在这种情况下，会出现不一致性。

现在，来看看著名的企鹅例子：

（1）所有的鸟飞。

（2）Tweety 是一只鸟。

（1）和（2）表示为 CL 中的公式，如下所示：

（3）$\forall x(\mathrm{bird}(x))\rightarrow \mathrm{fly}(x))$。

（4）bird(Tweety)。

从（3）和（4）中，得到：

（5）fly(Tweety)。

也就是说，可以得出：Tweety 会飞。但是，假设新信息“Tweety 是一只企鹅”。因此，将以下两个公式添加到数据库中：

（6）penguin(Tweety)。

（7）$\forall x(\mathrm{penguin}(x)\rightarrow \neg\ \mathrm{fly}(x))$。

根据（6）~（8）可以得出：

（8）$\neg$ fly(Tweety)。

这是一个新结论。如果基本逻辑是经典逻辑，那么（5）和（8）是矛盾的。在经典逻辑中，一切都可以推导出来，我们无法获得关于企鹅的正确信息。另一方面，在非单调逻辑中，我们认为发生了非单调推理，即从（5）得到了（8）。

自 20 世纪 80 年代以来，人工智能研究人员提出了所谓的非单调逻辑，这是一种可以形式化非单调推理的逻辑系统。有几种非单调逻辑，包括 McDermott 和 Doyle 的非单调逻辑、Moore 的自认知逻辑、Reiter 的缺省逻辑和 McCarthy 的约束逻辑。下面简要介绍非单调逻辑。

首先，回顾 McDermott 和 Doyle 的非单调逻辑 NML1（NML 是 Netomate Markup Language 的缩写，网络标记语言），参见文献 McDermott 和 Doyle[4]。NML1 语言使用一致性运算符 M 扩展了一阶经典逻辑语言。公式 MA 表示“A 是一致的”。NML1 的基本思想是，将非单调逻辑形式化为模态逻辑。从这个意义上讲，非单调性可以在对象级表达。

在 NML1 中，（1）表示如下：

（9） $\forall x(\mathrm{bird}(x)\&M(\mathrm{fly}(x))\rightarrow\mathrm{fly}(x))$。

(9)的解释是 x 是一只鸟，没有鸟不会飞行，x 是飞行。这里，$\mathrm{fly}(x)$的一致性意味着$\neg\,\mathrm{fly}(x)$的不可否认性。因此，如果已知“Tweety 是企鹅”的信息，那么就有了$\neg\,\mathrm{fly}(\mathrm{Tweety})$。因此，(1)不能应用。结论就是，新的信息，使得 Tweety flies 撤回。

在 NML1 中，定义了非单调推理关系$\mid\!\sim$。$T\mid\!\sim A$ 表明，公式 A 是由理论 T 非单调证明的。但是，定义是循环的，McDermott 和 Doyle 通过以下定点定义了$\mid\!\sim$：

$$T\mid\!\sim A\Leftrightarrow A\in \mathrm{Th}(T)=n\{S\ \mid S=\mathrm{NM}_T(S)\}$$

这里，设存在定点 NM_T，当没有 NM_T 定点时，$\mathrm{Th}(T)=T$。NM_T 定义如下：

$$\mathrm{NM}_T(S)=\mathrm{Th}(T\cup \mathrm{AS}_T(S))$$

$$\mathrm{AS}_T(S)=\{\mathrm{MA}\ \mid\ A\in L\text{ 且 }\neg\,A\notin S\}-\mathrm{Th}(T)$$

尽管 McDermott 和 Doyle 这样定义了定点，但仍存在一些问题。事实上，这个定义在数学上是严格的，但与我们的直觉不相容。此外，存在多个定点的情况。因此，NML1 中非单调推理的形式化是不恰当的。

为了克服 NML1 中的此类问题，McDermott 在参考文献［5］中提出了 NML2。NML1 和 NML2 的本质区别在于，后者基于模态逻辑，前者基于经典逻辑。因此，NML2 根据模态逻辑的 Kripke 语义描述非单调推理。因此，NML2 使用 $\mathrm{Th}_X(T)$ 代替 $\mathrm{Th}(T)$：

$$\mathrm{Th}_X(T)=\cap\{S\mid S=X-\mathrm{NM}_T(S)\}$$

McDermott 引入了一个不确定模型，证明了当且仅当每一个 T 为真的 X-中立模型 A 也为真时，$T\mid\!\sim_X A$，其中 $X=\{T, S4, S5\}$。不幸的是，这种关系没有抓住非单调推理的直观意义。此外，正如 McDermott 证明的，单调和非单调 $S5$ 是一致的。

因此有人认为，非单调模态逻辑对非单调推理建模有一些约束。后来，Moore 的自认知逻辑克服了这些不足，使得非单调模态逻辑理论得到发展，见参考文献［6］。

Reiter 在参考文献［7］中提出了缺省逻辑。其目的是，描述缺省推理，即在缺乏反例的情况下进行缺省推理。缺省推理是通过默认的推理规则来表示的。缺省逻辑是经典一阶逻辑的扩展，缺省是一个元级概念。这意味着与 NML1 和 NML2 不同，非单调推理不能在对象级形式化。

缺省理论表示为一对(D, W)，其中 W 是一阶逻辑（理论）的一组公式，D 是以下形式的默认值：

（1）$\dfrac{A:B_1,B_2,\cdots,B_n}{C}$。

其中，A 是前提条件，$B_1,B_2,\cdots,B_n$ 分别是理由，C 是结果。将包含自由变量的默认理论称为“开放默认值”，不包含自由变量称为“封闭默认值”。

形式（2）和（3）的默认值分别称为正常缺省值和半正规缺省值。

（2）$\dfrac{A:B}{B}$。

（3）$\dfrac{A:B\&C}{B}$。

缺省值（1）为“如果 A 是可证明的，且 $B_1,B_2,\cdots,B_n$ 都是一致的，那么可得结论 C”。因此，上述企鹅例子可描述如下：

$$\frac{\mathrm{bird}(x):\mathrm{fly}(x)}{\mathrm{fly}(x)}$$

Reiter 引入了“扩展”的概念来描述缺省推理。缺省理论 $\delta=\langle D,W\rangle$ 的扩展和一阶逻辑公式集 E 被定义为满足以下条件的最小集：

（1）$W\subseteq\Gamma(E)$。

（2）$\mathrm{Th}(\Gamma(E)=\Gamma(E))$。

（3）$(A:B_1,B_2,\cdots,B_n/C)\in D$，$A\in\Gamma(E)$，$\neg B_1,B_2,\cdots,\neg B_n\notin E\Rightarrow C\in\Gamma(E)$。

δ 的扩展定义为 Γ 的定点 E，即 $\Gamma(E)=E$。因此，缺省推理通过扩展的概念来表示。缺省理论不总是存在，但 Reiter 证明了正常缺省理论至少存在一个扩展，参见文献［7］。

缺省逻辑的证明理论是由缺省证明给出的，它不同于标准逻辑系统中的缺省证明。换句话说，它提供了一个程序来证明某个公式是否包含在扩展中。

设 $\delta=\langle D,W\rangle$ 为正常缺省值，A 为公式。δ 的缺省证明是有限序列 $D_0,D_1,\cdots,D_n$，每个序列都是 D 的有限子集，满足以下属性：

（1）$W\cup\mathrm{CONS}(D_0)\vdash A$。

（2）对 $\forall F\in\mathrm{PRE}(D_{i-1})$，$W\cup\mathrm{CONS}(D_i)\vdash F(1\leqslant i\leqslant n)$。

（3）$D_n=\varnothing$。

（4）$\bigcup\limits_{i=0}^{n}\mathrm{CONS}(D_i)$ 与 W 是一致的。

Etherington 在参考文献［8］中提出了缺省逻辑的模型理论。但是，缺省推理的直观含义过于复杂。Lukasiewicz 提出了一个缺省逻辑版本，对 Lukasiewicz 中 Reiter 缺省逻辑的改进，从而保证了存在扩展[9,10]。有关缺省逻辑的详细信息，请参见 Etherington[8] 和 Besnar[11]。

Moore 提出了自认知逻辑[12,13]，作为 McDermott 和 Doyle 的非单调逻辑 NML1 的替代方案，它用非单调逻辑模拟理性主体的信念，理性主体可以自我反省。代理人的信念总是随着他能获得的信息的增加而改变的，因此，自认知逻辑是一种非单调逻辑。但是，自认知推理与缺乏信息道德缺省推理不同。

自认知逻辑是经典命题逻辑的扩展，带有模态算子 L。公式 LA 表明“A 被代理相信”。因此，L 对应于信念逻辑中的信念算子 Bel（信念）（参见 Hintikka[14]）。现在，讨论理性代理的信念如何形式化，关键需要推断相信什么和不相信什么。

1980 年，Stalnaker 在《Stalnaker》中提出了理性主体的信念所满足的条件[15]。

（1）$P_1, P_2, \cdots, P_n \in T, P_1, P_2, \cdots, P_n \vdash Q \Rightarrow Q \in T$。

（2）$P \in T \Rightarrow \mathrm{LP} \in T$。

（3）$P \notin T \Rightarrow \neg\ \mathrm{LP} \in T$。

自认知理论是一组公式，如果它满足上述三个条件，则称为稳定的。

为了给出自认知逻辑的语义，Morre 后来在文献［12］中引入了自认知解释和自认知模型。自认知理论 T 的自认知解释 I 对满足以下条件的公式的真值赋值：

- I 满足命题逻辑 PL 的真值条件。
- LA 在 I 中是真实的$\Leftrightarrow A \in T$。

自认知理论 T 的自认知模型是满足 T 中所有公式为真的自认知解释。当且仅当 T 包含所有公式为真时，T 在语义上是完备的。

Morre 证明了语义完备的自认知理论是稳定的，还引入了有根性，对应自认知逻辑的稳健性。

当且仅当（4）的逻辑结论包含 S 所有公式时，自认知理论对于代理假设 S 是有根的：

（4）$S \cup \{\mathrm{LA} \mid A \in T\} \cup \{\neg \mathrm{LA} \mid A \notin T\}$。

如果一个自认知理论在 S 中有根，那么它是可靠的。理性主体的信念在语义上是完备的，并且以信念为根。当且仅当 T 是（5）的逻辑结果时，自认知理论 T 是假设 P 的稳定扩展：

（5）$P \cup \{\mathrm{LA} \mid A \in T\} \cup \{\neg \mathrm{LA} \mid A \notin T\}$。

其中，P 是一组不包含 L 的公式集合，A 是一组不包含 L 的公式。

自认知逻辑和缺省逻辑本质上是不同的，但 Konolige[16] 翻译中存在联系。

自认知模型被认为是一种自参考模型，Moore[12] 提出了 Kripke 型可能域模型。自认知逻辑存在可能域语义，Kripke 模型中的可能域是代理认为与真实世界相同的域。也就是说，当 A 在真实域中为真时，代理信任 A。

众所周知，模态逻辑 $S5$ 的 Kripke 模型的可达性关系是一种等价关系，称为"$S5$ 模型"，其中所有域都可以访问 $S5$ 完备模型。Moore 证明了在每个完备的 $S5$ 模型中都成立的一组公式，符合稳定自认知理论。

设 K 为完备 $S5$ 模型，V 为真值赋值，当且仅当 T 公式集合在每个 K 域都为真时，(K, V) 是 T 的可能域解释。当每个 (K, V) 中 T 都为真时，定义 (K, V) 是 T 的可能域模型。Moore 证明了稳定理论的自认知模型（及其相反）存在一个可能域模型。

Moore 的可能域模型是自认知模型的一种替代形式，但在信念逻辑 Kripke 模型中，信念算子被认为是必然性算子。从这个意义上说，Moore 的可能域模型不同于标准 Kripke 模型。因此，有必要研究算子 L 是否可以直接应用于 Kripke 模型。这是为了确定自认知逻辑模式系统。正如 Stalnaker 所说，自认知逻辑对应于弱 $S5$，即模态系统 KD45。如果允许代理的信念不一致，那么相应的模态系统是 $K45$。

由于 L 是非单调的，所以很难用自认知形式化 L。采用单调模态逻辑来对自认知推理进行解释，即可避免 Moore 模型问题。Levesque 引入这些逻辑，来表示为 OL[17]。OL 用三个模态运算符 L、N 和 O 扩展了一阶逻辑。OA 表示"我只知道 A"，NA 表示"我至少知道 A"，L 分别是 Moore 自认知逻辑中的一个。OA 定义为 $LA\&N\neg A$。

Levesque 将 O 公理化，而不是用 L 形式化自认知推理。原因是 O 可以用单调模态逻辑形式化。OL 的 Hilbert 系统使用以下公理扩展了一阶逻辑：

(OL1) $*A$（A 不包含模态运算符的公式）

(OL2) $*(A\to B)\to(*A\to *B)$

(OL3) $\forall x *A(x)\to *\forall xA(x)$

(OL4) $A\to *A$（在 A 中的所有谓词都在模态算子范围内）

(OL5) $NA\to\neg LA$（$\neg A$ 是不包含模态运算符的可满足式）

这里，推理规则与一阶逻辑中的推理规则相同。符号 $*$ 表示模态运算符 L 或 N。

OL 的语义由 KD45 的 Kripke 模型 (W, R, V) 给出。对于所有原子公式 A 和真值关系 W，"$w\models A$" 被定义为 $w(A)=1$。可能域集合 A 假设是一组真值赋值 W，则公式 LA 和 NA 的解释如下：

（1）$W, w\models LA\Leftrightarrow\forall w'\in W, W, w'\models A$。

（2）$W, w\models NA\Leftrightarrow\forall w'\notin W, W, w'\models A$。

从（1）和（2）中，我们对 OA 进行了解释：

（3）$W, w\models OA\Leftrightarrow W, w\models LA,\ \forall w'\in W(W, w'\models A\Rightarrow w'\in W)$。

Levesque 证明了 OL 的命题分片对于 Kripke 语义是完备的。

在 OL 中，非单调推理关系$\mid\!\sim$在对象级上的定义如下：

（4）$P \mid\!\sim A \Leftrightarrow \mathrm{OP} \rightarrow \mathrm{LA}$。

OL 的主要优点是，可以用目标语言描述非单调推理。例如，缺少扩展被写为$\neg O(\neg \mathrm{LA}) \rightarrow \neg A)$，这是 OL 的一个定理。

上述非单调逻辑将经典逻辑扩展为形式化非单调推理。但是，在经典逻辑的框架内存在非单调理论。这种非单调理论之一就是约束。约束由 McCarthy 引入，有两种约束，谓词约束（参见 McCarthy[18]）和公式约束（参见 McCarthy[19]）。

1980 年，McCarthy 提出了可以最小化某些谓词的“谓词约束”。设 A 是一个一阶公式，其中包含谓词 $P(x)$，$A(\Phi)$是用谓词表达式 Φ 替换 A 中的所有 P，从 A 获得的公式。这里，谓词 P 是 n 位谓词。

$A(P)$的谓词范围定义为以下二阶公式：

$$A(\Phi) \& \forall x(\Phi(x) \rightarrow P(x)) \rightarrow \forall x(P(x) \rightarrow \Phi(x))$$

这里，使用约束描述块域的一些推论。假设块域如下所示：

（1）$\mathrm{is\_block}(A) \& \mathrm{is\_block}(B) \& \mathrm{is\_block}(C)$。

其中（1）表示 A、B 和 C 是块。如果最小化（1）中的谓词 is_block，那么下面的表达式成立。

（2）$\Phi(A) \& \Phi(B) \& \Phi(C) \& \forall x(\Phi(x) \rightarrow \mathrm{is\_block}(x)) \rightarrow \forall x(\mathrm{is\_block}(x) \rightarrow \Phi(x))$。

这里，如果用（3）代替（2）并使用（1），得到（4）。

（3）$\Phi(x) \leftrightarrow (x=A \vee x=B \vee x=C)$。

（4）$\forall x(\mathrm{is\_block}(x) \rightarrow (x=A \vee x=B \vee x=C))$。

谓词约束的语义是基于最小模型的。利用极小模型定义了最小蕴涵。当且仅当 q 在 A 的所有最小模型中均为真，公式 q 由公式 A 最小蕴涵。因此，最小蕴涵被视为谓词约束模型的理论解释。

在这里，我们精确定义了“最小模型”的概念。设 M、N 是公式 A 的模型。如果 M 和 N 的域相等，并且除 P 之外的谓词的扩展（解释）相等，并且 P 在 M 中的扩展包含在 P 在 N 中的扩展中，那么 M 称为 N 的子模型，写为 $M \leqslant_P N$。

当且仅当 A 的每一个模型 M' 的 P-最小模型都等于 M 时，模型 M 是 A 的 P-最小模型，即

$$M' \leqslant_P M \Rightarrow M' = M$$

当且仅当 q 在 A 的每个 P 最小模型中为真时，A 对于 P 最小包含 q，表示为 $A \models_P q$。

McCarthy 证明了上述语义的谓词约束的合理性。即

$$A \vdash_{\mathrm{circ}} q \Rightarrow A \models_P q$$

其中 $\vdash_{\mathrm{circ}}$ 表示谓词约束的推理关系。但是，众所周知，它的逆命题即完备性在一般情况下并不成立。

谓词约束通过固定其他谓词来最小化某些谓词。因此，它通常不能处理非单调推理，因为各种谓词的扩展会随着信息的增加而变化。例如，即使我们尽量减少特殊鸟类（如企鹅），一组飞行物体也可能增加。因此，对于非单调推理，数据库中的整个公式应该最小化。

1986 年，McCarthy 提出了“公式约束”，以克服中谓词约束的缺陷[19]。它可以最小化整个公式，并使用一个特殊谓词 abnormal 来处理异常。公式约束定义为以下二阶公式：

$$\text{Circum}\ (A;P;Z)=A(P,Z)\ \&\neg\exists pz(A(p,z)\ \&p< P)\ ;$$

式中：P 表示谓词常量的元组；Z 表示不在 P 中出现的谓词常量的元组；$A(P,Z)$ 表示出现 P、Z 元素的公式。

谓词约束和公式约束有两种不同。首先，前者说的是一个特定的谓词，而后者说的是特定的公式。然而，公式约束可以简化为谓词约束，前提是我们允许最小化谓词变量。其次，公式约束中，谓词变量是一个显式量词，在谓词约束中，公式是一个模式。

根据这个定义，公式约束取代某些谓词的最小解释，而在解释中假的谓词意味着否定信息。在公式约束中，penguin 示例描述如下：

（1）$\forall x((\text{bird}\ (x)\&\neg\ ab_1(x))\rightarrow\text{fly}(x))$。

（2）bird（Tweety）。

这里，（1）表示“除了例外(ab_1)，鸟类飞行”。现在，我们写 A_1 表示（1）和（2）的联系。然后，公式约束可以给出关于飞行的最小化异常(ab_1)的解释。将公式约束应用于（1），我们得到（3）。

（3）$A_1(ab_1,\text{fly})\&\neg\exists p_1z(A_1(p_1,z)\&p_1< ab_1)$。

在（3）中，分别用 ab_1 和 fly 代替 p_1 和 z，得到（4）。

（4）$A_1(ab_1,\text{fly})\ \&\neg\exists p_1z(\ \forall x(\text{bird}\ (x)\ \&\neg\ p_1(x)\rightarrow z(x))\ \&\ \text{bird}(\text{Tweety})\ \&\ \forall x(p_1(x)\rightarrow ab_1(x))\ \&\neg\ \forall x(ab_1(x)\leftrightarrow p_1(x)))$。

接下来，分别用 false 代表 p_1，用 true 代表 z。那么得到（5）。

（5）$A_1(ab_1,\text{fly})\ \&\neg\ p_1z(\ \forall x(\text{bird}(x)\ \&\neg\ \text{false}\rightarrow\text{true})\ \&\text{bird}(\text{Tweety})\ \&\ \forall x(\text{false}\rightarrow ab_1(x))\&\neg\forall x(ab_1(x)\leftrightarrow\text{false}))$。

如果 $\neg\forall x(ab_1(x)\leftrightarrow\text{false})$ 为真，则存在谓词 p_1 和 z，使得（3）的第二个连词为 true。但是，（3）不存在这样的 p_1 和 z。因此得到（6）。

（6）$\forall x(ab_1(x)\leftrightarrow\text{false})$。

相当于（7）。

（7）$\forall x\neg ab_1(x)$。

（7）是一个可以从 Circum(A_1；ab_1；fly)得到的结论。也就是说，从（1）和（2）可以看出，不存在例外。显然这是因为没有异常的描述。接下来解释了非单调推理在公式约束中的表示。将新信息（8）添加到数据库 A_1 中。

(8) $\neg$ fly(Tweety)。

将新数据库 A_1 和（8）设为 A_2。然后，Circum(A_2；ab_1；fly)得到以下内容。

(9) $A_2(ab_1, \text{fly}) \& \neg \exists p_1 z(\forall \text{bird}(x) \& \neg p_1(x) \rightarrow z(x))) \& \text{bird}(\text{Tweety}) \& \neg z(\text{Tweety}) \& \forall x(p_1(x) \rightarrow ab_1(x) \& \neg \forall x(ab_1(x) \leftrightarrow p_1(x)))$。

从（8）中，Tweety 显然是飞行的例外，它满足 ab_1。这里，我们用 x = Tweety 代表对应于 ab_1 的 p_1。因此，从 Circum(A_2；ab_1；fly)推导出（10）。

(10) $\forall x ab_1(x) \leftrightarrow (x = \text{Tweety})$

因此，从（7）中得出的结论被撤回。并用（10）代替（1）可得（11）。

(11) $\forall x(\text{bird}(x) \& \neg (x = \text{Tweety}) \rightarrow \text{fly}(x))$

如果 x 是一只鸟，不是 Tweety，那么它就会飞。这是非单调推理的形式化，可以用经典逻辑来描述。

在 McCarthy 的公式约束之后，有几个改进版本。例如，Lifschitz 提出了“优先约束法”，能够赋予谓词优先级[20]。这种方法对于常识推理的形式化具有重要意义。

事实上，很多非单调逻辑已经从不同的角度改进，因此有必要寻求非单调推理的一般性质。这是非单调推理元理论。如果元理论建立起来，就可以理解不同非单调逻辑之间的关系，并可以应用了。

推理（或逻辑）的基本方法之一是研究结论的关系，可以被看成是结论关系的公理化。Gabbay 中首次提出了非单调推理的元理论[21]。非单调推理关系$\mid\!\sim$应满足的最小条件，满足以下三个性质：

(1) $A \in \Gamma \Rightarrow \Gamma \mid\!\sim A$。

(2) $\Gamma \mid\!\sim A$ 且 $\Gamma \mid\!\sim B \Rightarrow \Gamma \mid\!\sim A \& B$。

(3) $\Gamma \mid\!\sim A$ 且 $\Gamma, A \mid\!\sim B \Rightarrow \Gamma \mid\!\sim B$。

这里 Γ 是一组公式，A 和 B 是一个公式，(1) 被称为自反性，(2) 被称为有限单调性，(3) 被称为传递性。

非单调性推理$\mid\!\sim$与单调性推理$\vdash$关系为

(4) $\Gamma \vdash A \Rightarrow \Gamma \mid\!\sim A$。

但（4）的逆不成立。

Makinson 用模型理论研究了非单调推理关系的一般理论，并建立了一些完备性结果，见文献［22,23］。

非单调推理的元理论也可以从语义上改进。第一个改进方法是由 Shoham 完成的[24]，Shoham 根据结果偏好关系提出了偏好逻辑 P。

P 可以通过以下公式来形式化。

$\vdash A \leftrightarrow B$ 和 $A \mid\!\sim C \Rightarrow B \mid\!\sim C$（左逻辑等价：LLE）。

$\vdash A \rightarrow B$ 和（$C \mid\!\sim A \Rightarrow C \mid\!\sim B$ 右弱化：RW）。

$A \mid\!\sim A$（自反性）。

$A \mid\!\sim B$ 且 $A \mid\!\sim C \Rightarrow A \mid\!\sim B\&C$（与）。

$A \mid\!\sim C$ 且 $B \mid\!\sim C \Rightarrow A \vee B \mid\!\sim C$（或）。

$A \mid\!\sim B$ 和 $A \mid\!\sim C \Rightarrow A\&B \mid\!\sim C$（严格单调性：CM）。

其中，$\vdash$表示经典结论关系。

之后，Kraus、Lehmann 和 Magidor 证明偏好模型中 P 是完备的[25]。此外，他们研究了公理扩展 P 的系统 R（有理单调性；RM）。

$$A \mid\!\sim C \text{ 且 } A \not\mid\!\sim \neg B \Rightarrow A\&B \mid\!\sim C \text{（有理单调性：RM）}$$

满足 RM 的偏好结论关系被称为“有理推论关系”。Lehmann 和 Magidor 提出了知识库的非单调结论关系理论[26]。

知识库是知识推理集，是数据库的一种泛化。数据库的第一个形式化模型是由 Codd 提出的[27]，它是关系数据库的基础。然而，因为关系数据库没有人工智能系统所需的推理机制，所以关系数据库并不适合当作知识库。

因此，提出了一种知识库理论。基于逻辑的知识库称为“逻辑数据库”或“演绎数据库”。它可以用形式逻辑对知识库进行精确建模，并且可以使用 Prolog 等逻辑程序设计语言作为查询语言。

逻辑数据库被看成是关系数据库的扩展。关系数据库中的关系可以用“元组”来表示。例如，假设元组(0,1)在关系 R 中，且第一个元素小于第二个元素，则关系数据(0,1)对应于一阶谓词逻辑中的谓词 $R(0,1)$，可以将一组关系数据看作一组公式。这意味着，可以将数据库形式化为一阶逻辑中的理论，并使用“演绎”来标识查询。该特性的优点在于，数据模型和查询都可以用“一阶逻辑”描述。

但是，要使用逻辑数据库作为知识库，我们需要表示否定信息和非单调推理。逻辑数据库表示为一组公式，即我们需要的不仅仅是事实和规则。

接下来给出逻辑编程的基础知识，见参考文献［28，29］。1974 年，Kowalski 提出了利用 Robinson 的归结原理[30]，提出将谓词逻辑作为一种编程语言。这是逻辑编程的起点。1972 年，出现了第一种逻辑编程语言 Prolog[31]。

逻辑编程是基于一阶逻辑的子集，称“为 Horn 子句逻辑”。子句形式是：

（1）$A_1, A_2, \cdots, A_k \leftarrow B_1, B_2, \cdots, B_n$。

其中，$A_1, A_2, \cdots, A_k, B_1, B_2, \cdots, B_n$ 是一个原子式，$\leftarrow$表示蕴含，所有出现在其中的变量 $A_1, A_2, \cdots, A_k, B_1, B_2, \cdots, B_n$ 都是普遍量化的。因此，经典逻辑中的（1）与（2）等价。

（2）$\forall((B_1\&B_2\&\cdots\&B_n) \rightarrow (A_1 \vee A_2 \vee \cdots \vee A_k))$。

Horn 子句最多有一个肯定文字的子句，可分为以下三种形式：

一个程序子句的形式（3）。

（3）$A \leftarrow B_1, B_2, \cdots, B_n$。

其中，A 称为头，$B_1, B_2, \cdots, B_n$ 称为体。

单元子句的形式是（4）。

（4）$A \leftarrow$。

目标子句的形式是（5）。

（5）$\leftarrow B_1, B_2, \cdots, B_n$。

逻辑程序是一个有限的 Horn 子句集合。逻辑程序的计算是通过归结原理进行的，即“SLD 分辨率”。

逻辑程序有两类语义，即声明性语义和操作性语义。声明性语义从数学结构的角度声明性地解释了程序的含义，有模型理论语义和不动点语义。操作性语义描述了程序的输入输出关系，它对应于程序语言的解译器。

van Emden 和 Kowalskip 系统地研究了 Horn 子句逻辑程序的这些语义，并证明了它们的等价性[32]。设 S 为霍恩逻辑的一组封闭公式，因此，S 的 Herbrand 模型就是 S 的 Herbrand 解释。用最小 Herbrand 模型给出了逻辑程序的模型理论语义。

A 的所有 Herbrand 模型集记为 $M(A)$，则 A 的所有 Herbrand 模型的交集 $\cap M(A)$ 也为 Herbrand 模型，称为“模型相交性”。

程序 P 的所有 Herbrand 模型的交集称为最小 Herbrand 模型(M_P)。van Emden 和 Kowalski 证明了以下结论。

定理 5.3　假设 P 是一个逻辑程序，并且 B_P 是 P 的 Herbrand 基，则有

$$M_P = \{A \in B_P \mid A \text{ 是 } P \text{ 的逻辑结果}\}$$

从定理 5.3 可以看出，原子公式 B_P 是 P 的逻辑结果。注意，定理 5.3 不适用于非 Horn 子句。

定点语义通过“最小定点”来定义递归过程。由于逻辑编程的计算规则是递归地应用于目标子句，因此可以给出定点语义。注意，定点语义是程序设计语言指称语义的基础，见参考文献［33］。

在定点语义中，格的概念起着重要作用。假设 S 是一个集合，R 是 S 上的一个二元关系。(S, R) 是一个格，若对任意一个 $s, t \in S$，都有它们的最小上限 lub，记为 $s \vee t$，最大下限（glb）记为 $s \wedge t$。如果 S 是一个有序关系，并且对于每个子集 $X \subseteq S$ 都存在 lub 和 glb，那么 S 就是一个完备格。

定义一个映射 $T: S \to S$ 的完备格$(S, \leqslant)$。当 $T(s) \leqslant T(s')$ 时，如果 $s \leqslant s'$，则映射 T 是单调的。如果对于每个有向子集 $X \subseteq S$，都有 $T(\text{lub}(X)) = \text{lub}(T(X))$，则 T 是连续的。

如果 $T(s) = s$，则 $s \in S$ 是 T 的一个定点。对于每一个 $s' \in S$，如果 $T(s') = s'$，那么 $s \leqslant s'$，则 T 是 T 的最小定点 $\text{lfp}(T)$。如果 $s \in S$ 是 T 的一个定点，并且对于每一个 $s' \in S$，当 $T(s') = s'$时，有 $s \geqslant s'$，则 T 是 T 的最大定点 $\text{gfp}(T)$。

Knaster-Tarski 的定点定理指出，完备格存在一个单调映射的定点。针对格$(S, \leqslant)$定义超限序列 $T \uparrow \omega$ 和 $T \downarrow \omega$ 如下。

$T \uparrow 0 = T(\perp)$

$T\uparrow n+1=T(T\uparrow n)\,(0\leqslant n)$

$T\uparrow \omega=\mathrm{lub}(\{T\uparrow n|0\leqslant n\})$

$T\downarrow 0=T(\top)$

$T\downarrow n+1=T(T\downarrow n)\,(0\leqslant n)$

$T\downarrow \omega=\mathrm{glb}(\{T\downarrow n|0\leqslant n\})$

其中，⊥和⊤分别为 S 的最小元素和最大元素。

如果 T 是单调的和连续的，那么我们就有如下结果。

$\mathrm{lfp}(T)=T\uparrow\omega$

$\mathrm{gfp}(T)=T\downarrow\omega$

定点语义的一个基本思想是，用定点来解释递归程序的意义。设 P 是一个程序，2^{B_P} 是其所有 Herbrand 解释的集合，则该集合是包含⊆的完备格。

接下来，定义转换函数 $T_P:B_P\rightarrow B_P$ 的操作程序。设 I 是一个解释，P 是一个程序。那么，T_P定义如下：

$T_P(I)=\{A\in B_P|A\leftarrow A_1,A_2,\cdots,A_n\}$ 是 P 中的一个基例，并且 $A_1,A_2,\cdots,A_n\subseteq I$，$T_P$ 的直观含义是对应于决策规则的 Herbrand 基上的算子。

在实际应用中，逻辑程序设计语言的解释器通过在有限的时间内应用对应于 T_P规则来计算答案。

定理 5.4 $M_P=\mathrm{lfp}(T_P)=T_P\uparrow\omega$

由定理 5.3 和 5.4，建立了模型理论语义和定点语义的等价性。

定理 5.5 当且仅当 I 相对于 A 的转换 T 是封闭的，逻辑程序中的程序集 A 的 Herbrand 解释 I 是 A 的模型。

用归结原理描述逻辑编程的操作语义。操作语义和模型理论语义的等价性源于决策完备性。

逻辑编程的解析原则被称为“SLD 解析”。它使用 SL 解析来确定(Horn)子句。

Van Emden 和 Kowalski 证明了上述三种语义在 Horn 条款逻辑编程中的等价性[32]。后来，Apt 和 van Emden 经过改进，证明了 SLD 解析的可靠性和完备性[34]。

设 P 是一个程序，G 是一个目标，R 是一个计算规则，SLD 推导是一个有限(或无限）的目标序列 $G_1,G_2,\cdots$，目标变量序列 $C_1,C_2,\cdots$，大多数一般统一序列(mgu)$\theta_1,\theta_2,\cdots$。这里，变量 C_{i+1} 可使用 θ_i 和 R 从 G_i 和 C_i 推导出来，计算规则 R 规定了如何从目标中选择文字。

一个 SLD 反驳是关于 R 的 $P\cup\{G\}$ 的有限推导，其中最后一个目标是空子句。程序 P 的成功集是一个 $A\in B_P$ 的集合，其中存在一个 $P\cup\{\leftarrow A\}$ 的 SLD 反驳。

Clark 证明了 SLD 解析的可靠性[35]。

定理 5.6 如果用 R 对 $P\cup\{G\}$ 进行 SLD 推导，则不满足 $P\cup\{G\}$。

因此，程序的成功集包含在最小 Herbrand 模型中。定理 5.7 说明了 SLD 解析的可靠性。

定理 5.7 如果不满足 $P\cup\{G\}$，则存在一个关于 R 的 $P\cup\{G\}$ 的 SLD 推导。

在逻辑编程中，否定是由 Clark 提出的“否定即失败（NAF）”来实现的[35]。注意，NAF 不同于经典否定。在 Prolog 中，NAF 被定义如下：

not(P)<- P，!，fail

not(P)<-

这里，程序 fail 保证失败。在这个定义中，第一个子句 P 通过 fail 证明失败。如果第一个子句不成立，那么通过第二个子句，证明 not(P)。第二个子句正是 CWA 的定义。

Clark 提出经典逻辑中解释 NAF。因为在 NAF 中，当 A 有限失败时，证明 A 否定，则需要定义“有限失败”的概念。$P\cup\{G\}$ 的有限失败 SLD 树是一棵包含“成功叶子”的有限树。因此，SLD 有限失败集是一个 $A\in B_P$ 的集合，其中存在一个 $P\cup\{G\}$ 的有限失败集合。

一个 SLD 有限失败集 F_P 的定义如下：

$$F_P=B_P \setminus T_P\downarrow\omega$$

如果推导中每个文字都是在有限步中选择的，那么 SLD 推导就是公平的。

定理 5.8 设 P 是一个程序，$A\in B_P$，则以下情况是等价的：

（1）$A\in F_P$。

（2）$A\notin T_P\downarrow\omega$。

（3）对于 $P\cup\{\leftarrow A\}$ 的 SLD 树，每个公平计算规则 R 都是有限失败的。

Clark 引入了“补全”的概念来解释经典逻辑中的 NAF。补全提供了子句的 if-and-only-if 定义。因为子句使用 if 定义，所以它不能推导出否定信息。

为了处理完备数据库，Clark 将一个子句的形式扩展如下：

$$A(t_1,\cdots,t_n)\leftarrow L_1,\cdots,L_m$$

然后，可以将一个子句转化为以下的一般形式。

$$A(t_1,\cdots,t_n)\leftarrow \exists y_1\cdots\exists y_k(x_1=t_1\&x_1\&\cdots\&x_n=t_n\&L_1\&\cdots\&L_m)$$

其中，$x_1,\cdots,x_n$ 表示新变量，$y_1,\cdots,y_k$ 表示原始变量。

如果一个程序的原始形式是

$$A(x_1,\cdots,x_n)\leftarrow E_1$$
$$\cdots$$
$$A(x_1,\cdots,x_n)\leftarrow E_j$$

那么，一个谓词 A 的完整定义可以表示为

$$A(x_1,\cdots,x_n)\leftrightarrow E_1\vee\cdots\vee E_j$$

一个程序 P 的完备数据库 comp(P) 由一组所有谓词的完整定义组成，并假

定有以下公理。

（1）对于所有不同的常数 $c, d, c \neq d$。

（2）对于所有不同的函数符号 $f, g, f(x_1, \cdots, x_n) \neq g(x_1, \cdots, x_n)$。

（3）对于每个常数 c 和函数符号 $f, f(x_1, \cdots, x_n) \neq c$。

（4）对于每一个包含 $t(x)$ 的术语 $x, t(x) \neq x$。

（5）对于每个函数符号 $f, (x_1 \neq y_1 \vee \cdots \vee x_n \neq y_n) \rightarrow f(x_1, \cdots, x_n) \neq f(y_1, \cdots, y_n)$。

（6）$x = x$。

（7）对于每个函数符号 $f, (x_1 = t_1 \& \cdots \& x_n = t_n) \rightarrow f(x_1, \cdots, x_n) = f(t_1, \cdots, t_n)$。

（8）对于每个谓词符号 $A, (x_1 = t_1 \& \cdots \& x_n = t_n) \rightarrow A(x_1, \cdots, x_n) \rightarrow A(t_1, \cdots, t_n)$。

显然，P 是 comp（P）的一个逻辑结果。下面是一个补全的例子；设 P 是一个由以下内容给出的程序：

mortal(X) <- man(X)

man(socrates) <-

man(aristotle) <-

设 <- mortal(socrates) 是目标。结合第一个子句，有

<- man(socrates)

其中，mgu 是 X = socrates。接下来，新目标将第二个子句统一起来，派生出空子句：

<-

然后，达到最初目标，可以得出结论：Socrates 是 mortal。在这里，我们给出了一个 P 的补全。

$$\mathrm{man}(X) \leftrightarrow (X = \mathrm{socrates}) \vee (X = \mathrm{aristotle}))$$

从 comp(P)，可以同时证明 man(socrates) 和 man(aristotle)。如果考虑到 comp(P) 的对立，我们可以得到：

$$\neg\, \mathrm{man}(X) \leftrightarrow (X \neq \mathrm{socrates})) \& (X \neq \mathrm{aristotle}))$$

因此，经典方法证明 ¬man(mary)。如果 P 是 Horn 子句逻辑程序，则 comp(P) 是一致的，但对于非 Horn 子句逻辑程序，一般情况并非如此。

对于完备的逻辑程序，下面的定理成立。

定理 5.9 设 P 是一个程序，且 $A \in B_P$，当且仅当不存在 comp(P) $\cup \{A\}$ 的 Herbrand 模型时，$A \notin \mathrm{gfp}(T_P)$。

NAF 的操作语义被称为“SLDNF 解析”或“查询评估过程”，它用 NAF 扩展了 SLD 解析。在 SLDNF 决策中，当计算规则 R 选择一个负字面值时，它总是置为 0，以避免无限循环，即深陷困境。满足这个条件的计算规则被称为安全的。

一个包含 R 的 $P \cup \{G\}$ 的 SLDNF 推导是一个有限的目标序列 $G_1 = G, G_2, \cdots$，一个程序子句的有限变量序列 $C_1, C_2 \cdots$，一个有限的 mgu 序列 $\theta_1, \theta_2 \cdots$。

其中，G_{i+1} 可以从 G_i 推导出来，有两种可能性：

（1）G_1是$\leftarrow L_1,\cdots,L_m$，$R$ 选择一个正数 L_k。设 $A\leftarrow B_1,\cdots,B_n$是由 L_k 和 A 的 mguθ 组成的一致的输入子句。那么 G_{i+1} 是$\leftarrow(L_1,\cdots,L_{k-1},B_1,\cdots,B_n,L_{k+1},\cdots,L_m)\theta$。

（2）G_i是$\leftarrow L_1,\cdots,L_m$，$R$ 选择负数 $L_k=\neg A$。如果$\leftarrow A$ 成立，则$\neg A$ 错误，目标 G_i 也错误。如果$\leftarrow\neg A$ 成立（即$\leftarrow A$ 有限失败），那么 G_{i+1} 从 G_i 中删除 L_k 获得的。即：$\leftarrow L_1,\cdots,L_{k+1},L_{k+1},L_m$。

SLDNF 反驳 $P\cup\{G\}$ 是 SLDNF 有限推导 $P\cup\{G\}$，其最后目标是空子句。Clark 证明了 SLDNF 解析的可靠性。

定理 5.10 设 P 是一个一般程序，G 是一个一般目标，R 是安全计算规则。如果 $P\cup\{G\}$ 错误，那么 G 就是 comp(P)的逻辑结果。

Jaffar、Lassez 和 Lloyd 证明了定理 5.10 的逆，即完备性[36]，前提是计算规则限于公平规则。

定理 5.11 如果 $A\in F_p$，则$\neg A$ 是 comp(P)的逻辑结果。

在逻辑程序设计中，有三种方法来派生负信息，即 NAF、CWA 和 Herbrand 规则[37, 38]。我们已经讨论了 NAF 和 CWA。Herbrand 规则是由 Lloyd 提出的，如果 comp$(P)\cup\{A\}$ 不存在 Herbrand 模型，那么$\neg A$。Lloyd 总结了这三条规则的关系。

定理 5.12 $\{A\in B_P\mid\neg A$ 由 NAF 推导出$\}=B_P\setminus T_P\downarrow\omega$。

$\{A\in B_P\mid\neg A$ 由 Herbrand 规则推导出$\}=B_P\setminus$ gfp(T_P)。

$\{A\in B_P\mid\neg A$ 由 CWA 推导出$\}=B_P\setminus T_P\uparrow\omega$。

从定理 5.12 可知，CWA 是最强的规则，其次是 CWA，最弱的是 NAF。逻辑编程可以处理负信息。最近，已完成逻辑编程的进一步改进，此处省略。

逻辑数据库（DB）是基于一阶逻辑的，它可以作为数据模型和查询语言使用，用逻辑编程语言实现。但是，如果把逻辑数据库作为知识库，那么它就必须表示负信息和非单调推理。

与关系型数据库一样，逻辑数据库需要完备性约束（IC），由目标子句描述。IC 描述了一个数据库应该满足的属性，当 IC 是 comp(DB)的一个逻辑结果时，DB 就满足了 IC。因此，我们可以看到，DB 必须包含 NAF 。Reiter 提出了一个逻辑数据库模型[39]。

逻辑数据库有两种方法，即证明理论方法和模型理论方法。其中，证明理论方法对应于逻辑编程的操作语义，我们需要以下三个“元规则”来提高表达能力：

- 封闭域假设（CWA）。
- 唯一名称公理。
- 域闭包公理（DCA）。

如上所述，CWA 是一个推导负面信息的默认规则。

(CWA)$\nvdash A\Rightarrow\neg\vdash A$

其中，A 是一个基本字。这意味着，数据库中的信息是理想表示的，不在数据库中的信息被认定是错误的。

UNA 假设不同字符有不同的名字。

$$(\text{UNA})\, a_1 \neq a_2 \& a_1 \neq a_3 \& a_1 \neq a_4 \& \cdots$$

DCA 假设字符属于该域。

$(\text{DCA})\ \forall x(x=a_1 \vee x=a_2 \vee \cdots)$

除了这些元规则之外，我们还假设了完备性的公理。

逻辑数据库的模型理论方法是基于逻辑编程的模型理论语义的。因此，我们采用最小 Herbrand 模型将其形式化。在最小 Herbrand 模型中为假的正面字被 CWA 当作否定。UNA 假设在 Herbrand 解释中，语言中的常数与域中的常数一致。通过 DCA，在 Herbrand 解释中，语言中不存在的常数不存在于域中。同样明显的是，DB 的最小 Herbrand 模型也是 IC 的模型。

用 M 表示 DB 的最小 Herbrand 模型。那么，查询 $A(x)$ 代表一组常数 c，使得 $A(c)$ 在 M 中为真。设 $\| A(x) \|$ 是 $A(x)$ 的真值，则有

$$\| A(x) \|; =\{c \models_M A(C)\}$$

因此，CWA 的真值是

$$\| A(x) \|; =\{c \not\models_M A(C)\}$$

这意味着，正面基本文字 $A(c)$ 在 M 中是假的。

本章讨论逻辑数据库中的非单调推理。CWA 不是经典否定，实际上它是一个非单调规则。

考虑 $DB=\{A \rightarrow B\}$。

A 和 B 都不能从 DB 得出，即

（1）DB $\nvdash A$。

（2）DB $\nvdash B$。

然后，通过 CWA 得出（3）和（4）：

（3）DB+CWA $\vdash \neg A$。

（4）DB+CWA $\vdash \neg B$。

接下来，加入新信息 A：

（5）$\text{DB}' = \text{DB} \cup \{A\} = \{A, A \rightarrow B\}$。

从（5）可得，（6）成立。

（6）DB′+CWA $\vdash B$。

因此，撤销（4）得出的 $\neg B$。CWA 是一个简单的非单调规则。这意味着，逻辑数据库可以作为知识库。

不过，CWA 不适用于非 Horn 数据库。通过 CWA 考虑 $DB=\{A \vee B\}$，以下情况成立。

（1）DB+CWA $\vdash \neg A$。

（2）DB+CWA $\vdash \neg B$。

由 CWA，从（1）和（2）中得到：

（3）DB+CWA $\vdash\neg A\&\neg B$。

（3）等同于（4）。

（4）DB+CWA $\vdash\neg(A\vee B)$。

但是，（4）与 DB 不一致。如本例，CWA 不能充分地处理分离信息。这意味着，需要对逻辑数据库改进以克服这个缺陷。

Minker 提出不定演绎数据库[40]，改进了演绎数据库。允许非 Horn 子句形式的数据，用广义闭合域假设（GCWA）取代 CWA。GCWA 的形式是

$$(\mathrm{GCWA})\nvdash A\vee C\Rightarrow\vdash\neg A$$

其中，C 包含在不可证明的肯定子句集合中，$\nvdash C$。

考虑以下 IDDB：

IDDB $=\{A\vee B\vee\neg C\}$

通过 GCWA，可得（1）：

（1）IDDB+GWCA $\vdash\neg C$。

假设添加信息 C，则（2）成立：

（2）IDDB $\cup\{C\}\nvdash\neg C$。

这意味着，GCWA 和 CWA 一样，是非单调规则。

GWCA 可以解决空值的问题。在不完备数据库中，它的形式化非常重要，考虑数据库

$$\mathrm{DB}=\{A(\omega),B(a),B(b)\}$$

其中，ω 表示一个空值（或 skolem 常数）。现在，设域 $D=\{a,b\}$，那么，存在命题 $\exists xA(x)$ 表示为（1）：

（1）$\exists xA(x)\leftrightarrow A(a)\vee A(b)$。

这里，可以认为 $A(\omega)$ 是 $A(a)\vee A(b)$ 的简写。因此，如果我们给出一个空值 $A(a)\vee A(b)$，那么从（1）中可以采用 GCWA 来推出否定。也就是说，无法从（1）中推导出 $\neg A(a)$，这也符合我们的认知。

另一种析取信息的方法是，由 Apt、Blair 和 Walker 提出的分级数据库[41]。基于这样的思想，当 NAF 否定和经典否定一致时，就可以在演绎数据库中对否定法进行逻辑解释了。

在分级数据库中，析取信息的表示导致了不同的否定推导。考虑 IDDB：

$$\mathrm{IDDB}=\{A\vee B\}$$

在经典逻辑中，可以被写成两种形式：

（1）$\mathrm{IDDB}_1=\{A\leftarrow\neg B\}$。

（2）$\mathrm{IDDB}_2=\{B\leftarrow\neg A\}$。

在（1）中，分级是（$\{B\},\{A\}$），用 DB_1 表示分级的数据库，则有（3）：

（3）$\mathrm{DB}_1\vdash A\&\neg B$。

在（2）中，分级是（$\{A\},\{B\}$），用 DB_2 表示分级的数据库，则有（4）：

（4）$DB_2 \vdash B\&\neg A$。

分级数据库和非单调推理之间有密切的联系，此处略。

与非单调推理相关的逻辑程序语义是研究热点。Gelfond 和 Lifschitz 提出了 NAF 稳定模型语义学[42]。Van Gelder 等[43] 提出了“NAF 良序模型语义”。

Gelfond 和 Lifschitz 提出了逻辑编程的改进[44]，有两种否定，即 NAF 和经典（显式）否定，其语义称为“答案集语义”。类似的逻辑编程改进不包括 Kowalski 和 Sadri[45]。不过，从逻辑上讲，这两个改进的显式否定都不是经典否定。

虽然对已有的非单调逻辑作了阐述。但是，它们都不是标准逻辑意义上的逻辑系统。我们更愿意用形式逻辑作为常识推理的基础。

如上一节所示，基于粗糙集理论的粒度框架非单调性可以很好地表示非单调性。因此，我们无需非单调性逻辑。

5.5 准一致性、Chellas 条件逻辑和关联规则

准一致性及其对偶、不完备性是智能决策系统的关键概念，这是因为，我们身边存在很多不一致和不完备信息。本节介绍条件逻辑的条件模型框架及其基于度量的改进，以便以逻辑的方式表示关联规则。然后，在该框架中研究了条件的弗完全性和准一致性。最后，将条件应用于置信度数据挖掘中的关联规则定义，并将其扩展到双指数置信度的 Dempster-Shafer 证据理论。

在经典逻辑中，“不一致性”意味着所有句子都是定理中无关紧要的。“准一致性”意味着不一致但非平凡。因此，我们需要新的逻辑类型，如准一致性和注释逻辑[46]。“弗完全性”是准一致性的对偶概念，其中排除部分不是真的。

现在，把关联规则放在条件模型[47] 及其基于度量改进框架中[1,2]，并在该框架中检查其弗完全性和准一致性。然后，我们注意到，标准置信度只不过是一个条件概率，以均匀权重事先同时分配给每个事件[48]。

然而，所有这些事件不一定都能提供证据，因为一些共同事件可能是偶然的。为了描述这种情况，进一步引入了基于 Dempster-Shafer 理论的双指数置信度[49, 50]。本节给出了标准和最小条件模型。

给定一个有限项集 $\mathscr{P}$ 作为原子句，条件逻辑的语言 $\ell_{CL}(\mathscr{P})$ 由 P 作为命题运算符，如 $\top$、$\bot$、$\neg$、$\wedge$、$\vee$、$\rightarrow$、$\leftrightarrow$ 以及 $\Box\!\!\rightarrow$、$\Diamond\!\!\rightarrow$（两个条件）情况下，闭合的句子集，用下列方式表示：

（1）如果 $x \in \mathscr{P}$，则 $x \in \ell_{CL}(\mathscr{P})$。

（2）$\top$，$\bot \in \ell_{CL}(\mathscr{P})$。

（3）如果 $p \in \ell_{CL}(\mathscr{P})$，则 $\neg p \in \ell_{CL}(\mathscr{P})$。

（4）如果 p，$q \in \ell_{CL}(\mathscr{P})$，则 $p \wedge q, p \vee q, p \rightarrow q, p \leftrightarrow q, p \Box\!\!\rightarrow q, p \Diamond\!\!\rightarrow q, q \in \ell_{CL}(\mathscr{P})$。

Chellas 介绍了两种模型，称为标准模型和最小模型[47]。它们的关系类似于

模态逻辑的 Kripke 模型和 Scott-Montague 模型。

定义 5.3 条件逻辑的标准模型 $\mathscr{M}_{\mathrm{CL}}$ 是 $\langle W, f, v\rangle$ 结构，其中 W 是一个非空的可能域集，v 是一个真值集，函数 $v: \mathscr{P}\times W\rightarrow\{0,1\}$，函数 $f: W\times 2^W\rightarrow 2^W$。

在标准条件模型中，$\Box\!\!\rightarrow$ 和 $\Diamond\!\!\rightarrow$ 的真值条件为

（1）$\mathscr{M}_{\mathrm{CL}}, w\vDash p\Box\!\!\rightarrow q \overset{\mathrm{def}}{\Leftrightarrow} f(w, \|p\|^{\mathscr{M}_{\mathrm{CL}}})\subseteq\|q\|^{\mathscr{M}_{\mathrm{CL}}}$。

（2）$\mathscr{M}_{\mathrm{CL}}, w\vDash p\Diamond q \overset{\mathrm{def}}{\Leftrightarrow} f(w, \|p\|^{\mathscr{M}_{\mathrm{CL}}})\cap\|q\|^{\mathscr{M}_{\mathrm{CL}}}\neq\varnothing$。

其中，$\|p\|^{\mathscr{M}_{\mathrm{CL}}}=\{w\in W\mid\mathscr{M}_{\mathrm{CL}}, w\vDash p\}$。因此，两类条件有如下关系：

$$p\Box\!\!\rightarrow q\leftrightarrow\neg\,(p\Diamond\!\!\leftrightarrow\neg\, q)$$

函数 f 可以被看成一种选择函数，当 q 在 f 相对于 p 和 w 的任意域上是真时，$p\Box\!\!\rightarrow q$ 在域 w 为真；同样，当 q 至少在 f 相对于 p 和 w 的任意域为真时，$p\Diamond\!\!\rightarrow q$ 在域 w 为真。

f 对 p 和 w 所选择的域中，至少有一个域的 q 是真的。

最小条件模型是标准条件模型的 Scott-Montague 扩展[47]。

定义 5.4 条件逻辑的 $\mathscr{M}_{\mathrm{CL}}$ 最小条件模型是一个结构 $\langle W, g, v\rangle$，其中 W 和 v 是标准条件模型中的相同项，不同的是第二项 $g: W\times 2^W\rightarrow 2^{2^W}$。

最小条件模型中，$\Box\!\!\rightarrow$ 和 $\Diamond\!\!\rightarrow$ 的真值条件为

（1）$\mathscr{M}_{\mathrm{CL}}, w\vDash p\Box\!\!\rightarrow q \overset{\mathrm{def}}{\Leftrightarrow} \|q\|^{\mathscr{M}_{\mathrm{CL}}}\in g(w, \|p\|^{\mathscr{M}_{\mathrm{CL}}})$。

（2）$\mathscr{M}_{\mathrm{CL}}, w\vDash p\Diamond\!\!\rightarrow q \overset{\mathrm{def}}{\Leftrightarrow} (\|q\|^{\mathscr{M}_{\mathrm{CL}}})^{\mathrm{C}}\notin g(w, \|p\|^{\mathscr{M}_{\mathrm{CL}}})$。

因此，得到如下关系：

$$p\Box\!\leftrightarrow q\leftrightarrow\neg\,(p\Diamond\rightarrow\neg\, q)$$

注意：如果函数 g 满足以下条件：

$X\in g(w, \|p\|^{\mathscr{M}_{\mathrm{CL}}})\Leftrightarrow\cap g(w, \|p\|^{\mathscr{M}_{\mathrm{CL}}})\subseteq X$

对于每个域 w 和每句 p，则定义

$$f_g(w, \|p\|^{\mathscr{M}_{\mathrm{CL}}})\overset{\mathrm{def}}{=}\cap g(w, \|p\|^{\mathscr{M}_{\mathrm{CL}}})$$

就得到等价于原始最小模型 $\langle W, f_g, V\rangle$ 的标准条件模型。

接下来，对之前最小条件模型进行基于度量改进的分级条件逻辑模型。

给定一个有限项集 $\mathscr{P}$ 作为原子句子，分级条件逻辑的语言 $\mathscr{L}_{\mathrm{gCL}}(\mathscr{P})$ 是 $\mathscr{P}$ 作为常用命题运算符 $\top$、$\bot$、$\neg$、$\wedge$、$\vee$、$\rightarrow$、$\leftrightarrow$ 以及 $\Box\!\!\rightarrow k$、$\Diamond\!\!\rightarrow k$（$0<k\leqslant 1$ 分级条件）闭合的语句集构成。

（1）如果 $x\in\mathscr{P}$，则 $x\in\mathscr{L}_{\mathrm{gCL}}(\mathscr{P})$。

（2）$\top, \bot\in\mathscr{L}_{\mathrm{gCL}}(\mathscr{P})$。

（3）如果 $p\in\mathscr{L}_{\mathrm{gCL}}(\mathscr{P})$，则 $\neg\, p\in\mathscr{L}_{\mathrm{gCL}}(\mathscr{P})$。

（4）如果 $p, q\in\mathscr{L}_{\mathrm{gCL}}(\mathscr{P})$，则 $p\wedge q, p\vee q, p\rightarrow q, p\leftrightarrow q\in\mathscr{L}_{\mathrm{gCL}}(\mathscr{P})$。

（5）如果 $[p, q\in\mathscr{L}_{\mathrm{gCL}}(\mathscr{P})$ 且 $0<k\leqslant 1]$，则 $p\Box\!\!\rightarrow_k q, p\Diamond\!\!\rightarrow_k q\in\mathscr{L}_{\mathrm{gCL}}(\mathscr{P})$。

分级条件模型定义为最小条件模型族[47]。

定义 5.5 给定一个模糊测度

$$m: 2^W \times 2^W \to [0,1]$$

一个基于测度的条件模型 $\mathscr{M}_{gCL}^m$ 的分级条件逻辑是如下结构：

$$\langle W, \{g_k\}_{0<k\leqslant 1}, v\rangle$$

其中，W 和 V 为标准条件模型中的相同项。g_k 由模糊测度 m 定义：

$$g_k(t,X) \overset{\text{def}}{=} \{Y \subseteq 2^W \mid m(Y,X) \geqslant k\}$$

$\mathscr{M}_{gCL}^m$ 模型是有限的，因为 W 也是有限的。此外，模型 $\mathscr{M}_{gCL}^m$ 是一致的，模型中的函数$\{g_k\}$ 不依赖于 $\mathscr{M}_{gCL}^m$ 中的任何域。基于测度的条件模型中，$\Box\!\!\rightarrow_k$、$\Diamond\!\!\rightarrow_k$ 的真值条件为

当且仅当 $\| q \|^{\mathscr{M}_{gCL}^m} \in g_k(t, \| p \|^{\mathscr{M}_{gCL}^m})$ 时，$\mathscr{M}_{gCL}^m, t \vDash p \Box\!\!\rightarrow_k q$。

当且仅当$(\| q \|^{\mathscr{M}_{gCL}^m})^C \notin g_k(t, \| p \|^{\mathscr{M}_{gCL}^m})$ 时，$\mathscr{M}_{gCL}^m, t \vDash p \Diamond\!\!\rightarrow_k q$。

这些定义的基本思想与参考文献［1,2］中定义的基于模糊测度的分级模态逻辑语义相同。当 m 为条件概率时，分级条件的真值条件为

当且仅当 $\Pr(\| q \|^{\mathscr{M}_{gCL}^{\Pr}} \mid \| p \|^{\mathscr{M}_{gCL}^{\Pr}}) \geqslant k$ 时，$\mathscr{M}_{gCL}^{\Pr}, t \vDash p \Box\!\!\rightarrow_k q$。

基于概率测度的语义得到几个合理结论[1,2]，如表 5-2 所示。正如 Chellas 在他的书中指出[47]，条件 $p \Box\!\!\rightarrow q$（及 $p \Diamond\!\!\rightarrow q$）是相对模态句，如$[p]q$(及$\langle p\rangle q$)。所以，为了方便起见，在通常的模态设置中，首先考虑准一致性和弗完全性。

定义模态逻辑标准语言 $\mathscr{L}$ 具有两个模态运算符□和◇，研究模态逻辑与准一致性和弗完全性之间的一些关系[52]。

设一种模态逻辑语言 $\mathscr{L}$，在模态逻辑上，弗完全性和准一致性遵循以下公理：

$$D\ \Box p \to \neg \Box \neg p$$

$$D_C \neg \Box \neg p \to \Box p$$

因为它们有等价表达式：

$$\neg(\Box p \wedge \Box \neg p)$$

$$\Box p \vee \Box \neg p$$

也就是说，给定一个模态逻辑系统 Σ 定义以下一组句子：

$$T = \{p \in \mathscr{L} \mid \vdash_\Sigma \Box p\}$$

其中，$\vdash_\Sigma \Box p$ 表示$\Box p$ 是 Σ 的一个定理，以上两个公式意味着，对于任意语句 p：

$$\text{not}\ (p \in T,\ \neg p \in T)$$

$$p \in T \text{或} \neg p \in T$$

显然，前者描述了 T 的一致性，后者描述了 T 的完整性。因此：

当 Σ 不包含 D 时，T 是不一致的。

当 Σ 不包含 D_C 时，T 是不完备的。

当一个系统 Σ 包含以下规则和公理时，它是正则的：

$$p \leftrightarrow q \Rightarrow \Box p \leftrightarrow \Box q$$

$$(\Box p \wedge \Box q) \leftrightarrow \Box (p \wedge q)$$

注意，任何正常的系统都是正则的。

表 5-2　通过概率测度分级条件的可靠性结果

$0<k\leqslant\frac{1}{2}$	$\frac{1}{2}<k<1$	$k=1$	规则与公理
○	○	○	**RCEA.** $\dfrac{p\leftrightarrow q}{(p \Box\!\!\rightarrow_k q)\leftrightarrow(q \Box\!\!\rightarrow_k q)}$
○	○	○	**RCEC.** $\dfrac{q\leftrightarrow q'}{(p \Box\!\!\rightarrow_k q)\leftrightarrow(p \Box\!\!\rightarrow_k q')}$
○	○	○	**RCM.** $\dfrac{q\leftrightarrow q'}{(p \Box\!\!\rightarrow_k q)\leftrightarrow(p \Box\!\!\rightarrow_k q')}$
		○	**RCR.** $\dfrac{(q\wedge q')\rightarrow r}{((p \Box\!\!\rightarrow_k q)\wedge(p \Box\!\!\rightarrow_k q'))\rightarrow(p \Box\!\!\rightarrow_k r)}$
○	○	○	**RCN.** $\dfrac{q}{p \Box\!\!\leftrightarrow_k q}$
		○	**RCK.** $\dfrac{(q_1\wedge\cdots\wedge q_n)\rightarrow q}{((p \Box\!\!\rightarrow_k q_1)\wedge\cdots\wedge(p \Box\!\!\rightarrow_k q_n))\rightarrow(p \Box\!\!\rightarrow_k q)}$
○	○	○	**CM.** $(p \Box\!\!\rightarrow_k (q\wedge r))\rightarrow(p \Box\!\!\rightarrow_k q)\wedge(p \Box\!\!\rightarrow_k r)$
		○	**CC.** $(p \Box\!\!\rightarrow_k q)\wedge(p \Box\!\!\rightarrow_k r)\rightarrow(p \Box\!\!\rightarrow_k (q\wedge r))$
		○	**CR.** $(p \Box\!\!\rightarrow_k (q\wedge r))\leftrightarrow(p \Box\!\!\rightarrow_k q)\wedge(p \Box\!\!\rightarrow_k r)$
○	○	○	**CN.** $p \Box\!\!\rightarrow_k \top$
○	○	○	**CP.** $\neg(p \Box\!\!\rightarrow_k \bot)$
		○	**CK.** $(p \Box\!\!\rightarrow_k (q\rightarrow r))\rightarrow(p \Box\!\!\rightarrow_k q)\rightarrow(p \Box\!\!\rightarrow_k r)$
	○	○	**CD.** $\neg((p \Box\!\!\rightarrow_k q)\wedge(p \Box\!\!\rightarrow_k \neg q))$
○			**CD$_{\mathbf{C}}$.** $(p \Box\!\!\rightarrow_k q \vee (p \Box\!\!\rightarrow_k \neg q)$

文献［52］中指出了以下几点。如果 Σ 是正则的，则有

(1) $(\Box p \wedge \Box \neg p) \leftrightarrow \Box \neg \top$

其中，$\bot \leftrightarrow \neg\top$ 和 $\bot$ 是伪常数，意味着不一致。因此有

$$T = \mathscr{L}$$

但如果 Σ 不是正则的，就不再有 (1)，因此，一般来说

$$T \neq \mathscr{L}$$

这意味着，T 是准一致的，也就是说，局部不一致并不像全局不一致那样产生平凡性。

接下来，我们将前面的想法应用于条件逻辑。在条件逻辑中，相应的公理模式为

$$\text{CD}. \neg((p \;\Box\!\!\rightarrow q)\wedge(p \;\Box\!\!\rightarrow \neg q))$$

$$\text{CD}_{\text{C}}(p \;\Box\!\!\rightarrow q)\vee(p \;\Box\!\!\rightarrow \neg q)$$

给定一个条件逻辑系统（CL），定义以下一组条件（规则）：

$$R=\{p \;\Box\!\!\rightarrow q \in \mathscr{L}_{\text{CD}} \mid \vdash_{\text{CL}} p \;\Box\!\!\rightarrow q\}$$

其中，$\mathscr{L}_{\text{CD}}$ 是条件逻辑语言，$\vdash_{\text{CL}} p \;\Box\!\!\rightarrow q$ 表示 $p \;\Box\!\!\rightarrow q$ 是 CL 的一个定理。那么，上述两个公式意味着对于任何语句 p 有

$$\text{not}(p \;\Box\!\!\rightarrow q\in R \text{ 且 } p \;\Box\!\!\rightarrow \neg q\in R)$$

$$p \;\Box\!\!\rightarrow q\in R \text{ 或 } p \;\Box\!\!\rightarrow \neg q\in R$$

显然，前者描述的是 R 的一致性，后者描述的是 R 的完备性。因此，对于条件（规则）集合 R 来说：

当 CL 不包含 CD 时，R 是不一致的。

当 CL 不包含 CD_{C} 时，R 是不完整的。

接下来，讨论关联规则中的准一致性和弗完全性。设 I 是一个有限的项目集。其中，I 的任何一个子集 X 都被称为 I 中的项目集。一个数据库是由事务组成的，事务是由实际获得的或观测到的项集。给出以下定义：

定义 5.6 $\mathscr{T}$的一个数据库 $\mathscr{D}$ 的定义为$\langle T, V\rangle$，其中

（1）$T=\{1,2,\cdots,n\}$（n 是数据库的大小）。

（2）V：$T\rightarrow 2^{\mathscr{T}}$。

因此，对于每个事务 $i\in T$，V，给出了其相应的项目集 $V(i)\subseteq\mathscr{T}$。对于一个项集 X，其支持度 $s(X)$定义为

$$s(X)\overset{\text{def}}{=}\frac{|\{t\in T \mid X\subseteq V(t)\}|}{|T|}$$

其中，$|\cdot|$ 是一个有限集的大小。

定义 5.7 给定一个项目集 $\mathscr{T}$和一个关于 $\mathscr{T}$的数据库 $\mathscr{D}$，关联规则是一个形式为 $X\Rightarrow Y$ 的蕴涵，其中 X 和 Y 是 $\mathscr{T}$的项集，$X\cap Y=\varnothing$。

以下两个指数是在文献［48］中引入的。

定义 5.8

（1）当且仅当

$$c(r)=\frac{s(X\cup Y)}{s(X)}$$

时，一个关联规则 $r=(X\Rightarrow Y)$在 $\mathscr{D}$ 中具有置信度 $c(r)$（$0\leqslant c(r)\leqslant 1$）。

（2）当且仅当

$$s(r)=s(X\cup Y)$$

时，一个关联规则 $r=(X\Rightarrow Y)$ 在 $\mathscr{D}$ 具有支持度 $s(r)(0\leqslant s(r)\leqslant 1)$。

这里，我们将处理前一个指数。关联规则挖掘是通过生成所有用户指定的最小支持度（表示为 minsup）和最小置信度（表示为 minconf）规则而执行的，关联规则算法见参考文献［48］。

例如，表 5-3 中的电影数据库，其中 AH 和 HM 分别是指 Audrey Hepburn 女士和 Henry Mancini 先生。

如果你看了几部（著名的）Hepburn 女士的电影，你可能会听到一些由 Mancini 先生创作的美妙音乐。这可以用关联规则来表示：

$$r=\{\mathrm{AH}\}\Rightarrow\{\mathrm{HM}\}$$

其中，其置信度：

$$c(r)=\frac{s(\{\mathrm{AH}\}\cup\{\mathrm{HM}\})}{s(\{\mathrm{AH}\})}=0.5$$

其支持度：

$$s(r)=\frac{|\{T\mid\{\mathrm{AH}\}\cup\{\mathrm{HM}\}\subseteq T\}|}{|\mathscr{D}|}=\frac{4}{100}=0.04$$

描述数据库中基于测度的条件模型，将有限项集 $\mathscr{T}$ 视为原子语句。然后，分级条件逻辑语言 $\mathscr{L}_{\mathrm{gCL}}(\mathscr{T})$ 通常是由在 $0<k\leqslant 1$ 下的，按命题运算符（如 T、⊥、¬、∧、∨、→、↔以及□→k、◊→k（分级条件）下的封闭语句集 I 组成。

(1) 如果 $x\in\mathscr{T}$，则 $x\in\mathscr{L}_{\mathrm{gCL}}(\mathscr{T})$。

(2) $\top$，$\bot\in\mathscr{L}_{\mathrm{gCL}}(\mathscr{T})$。

(3) 如果 $p\in\mathscr{L}_{\mathrm{gCL}}(\mathscr{T})$，那么 $\neg p\in\mathscr{L}_{\mathrm{gCL}}(\mathscr{T})$。

(4) 如果 p，$q\in\mathscr{L}_{\mathrm{gCL}}(\mathscr{T})$，那么 $p\wedge q$，$p\vee q$，$p\rightarrow q$，$p\leftrightarrow q\in\mathscr{L}_{\mathrm{gCL}}(\mathscr{T})$。

(5) 如果 $[p, q\in\mathscr{L}_{\mathrm{gCL}}(\mathscr{T})$ 且 $0<k\leqslant 1]$，则 $p\,\Box\!\!\rightarrow kq$，$p\,\Diamond\!\!\rightarrow kq\in\mathscr{L}_{\mathrm{gCL}}(\mathscr{T})$。

基于测度的条件模型定义为最小条件模型族[47]。

表 5-3　电影数据库

序号	事务（电影）	AH	HM
1	秘密人物	1	
2	Monte Carlo 宝贝	1	
3	罗马假日	1	
4	窈窕淑女	1	
5	Tiffany 早餐	1	1
6	伪装	1	1
7	两人在路上	1	1
8	等到天黑	1	1
9	酒和玫瑰的日子		1
10	伟大种族		1

（续表）

序号	事务（电影）	AH	HM
11	粉红豹		1
12	向日葵		1
13	有人爱辣		
14	十二怒汉		
15	公寓		
…			
100	冒险家		

定义 5.9 给定一个关于 I 的数据库 $\mathscr{D}=\langle T,V\rangle$ 和一个模糊测度 m，一个基于测度 $\mathscr{D}$ 的条件模型 $\mathscr{M}_{g\mathscr{D}}^{m}$ 是一个结构 $\langle W,\{g_k\}_{0<k\leqslant 1},v\rangle$，其中

（1）$W=T$。

（2）对于 W 中任意域（事务）t 和 2^I 中任意项集 X，g_k 由模糊测度定义为

$$g_k(t,X)\overset{\text{def}}{=}\{Y\subseteq 2^W \mid m(Y,X)\geqslant k\}$$

（3）当且仅当 $x\in V(t)$ 时，对于 $\mathscr{T}$ 中的任意项 x，都有 $v(x,t)=1$。

因为 W 是有限的，故模型 $\mathscr{M}_{g\mathscr{D}}^{m}$ 是有限的。此外，我们称模型 $\mathscr{M}_{g\mathscr{D}}^{m}$ 是一致的，因为该模型中的函数 $\{g_k\}$ 不依赖于 $\mathscr{M}_{g\mathscr{D}}^{m}$ 中的任何域。

在分级条件模型中，$\Box\!\!\rightarrow_k$ 的真值条件是由以下公式给出的：

$$\mathscr{M}_{g\mathscr{D}}^{m},\ t\vDash p\,\Box\!\!\rightarrow_k q \text{ 当且仅当 } \|q\|^{\mathscr{M}_{g\mathscr{D}}^{m}}\in g_k(t,\|p\|^{\mathscr{M}_{g\mathscr{D}}^{m}})$$

其中：

$$\|p\|^{\mathscr{M}_{g\mathscr{D}}^{m}}\overset{\text{def}}{=}\{t\in W(=T)\mid \mathscr{M}_{g\mathscr{D}}^{m},\ t\vDash p\}$$

这个定义的基本思想与文献［1,2］中定义的基于模糊测度分级模态逻辑语义相同。例如，通常的置信度[48]是众所周知的条件概率，所以我们用“条件概率”来定义函数 g_k。

定义 5.10 对于一个给定 $\mathscr{T}$ 的数据库 $\mathscr{D}=\langle T,V\rangle$ 和条件概率

$$\mathrm{pr}(B\mid A)=\frac{|A\cap B|}{|A|}$$

其对应的基于概率的分级条件模型 $\mathscr{M}_{g\mathscr{D}}^{\mathrm{pr}}$ 定义为一个结构 $\langle W,\{g_k\}\rangle_{0<k\leqslant 1},v\rangle$，其中 $g_k(w,X)\overset{\text{def}}{=}\{Y\subseteq 2^W \mid \mathrm{pr}\,(t(Y)\mid t(X))\geqslant k\}$，$t(X)\overset{\text{def}}{=}\{w\in W\mid X\subseteq w\}$。

分级条件的真值条件如下：

$$\mathscr{M}_{g\mathscr{D}}^{\mathrm{pr}},\ t\vDash p\,\Box\!\!\rightarrow_k q \text{ 当且仅当 } \mathrm{pr}(\|q\|^{\mathscr{M}_{g\mathscr{D}}^{\mathrm{pr}}}\mid\|p\|^{\mathscr{M}_{g\mathscr{D}}^{\mathrm{pr}}})\geqslant k$$

然后，可以得到以下定理。

定理 5.13 给定一个 $\mathscr{T}$ 的数据库 $\mathscr{D}$ 和它相应的基于概率的分级条件模型 $\mathscr{M}_{g\mathscr{D}}^{\mathrm{pr}}$，对于关联规则 $X\Rightarrow Y$，当且仅当 $\mathscr{M}_{g\mathscr{D}}^{\mathrm{pr}}\vDash p_X\,\Box\!\!\rightarrow_k p_Y$ 时，存在 $c(X\Rightarrow Y)\geqslant k$。

其中，$|p_X|=X$，$|p_Y|=Y$。

将关联规则表述为基于概率的分级条件模型。定义以下一组具有置信度 k 的规则：

$$R_k \overset{\text{def}}{=} \{p \Box\!\!\rightarrow_k q \in \mathscr{L}_{\text{gCD}} \mid \vdash_{\text{gCL}} p \rightarrow_k q\}$$

分级条件 $p \Box\!\!\rightarrow_k q$ 也被看成是一个相对必要句 $[p]_k q$，Murai 等研究了相对模态算子 $[\cdot]_k$ 属性[1,2]，得到

信度 k	系统
$0<k\leqslant\frac{1}{2}$	EMD_CNP
$\frac{1}{2}<k<1$	EMDNP
$k=1$	KD

前两个系统不是正则的，所以 R_k 可能是准一致的；最后一个是正常的，所以是正则的。

对于 $0<k\leqslant\frac{1}{2}$，R_k 是完备的，但对于 p 和 q，可能会生成 $p\rightarrow_k q$ 和 $p \Box\!\!\rightarrow_k \neg q$ 两个规则，应该避免这种情况。

对于$\frac{1}{2}<k<1$，R_k 是一致的，但可能是弗完全的。

上面描述的标准置信度[48]是基于这样的想法：事务共同出现证明了项目之间存在关联，置信度只是一个条件概率，因此预先给每个事务分配权重。但是，这些事务不一定都能提供这样的证据，因为有些共同出现的情况可能是偶然的。因此，需要一个框架来区分正确证据和偶然证据，引入 Dempster-Shafer 证据理论（DS 理论）来描述和计算置信度[49,50]。

DS 证据理论的形式化方法很多，这里采用 Dempster 多值映射法[49]，该方法有两个框架：其中一个框架是定义一个概率，以及两个框架之间的多值映射。给定一个 $\mathscr{T}$的数据库 $\mathscr{D}=\langle T,V\rangle$ 和一个 $\mathscr{D}$ 中的关联规则 $r=(X\Rightarrow Y)$，其中一个框架是事务集 T。

另一个框架的定义是

$$R=\{r,\ \bar{r}\}$$

其中 $\bar{r}$ 表示 r 的否定。

剩下的任务是：①定义一个关于 T 上的概率分布 pr：$T\rightarrow[0,1]$。②定义一个多值映射 Γ：$T\rightarrow 2^R$；给定 pr 和 Γ，可以定义 Dempster-Shafer 理论对于 $X\subseteq 2^R$ 的两种函数：

$$\mathrm{Bel}(X) \overset{\mathrm{def}}{=} \mathrm{pr}(\{t \in T | \Gamma(t) \subseteq X\})$$

$$\mathrm{Pl}(X) \overset{\mathrm{def}}{=} \mathrm{pr}(\{t \in T | \Gamma(t) \cap X \neq \varnothing\})$$

这两个函数分别被称为“置信函数”和“似然函数”。得到如下双指数置信度：

$$c(r)=\langle \mathrm{Bel}(r),\ \mathrm{Pl}(r) \rangle$$

接下来，介绍数据库多级条件模型。给定一个有限项集 $\mathscr{T}$ 作为原子句，分级条件逻辑语言 $\mathscr{L}_{\mathrm{mgCL}}(I)$ 由 I、$\Box\!\!\rightarrow_k$、$\Diamond\!\!\rightarrow_k$（分级条件 $0<k\leqslant 1$）构成。其中，I 为命题运算符下闭合的句子集。特别注意的是

$$p,\ q \in \mathscr{L}_{\mathrm{mgCL}}(\mathscr{T}) \text{ 且 } 0<k\leqslant 1) \Rightarrow p \Box\!\!\rightarrow_k q, p \Diamond\!\!\rightarrow_k q \in \mathscr{L}_{\mathrm{mgCL}}(\mathscr{T})$$

定义 5.11 给定一个关于 $\mathscr{T}$ 的数据库 $\mathscr{D}$，$\mathscr{D}$ 的多级条件模型 $\mathscr{M}_{\mathrm{mg}\mathscr{D}}$ 是结构 $\langle W, \{\{\underline{g}_k,\ \overline{g}_k\}\}_{0<k\leqslant 1}, v\rangle$，其中：①$W=T$；②对于 W 中的任何域（事务）和 $2^{\mathscr{T}}$ 中的任何项集 $\mathscr{X}$ 的集合 g_k，是由置信函数和似然函数定义的。

$$\underline{g}_k(t,\mathscr{X}) \overset{\mathrm{def}}{=} \{\mathscr{Y} \subseteq 2^W | \mathrm{Bel}\ (\mathscr{Y},\mathscr{X}) \geqslant k\}$$

$$\overline{g}_k(t,\mathscr{X}) \overset{\mathrm{def}}{=} \{\mathscr{Y} \subseteq 2^W | \mathrm{PI}\ (\mathscr{Y},\mathscr{X}) \geqslant k\}$$

（3）当且仅当 $x \in V(t)$ 时，对于 I 中的任意项 x，都有 $v(x,t)=1$。

模型 $\mathscr{M}_{\mathrm{mg}\mathscr{D}}$ 被称为有限的，因为 W 也是有限的，称为“$\mathscr{M}_{\mathrm{mg}\mathscr{D}}$ 均匀模型”，因为模型中的函数 $\{\underline{g}_k,\ \overline{g}_k\}$ 不依赖于 $\mathscr{M}_{\mathrm{mg}\mathscr{D}}$ 中的任何域。

$\Box\!\!\rightarrow k$ 和 $\Diamond\!\!\rightarrow k$ 的真值条件由以下公式分别给出：

$$\mathscr{M}_{\mathrm{mg}\mathscr{D}}, w \vDash p \Box\!\!\rightarrow_k q \text{ 当且仅当 } \| q \|^{\mathscr{M}_{\mathrm{mg}\mathscr{D}}} \in \underline{g}_k(t, \| p \|^{\mathscr{M}_{\mathrm{mg}\mathscr{D}}})$$

$$\mathscr{M}_{\mathrm{mg}\mathscr{D}}, w \vDash p \Diamond\!\!\rightarrow_k q \text{ 当且仅当 } \| q \|^{\mathscr{M}_{\mathrm{mg}\mathscr{D}}} \in \overline{g}_k(t, \| p \|^{\mathscr{M}_{\mathrm{mg}\mathscr{D}}})$$

其基本思想也与参考文献［1,2,53］中定义的基于模糊度的分级模态逻辑语义相同。

这里有两个典型情况。首先，定义 T 上的概率分布，即

$$p_r(t) \overset{\mathrm{def}}{=} \begin{cases} \dfrac{1}{a}, & \text{若 } t \in \| px \| \mathscr{M}_{\mathrm{mg}\mathscr{D}} \\ 0, & \text{其他} \end{cases}$$

表 5-4 给出了由信任函数和似然函数定义的分级条件的可靠性结果，见文献［1,2,53］。

表 5-4　由信任函数和似然函数定义的分级条件的可靠性结果

信任函数			规则公理图式	似然函数		
$0<k\leqslant 1/2$	$1/2<k<1$	$k=1$		$0<k\leqslant 1/2$	$1/2<k<1$	$k=1$
○	○	○	RCEA	○	○	○
○	○	○	RCEC	○	○	○
○	○	○	RCM	○	○	○

（续表）

信任函数			规则公理图式	似然函数		
$0<k\leqslant 1/2$	$1/2<k<1$	$k=1$		$0<k\leqslant 1/2$	$1/2<k<1$	$k=1$
○	○	○	RCR			○
○	○	○	RCN	○	○	○
		○	RCK			
○	○	○	CM	○	○	○
○	○	○	CC			○
○	○	○	CR			○
○	○	○	CN	○	○	○
○	○	○	CP	○	○	○
		○	CK			
	○	○	CD			
			CD_C	○		

其中，$a=|\|p_X\|^{\mathscr{M}_{mg\mathscr{D}}}|$。这意味着，其中的 $\|p_X\|^{\mathscr{M}_{mg\mathscr{D}}}$ 中每个域（事务）t 权重均为$\frac{1}{a}$。广义分布是个有趣的话题。

接下来，我们将看到 Γ 定义的两种典型情况。首先我们描述最强的情况（图 5-1），定义一个映射 Γ。

序号	事务（电影）	AH	HM	pr
1	秘密人物	1		$\frac{1}{8}$
2	Monte Carlo 宝贝	1		$\frac{1}{8}$
3	罗马假日	1		$\frac{1}{8}$
4	窈窕淑女	1		$\frac{1}{8}$
5	Tiffany早餐	1	1	$\frac{1}{8}$
6	伪装	1	1	$\frac{1}{8}$
7	两人在路上	1	1	$\frac{1}{8}$
8	等到天黑	1	1	$\frac{1}{8}$
9	酒和玫瑰的日子		1	0
10	伟大种族		1	0
11	粉红豹		1	0
12	向日葵		1	0
13	有人爱辣			0
14	十二怒汉			0
15	公寓			0
	……			
100	冒险家			0

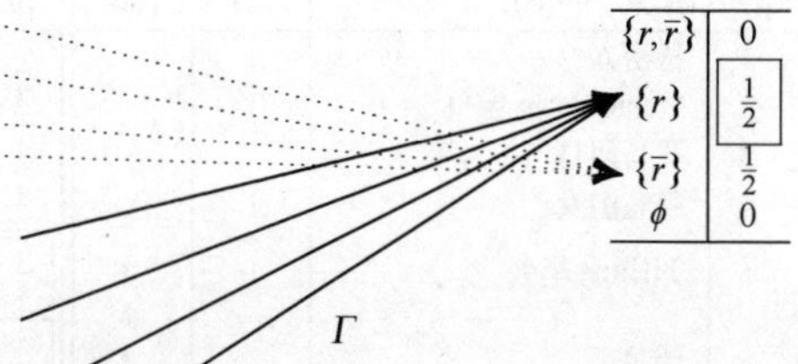

图 5-1　最强案例的一个例子

$$\Gamma(t) \stackrel{\text{def}}{=} \begin{cases} \{r\}, & \text{若 } t \in \| p_X \|^{\mathcal{M}_{\mathrm{mg}\mathcal{D}}} \\ \{\bar{r}\}, & \text{其他} \end{cases}$$

这意味着，$\| p_X \wedge p_Y \|^{\mathcal{M}_{\mathrm{mg}\mathcal{D}}}$ 中事务为 r 提供证据，而 $\| p_X \wedge \neg\, p_Y \|^{\mathcal{M}_{\mathrm{mg}\mathcal{D}}}$中的事务为 $\bar{r}$ 提供证据。这是对共现现象的最强解释。

然后，可以计算出：

$$\mathrm{Bel}(r) = \frac{1}{a} \times b \text{ 且 } \mathrm{Pl}(r) = \frac{1}{a} \times b$$

其中，$b = |\| p_X \wedge p_Y \|^{\mathcal{M}_{\mathrm{mg}\mathcal{D}}}|$。因此，诱导的置信函数和似然函数叠成相同的概率测度 pr：$\mathrm{Bel}(r) = \mathrm{Pl}(r) = \mathrm{pr}(r) = \frac{b}{a}$，从而 $c(r) = \left\langle \frac{b}{a}, \frac{b}{a} \right\rangle$。

因此，这种情况代表了通常的信任。根据这个思路，在我们的电影数据库中，可以按照图 5-1 的方式定义 pr 和 Γ。也就是说，在 $\| \mathrm{AH} \wedge \mathrm{HM} \|^{\mathcal{M}_{\mathrm{mg}\mathcal{D}}}$中的任何一部电影都可以证明规则($r$)成立，而 $\| \mathrm{AH} \wedge \neg\, \mathrm{HM} \|^{\mathcal{M}_{\mathrm{mg}\mathcal{D}}}$中的所有电影都可以证明规则($\bar{r}$)不成立。因此，得到

$$(\{\mathrm{AH}\} \Rightarrow \{\mathrm{HM}\}) = (0.5, 0.5)$$

接下来，我们描述最弱的案例（图 5-2）。一般来说，共现不一定意味着实际关联。对“共现”的最弱解释是将完全未知事务描述如下，定义一个映射$\Gamma(t) \stackrel{\text{def}}{=} \begin{cases} \{r, \bar{r}\}, & \text{若 } t \in \| p_X \|^{\mathcal{M}_{\mathrm{mg}\mathcal{D}}} \text{。} \\ \{\bar{r}\}, & \text{其他} \end{cases}$

序号	事务（电影）	AH	HM	pr
1	秘密人物	1		$\frac{1}{8}$
2	Monte Carlo 宝贝	1		$\frac{1}{8}$
3	罗马假日	1		$\frac{1}{8}$
4	窈窕淑女	1		$\frac{1}{8}$
5	Tiffany早餐	1	1	$\frac{1}{8}$
6	伪装	1	1	$\frac{1}{8}$
7	两人在路上	1	1	$\frac{1}{8}$
8	等到天黑	1	1	$\frac{1}{8}$
9	酒和玫瑰的日子		1	0
10	伟大种族		1	0
11	粉红豹		1	0
12	向日葵		1	0
13	有人爱辣			0
14	十二怒汉			0
15	公寓			0
	……			
100	冒险家			0

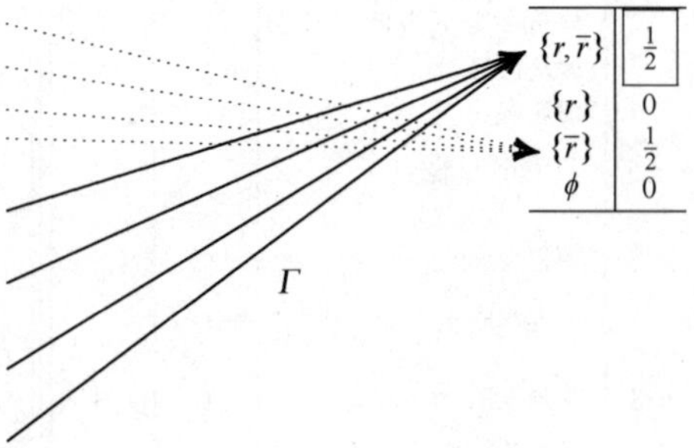

图 5-2　最弱情况的一个例子

这意味着，$\| p_X \wedge p_Y \|^{\mathscr{M}_{\mathrm{mg}\mathscr{D}}}$为$R=\{r,\bar{r}\}$提供证据，而$\| p_X \wedge \neg\ p_Y \|^{\mathscr{M}_{\mathrm{mg}\mathscr{D}}}$为$\bar{r}$提供证据，计算得到$\mathrm{Bel}(r)=0$和$\mathrm{Pl}(r)=\frac{1}{a}\times b$，从而

$$c(r)=\left\langle 0,\ \frac{b}{a}\right\rangle$$

根据这一思想，在我们的电影数据库中，可以按图5-2定义pr和Γ。也就是说，在$\| \mathrm{AH} \wedge \neg\ \mathrm{HM} \|^{\mathscr{M}_{\mathrm{mg}\mathscr{D}}}$中所有电影都是规则($\bar{r}$)不成立的证据，而且无法预测$\| \mathrm{AH} \wedge \mathrm{HM} \|^{\mathscr{M}_{\mathrm{mg}\mathscr{D}}}$中每部电影是否都能作为规则($r$)成立的证据。因此，可得

$$c(\{\mathrm{AH}\} \Rightarrow \{\mathrm{HM}\})=\langle 0,0.5\rangle$$

在这种情况下，置信函数和似然函数分别表示为$\mathrm{Bel}_{\mathrm{bpa}'}$和$\mathrm{Pl}_{\mathrm{bpa}'}$，成为Dubois和Prade[54] 意义上的必要性和可能性测度。

有几个基于必要性和可能性度量的语义结果，见参考文献［1,2,53］，如表5-5所示。

表5-5 按必要性和可能性衡量的分级条件的合理性结果

必要性测度 $0<k\leqslant 1$	规则公理图式	可能性测度 $0<k\leqslant 1$
○	RCEA	○
○	RCEC	○
○	RCM	○
○	RCR	
○	RCN	○
○	RCK	
○	CM	○
○	CC	
	CF	○
○	CR	○
○	CN	○
○	CP	○
○	CK	
○	CD	
	$\mathrm{CD_C}$	○

最后，描述一般情况的例子。在前面两种典型情况中，其中一种与通常的置信度相吻合，任何事务在$\| \mathrm{AH} \wedge \mathrm{HM} \|^{\mathscr{M}_{\mathrm{mg}\mathscr{D}}}$(或$\| \mathrm{AH} \wedge \neg\ \mathrm{HM} \|^{\mathscr{M}_{\mathrm{mg}\mathscr{D}}}$) 具有相同权重，然而，有可能部分$\| \mathrm{AH} \wedge \mathrm{HM} \|^{\mathscr{M}_{\mathrm{mg}\mathscr{D}}}$(或$\| \mathrm{AH} \wedge \neg\ \mathrm{HM} \|^{\mathscr{M}_{\mathrm{mg}\mathscr{D}}}$) 可以作为$r$ (或$\bar{r}$) 的正面证据，但另一部分却不能。因此，我们有了一个工具，在关联规则的逻辑设

置中引入各种后验语用知识。

举个例子，假设（1）第一部和第二部电影的音乐不是 Mancini 创作的，但这个事实并不影响 $\bar{r}$ 的有效性，因为它们不是很重要的音乐；（2）第七部电影的音乐是由 Mancini 创作的，但这一事实并不影响 r 的有效性。那么，可以按照图 5-3 定义 Γ。从而得到

$$c(\{AH\} \Rightarrow \{HM\}) = \langle 0.375, 0.75 \rangle$$

一般来说，都拥有这种"后验知识"。因此，DS 方法允许在关联规则中引入各种后验语用知识。

序号	事务（电源）	AH	HM	pr
1	秘密人物	1		$\frac{1}{8}$
2	Monte Carlo 宝贝	1		$\frac{1}{8}$
3	罗马假日	1		$\frac{1}{8}$
4	窈窕淑女	1		$\frac{1}{8}$
5	Tiffany's 早餐	1	1	$\frac{1}{8}$
6	伪装	1	1	$\frac{1}{8}$
7	两人在路上	1	1	$\frac{1}{8}$
8	等到天黑	1	1	$\frac{1}{8}$
9	酒和玫瑰的日子		1	0
10	伟大种族		1	0
11	粉红豹		1	0
12	向日葵		1	0
13	有人爱辣			
14	十二怒汉			
15	公寓			
……				
100	冒险家			0

$\{r, \bar{r}\}$	$\frac{3}{8}$
$\{r\}$	$\frac{3}{8}$
$\{\bar{r}\}$	$\frac{1}{4}$
ϕ	0

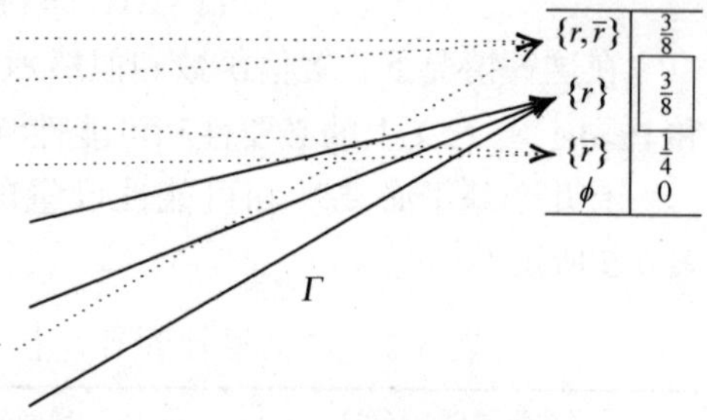

图 5-3 一般情况例子

在本节中，在概率条件逻辑模型的框架下研究了关联规则的准一致性和弗完全性。对于较低的置信度 $\left(\leq \frac{1}{2}\right)$，可能会生成 $p \square \rightarrow_k q$ 和 $p \square \rightarrow_k \neg q$，因此必须谨慎使用这种较低的置信度。

此外，将上述讨论扩展到双指数置信度的 Dempster-Shafer 证据理论。因此，DS 方法通过关联规则中引入各种后验语用知识 a 来计算置信度。

5.6 推理的背景知识

本节中，研究了基于 Murai、Kudo 和 Akama[55] 背景知识的几种推理过程粒度之间的关系。在背景知识下，引入了客观和主观两个层次。特别地，着重讨论了下近似在推理、专家系统中的冲突解决和机器人控制等问题中的作用，下近似的大小取决于基于背景知识的粒度。

日本的 Kansei 工程给出了重要粗糙集理论的应用，约简起着重要的作用。本节给 Kansei 团队提出了粗糙集理论的另一个方面，即粒度的调整。

设 U 是一个论域，R 是一个 U 上的等价关系。一般情况下，U 上的关系是 U 的直积（笛卡儿积）的子集，即 $R \subseteq U \times U$。在 R 中 (x, y) 写成 xRy。

（1）xRx（自反性）。

（2）$xRy \Rightarrow yRx$（对称性）。

（3）xRy 和 $yRz \Rightarrow xRz$（传递性）。

集合 $[x]_R$ 定义为

$$[x]_R = \{y \in U \mid xRy\}$$

称为 x 相对于 R 的等价类。

U 中每个元素关于 R 的所有等价类族表示为 U/R，即

$$U/R = \{[x]_R \mid x \in U\}$$

称为 U 关于 R 的商集。

等价类满足以下性质：

（1）$xRy \Rightarrow [x]_R = [y]_R$。

（2）$\mathrm{not}(xRy) \Rightarrow [x]_R \cap [y]_R = \varnothing$。

然后，商集 U/R 给出了 U 的分区。

因此，可以从关系 R 诱导的背景知识下等价类构建块。事实上，可以用图 5-4 所示的两种方式来近似集合 X（未知对象）。

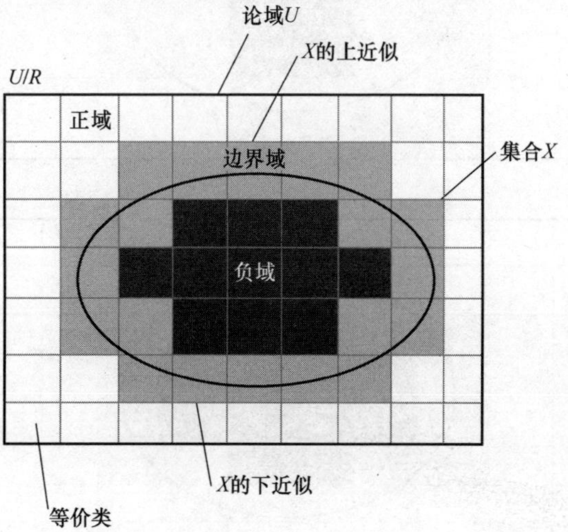

图 5-4　两类近似

一种方法是，利用包含在 X 中的 U/R 组成部分从内部近似。

$$\underline{R}(X) = \cup \{[x]_R \mid [x]_R \subseteq X\}$$

称为 X 相对于 R 的下近似。另一种方法是，通过删除与 X 不相交的构件，从 X

的外部进行近似。同样，得到

$$\overline{R}(X)=\cup\{[x]_R \mid [x]_R\cap X\neq\varnothing\}$$

称为 X 相对于 R 的上近似，得到

$$\underline{R}(X)\subseteq X\subseteq\overline{R}(X)$$

此外，使用以下三个术语：

(1) X 的正域 X：$\mathrm{Pos}(X)=\underline{R}(X)$。

(2) X 的边界域 X：$\mathrm{Bd}(X)=\overline{R}(X)-\underline{R}(X)$。

(3) X 的负域 $\mathrm{Neg}(X)=X-\overline{R}(X)$。

$(\underline{R}(X),\overline{R}(X))$ 称为 X 相对于 R 的粗糙集，(U, R) 称为近似或 Pawlak 空间。

直观地说，构成块的大小取决于给定的近似空间或其商集所产生的粒度。在图 5-5 中，U/R 的粒度比 U/R' 的粒度要粗，可以理解为 U/R' 比 U/R 提供了更好的近似。

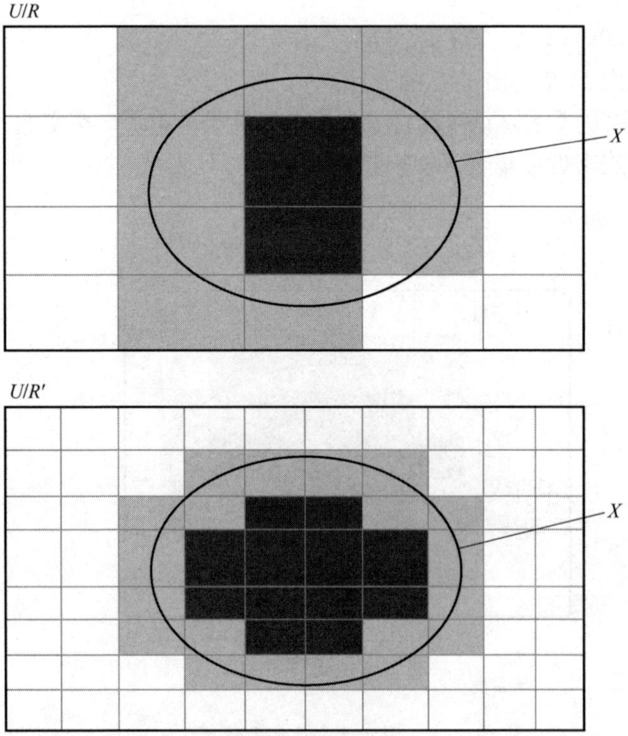

图 5-5 粒度调整

为了定量处理“粒度”，在有限域情况下引入了几种测度，以下测度称为 X 相对于 R 的“精度”：

$$\alpha_R(X)=|\underline{R}(X)|/|\overline{R}(X)|$$

另一个测度是

$$\gamma_R(X)=|\underline{R}(X)|/|X|$$

称为 X 相对于 R 的"质量"。通过这些测度，可以得到 X 在背景知识下的粒度。

本文研究了背景知识生成粒度的几种推理。将目前与之前的讨论进行比较。

在这里，我们注意到客观和主观知识水平。给定事实 p ，其命题 P 就是可达域的最大集合。然而，在一般推理过程中无法列举出它们的总数。一般来说，最多可以想象 P 的某个真子集。指明这种子集的一种可能方式是，我们可以把背景知识下的一些相关域看成是 P 的下近似 $\Box P$ 。基于此观点，即背景知识以某种粒度构成了它自己的背景，在这个背景中，观察域的方式确定了。

下近似值 $\Box P$ 的大小取决于背景知识所产生的粒度。P 在客观层面上，而 $\Box P$ 在主观层面上。在每个背景中，$\Box P$ 有几种含义，如一组"必要的"或"典型的"元素。

通常意义上的逻辑推理，也就是演绎法，不考虑背景知识。一个典型的推理规则是众所周知的假言推理。

$$p,\ p\rightarrow q\Rightarrow q$$

这意味着，可以从一个事实 p 和规则 $p\rightarrow q$ 得到一个结论 q。我们在可能域语义的框架下研究假言推理。

设 $M=(U,R,v)$ 是一个 Kripke 模型，其中 U 是一个可能域集合，R 是一个可达性关系，v 是一个估值函数。在 M 中，规则 $p\rightarrow q$ 表示为命题之间的集包含：$M\models p\rightarrow q\Leftrightarrow P\subseteq Q$。

那么，该规则意味着以下过程：

（1）事实 p 约束了我们在 p 下可达的可能域的集合。

（2）由规则 $p\rightarrow q$ 可以发现，结论 q 在约束集中的每个域都成立。也就是说，q 在事实 p 下是必要的。

因此，该规则意味着演绎的单调性。事实上，有

$$p\rightarrow q\Rightarrow\Box p\rightarrow\Box q$$

这在每个 Kripke 模型中都成立。我们可以在命题层面重写（图 5-6）：

$$P\subseteq Q\Rightarrow\Box P\subseteq\Box Q$$

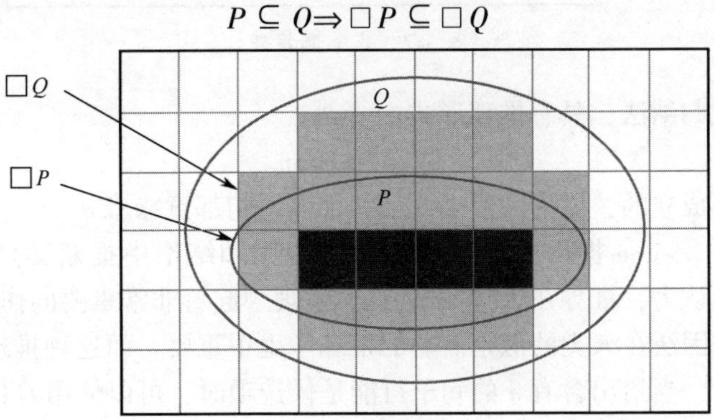

图 5-6 演绎法

接下来我们讨论“非单调性推理”，这是最典型的一种普通推理。Tweety 的例子众所周知：

(1) Tweety 是一只鸟。

大多数鸟会飞。

那么它会飞。

(2) Tweety 是一只企鹅。

企鹅不会飞。

那么它也不会飞。

因此，(1) 的结论在 (2) 中被撤回。

因此，非单调推理中的结论集不再以单调的方式增加，在这个意义上，上述推理是非单调的。

如前所述，通常的单调性推理满足单调性：

$$P \subseteq Q \Rightarrow \Box P \subseteq \Box Q$$

在一般的非单调性推理中：

$$P \not\subset Q，但 \Box P \subseteq \Box Q$$

在 Tweety 例子中，设 BIRD 和 FLYING 分别为鸟类和飞行物的集合。那么在客观层面：

$$\text{BIRD} \varnothing \subset \text{FLYING}$$

但在主观层面上，包含□ BIRD⊆□ FLYING 成立（图 5-7）。

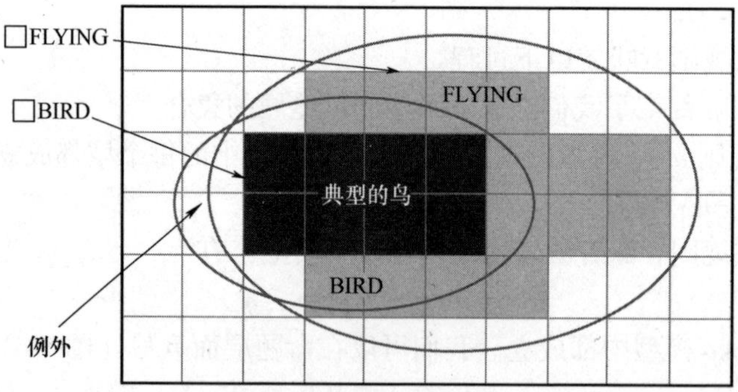

图 5-7 非单调推理

换成归纳法，具有推理形式：

$$q，p \to q \Rightarrow p$$

显然，它是不成立的，因为一般来说，有很多语句都意味着 q。

1883 年，Peirce 提出的“溯因法”从规则和结论中推断案件，见参考文献［56］。他认为，推导在 19 世纪的科学发现中起着非常重要的作用。

同时，溯因法在人类的似是而非的推理中也很重要，而这种推理并不一定正确，就像算命。当给出含有 q 的句子可能是候选项时，可以使用 Q 的下近似给出候选项之间的顺序。

例如，在图 5-8 中，有三个候选，也就是说，有三个可能的含义：

$$p_1 \to q$$
$$p_2 \to q$$
$$p_3 \to q$$

当给定 q 时，必须选择其中一个。

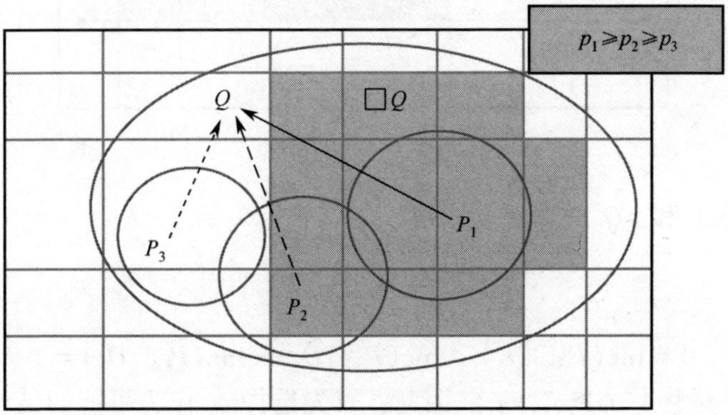

图 5-8 溯因法

为此，研究 P_i 和□ Q 之间的包含度，定义为

$$\mathrm{Inc}(P_i, \Box Q) = |P_i \cap \Box Q_i| / |P_i|$$

然后，可计算出

$$0 = \mathrm{Inc}(P, \Box Q_3) < \mathrm{Inc}(P, \Box Q_2) < \mathrm{Inc}(P, \Box Q_1) = 1$$

可以引入以下排序：

$$p_1 \geqslant p_2 \geqslant p_3$$

因此，可以首先选择 p_1 作为可能的推导前提。

请注意，在本例中，模态的含义如下：

$$p_1 \to \Box q$$
$$p_2 \to q$$
$$p_3 \to (q \wedge \neg \Box q)$$

可以看到，对于同一个结论 q，每个前提可能的强度是不同的。

溯因法这类思想可以应用于解决专家系统的冲突。从专家系统中进行推理可能需要冲突消解，才能从冲突中提取专有结论。例如，已知三个单调规则：

$$p \to q_1$$
$$p \to q_2$$
$$p \to q_3$$

然而，在许多应用领域，如专家系统、机器人控制等，每个结论都与动作或执行相关联，因此不能同时得出两个以上的结论。因此，我们必须从中选择一个（图 5-9）。

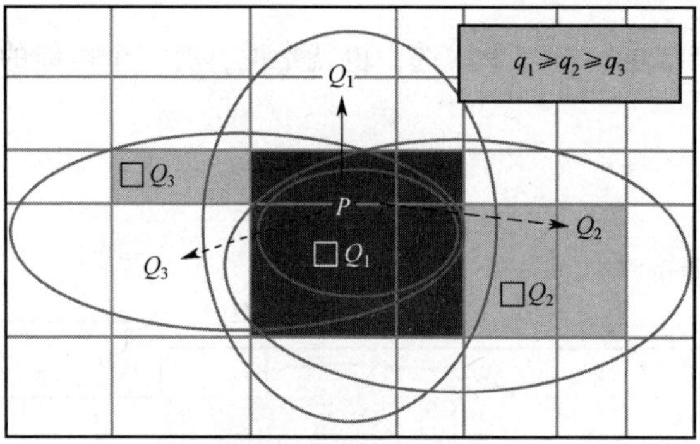

图 5-9 冲突消解

再次研究 P 和 $\square Q_i$ 之间的包含度，定义为

$$\mathrm{Inc}(P,\square Q_i = |P \cap \square Q_i| / |P|$$

可计算出：

$$0 = \mathrm{Inc}(P,\square Q_3) < \mathrm{Inc}(P,\square Q_2) < \mathrm{Inc}(P,\square Q_1) = 1$$

可以引入如下顺序，$q_1 \geqslant q_2 \geqslant q_3$。因此，首先选择 q_1 作为可能的结论并执行是合理的。

请注意，在本例中，模态含义如下：

$$p_1 \to \square q_1$$

$$p_2 \to q_2$$

$$p_3 \to (q_3 \wedge \neg \square q_3)$$

可以看出，在相同的前提 p 下，每个可能结论的强度不同。

研究表明，背景知识和粒度在（单调）推理、非单调推理、溯因推理和冲突消解等推理中具有重要作用。因此，我们有了将 Kansei 表示应用于推论的基础。除了约简，粒度的拓扑调整是 Kansei 工程中的另一个重要特征。

粗糙集理论与拓扑空间有着密切的关系[57]，粒度调整可以看作拓扑空间之间的同态。因此，可以通过粗糙集理论将拓扑空间中的几个有用概念引入 Kansei 工程。在 Kansei 工程的背景下，粗糙集理论、实现 Kansei 推理系统都值得研究，并将其应用于推荐系统[58] 和图像检索系统[59] 中。

Kudo 等[58] 提出了一种基于粗糙集理论的简单推荐系统。他们的推荐方法从用户查询中确定决策规则，并根据决策规则估计产品的隐含条件来推荐产品。

Murai 等[59] 研究了多粗糙集对图像的逻辑表示，在颜色空间中引入了粒度级别，定义了图像的近似值。此外，将这一思想扩展到图像条件中，以期为图像索引和图像检索提供基础。

参考文献

1. Murai, T., Miyakoshi, M., Shinmbo, M.: Measure-based semantics for modal logic. In: Lowen, R., Roubens, M. (eds.) Fuzzy Logic: State of the Arts, pp. 395–405. Kluwer, Dordrecht (1993)
2. Murai, T., Miyakoshi, M., Shimbo,M.: Soundness and completeness theorems between the Dempster-Shafer theory and logic of belief. In: Proceedings of the 3rd FUZZ-IEEE (WCCI), pp. 855–858 (1994)
3. Minsky, M.: A framework for representing knowledge. In: Haugeland, J. (ed.), Mind-Design, pp. 95–128. MIT Press, Cambridge, Mass, (1975)
4. McDermott, D., Doyle, J.: Non-monotonic logic I. Artif. Intell. **13**, 41–72 (1980)
5. McDermott, D.: Nonmonotonic logic II. J. ACM **29**, 33–57 (1982)
6. Marek, W., Shvartz, G., Truszczynski, M.: Modal nonmonotonic logics: ranges, characterization, computation. In: Proceedings of KR'91, pp. 395–404 (1991)
7. Reiter, R.: A logic for default reasoning. Artif. Intell. **13**, 81–132 (1980)
8. Etherington, D.W.: Reasoning with Incomplete Information. Pitman, London (1988)
9. Lukasiewicz, W.: Considerations on default logic. Comput. Intell. **4**, 1–16 (1988)
10. Lukasiewicz, W.: Non-Monotonic Reasoning: Foundation of Commonsense Reasoning. Ellis Horwood, New York (1992)
11. Besnard, P.: Introduction to Default Logic. Springer, Berlin (1989)
12. Moore, R.: Possible-world semantics for autoepistemic logic. In: Proceedings of AAAI Non-Monotonic Reasoning Workshop, pp. 344–354 (1984)
13. Moore, R.: Semantical considerations on nonmonotonic logic. Artif. Intell. **25**, 75–94 (1985)
14. Hintikka, S.: Knowledge and Belief. Cornell University Press, Ithaca (1962)
15. Stalnaker, R.: A note on non-monotonic modal logic. Artifi. Intell. **64**, 183–1963 (1993)
16. Konolige, K.: On the relation between default and autoepistemic logic. Artifi. Intell. **35**, 343–382 (1989)
17. Levesque, H.: All I know: a study in autoepistemic logic. Artifi. Intell. **42**, 263–309 (1990)
18. McCarthy, J.: Circumscription—a form of non-monotonic reasoning. Artifi. Intell. **13**, 27–39 (1980)
19. McCarthy, J.: Applications of circumscription to formalizing commonsense reasoning. Artifi. Intell. **28**, 89–116 (1984)
20. Lifschitz, V.: Computing circumscription. In: Proceedings of IJCAI'85, pp. 121–127 (1985)
21. Gabbay, D.M.: Theoretical foundations for non-monotonic reasoning in expert systems. In: Apt, K.R. (ed.) Logics and Models of Concurrent Systems, pp. 439–459. Springer (1984)
22. Makinson, D.: General theory of cumulative inference. In: Proceedings of the 2nd International Workshop on Non-Monotonic Reasoning, pp. 1–18. Springer (1989)
23. Makinson, D.: General patterns in nonmonotonic reasoning. In: Gabbay, D., Hogger, C., Robinson, J.A. (eds.) Handbook of Logic in Artificial Intelligence and Logic Programming, vol. 3, pp. 25–110. Oxford University Press, Oxford (1994)
24. Shoham, Y.: A semantical approach to nonmonotonic logics. Proc. Logic Comput. Sci., 275–279 (1987)
25. Kraus, S., Lehmann, D., Magidor, M.: Non-monotonic reasoning, preference models and cumulative reasoning. Artifi. Intell. **44**, 167–207 (1990)
26. Lehmann, D., Magidor, M.: What does a conditional knowledge base entail? Artifi. Intell. **55**(1992), 1–60 (1992)
27. Codd, E.: A relational model of data for large shared data banks. Commun. ACM **13**, 377–387 (1970)
28. Kowalski, R.: Predicate logic as a programming language. In: Proceedings of IFIP'74, pp. 569–574 (1974)
29. Kowalski, R.: Logic for Problem Solving. North-Holland, Amsterdam (1979)
30. Robinson, J.A.: A machine-oriented logic based on the resolution principle. J. ACM **12**, 23–41 (1965)
31. Colmerauer, A., Kanoui, H., Pasero, R., Roussel, P.: Un Systeme de Comunication Homme-machine en Fracais. Universite d'Aix Marseille (1973)

32. van Emden, M., Kowalski, R.: The semantics of predicate logic as a programming language. J. ACM **23**, 733–742 (1976)
33. Stoy, J.: Denotational Semantics: The Scott-Strachey Approach to Programming Language Theory. MIT Press, Cambridge Mass (1977)
34. Apt, K.R., van Emden, M.H.: Contributions to the theory of logic programming. J. ACM **29**, 841–862 (1982)
35. Clark, K.: Negation as failure. In: Gallaire, H., Minker, J. (eds.) Logic and Data Bases, pp. 293–322. Plenum Press, New York (1978)
36. Jaffar, J., Lassez, J.-L., Lloyd, J.: Completeness of the negation as failure rule. In: Proceedings of IJCAI'83, pp. 500–506 (1983)
37. Lloyd, J.: Foundations of Logic Programming. Springer, Berlin (1984)
38. Lloyd, J.: Foundations of Logic Programming, 2nd edn. Springer, Berlin (1987)
39. Reiter, R.: On closed world data bases. In: Gallaire, H., Minker, J. (eds.) Logic Data Bases, pp. 55–76. Plenum Press, New York (1978)
40. Minker, J.: On indefinite deductive databases and the closed world assumption. In: Loveland, D. (ed.), Proceedings of the 6th International Conference on Automated Deduction, pp. 292–308. Springer, Berlin (1982)
41. Apt, K., Blair, H., Walker, A.: Towards a theory of declarative knowledge. In: Minker, J. (ed.), Foundations of Deductive Databases and Logic Programming, pp. 89–148. Morgan Kaufmann, Los Altos (1988)
42. Gelfond, M., Lifschitz, V.: The stable model semantics for logic programming. In: Proceedings of ICLP'88, pp. 1070–1080 (1988)
43. Van Gelder, A., Ross, K., Schipf, J.: The well-founded semantics for general logic programs. J. ACM **38**, 620–650 (1991)
44. Gelfond, M., Lifschitz, V.: Logic programs with classical negation. In: Proceedings of ICLP'90, pp. 579–597 (1990)
45. Kowalski, R., Sadri, F.: Logic programs with exceptions. In: Proceeding of ICLP'90, pp. 598–613 (1990)
46. Abe, J.M., Akama, S., Nakamatsu, K.: Introduction to Annotated Logics. Springer, Heidelberg (2015)
47. Chellas, B.: Modal Logic: An Introduction. Cambridge University Press, Cambridge (1980)
48. Agrawal, R., Imielinski, T., Swami, A.: Mining association rules between sets of items in large databases. In: Proceedings of the ACM SIGMOD Conference on Management of Data, pp. 207–216 (1993)
49. Dempster, A.P.: Upper and lower probabilities induced by a multivalued mapping. Ann. Math. Stat. **38**, 325–339 (1967)
50. Shafer, G.: A Mathematical Theory of Evidence. Princeton University Press, Princeton (1976)
51. Lewis, D.: Counterfactuals. Blackwell, Oxford (1973)
52. Murai, T., Sato, Y., Kudo,Y.: Paraconsistency and neighborhood models in modal logic. In: Proceedings of the 7th World Multiconference on Systemics, Cybernetics and Informatics, vol. XII, pp. 220–223 (2003)
53. Murai, T., Miyakoshi, M., Shinmbo, M.: A logical foundation of graded modal operators defined by fuzzy measures. In: Proceedings of the 4th FUZZ-IEEE, pp. 151–156, Kluwer, Dordrecht (1995); Semantics for modal logic. Fuzzy Logic State of the Arts, 395–405 (1993)
54. Dubois, D., Prade, H.: Possibility Theory: An Approach to Computerized Processing of Uncertainty. Springer, Berlin (1988)
55. Murai, T., Kudo, Y., Akama, S.: Towards a foundation of Kansei representation in human reasoning. Kansei Eng. Int. **6**, 41–46 (2006)
56. Peirce, C: Collected Papers of Charles Sanders Peirce, vol. 8. In: Hartshone, C., Weiss, P., Burks, A. (eds.) Harvard University Press, Cambridge, MA (1931–1936)
57. Munkers, J.: Topology, 2nd edn. Prentice Hall, Upper Saddle River, NJ (2000)
58. Kudo, Y., Amano, S., Seino, T., Murai, T.: A simple recommendation system based on rough set theory. Kansei Eng. **6**, 19–24 (2006)
59. Murai, T., Miyamoto, S., Kudo, Y.: A logical representation of images by means of multi-rough sets for Kansei image retrieval. In: Proceedings of RSKT 2007, pp. 244–251. Springer, Heidelberg (2007)

第6章 总结与展望

摘要：本章对全书进行了总结，并对他人研究进行评价，讲述接下来亟待解决的几个问题。

6.1 总结

粗糙集理论非常适合对不精确和不确定数据进行处理和应用，也可用于一般推理。本书中，提出一种基于粒度的模态逻辑推理框架，用于表征模态逻辑领域语义中的演绎、归纳和溯因。

文献中有许多关于逻辑的推理方法。我们相信，粗糙集理论是一个有前途的框架，它有一个坚实的理论基础，以及基于模态逻辑的粗糙集理论方法的推广。

本文引入了基于背景知识的α-模糊测度模型，提出了基于演绎、归纳和溯因的统一表述。采用这些模型，通过非模态真值集的$(1-\alpha)$下近似描述了给定事实和规则的典型情况。

本书证明了模态系统 EMND45 相对于所有基于背景知识的α-模糊测度模型是可靠的。此外，我们将演绎、归纳和溯因描述为基于典型情况的推理过程。

在所提出的框架中，演绎和推理被认为是基于典型事实情况的有效推理过程。另一方面，归纳是基于观察的一般推理过程，这意味着我们的框架可以正确地模拟推理过程的演绎、归纳和溯因。

此外，在基于背景知识的α-模糊测度模型中，给定 Kripke 模型中不可分辨关系修正作为背景知识的，归纳具有非单调性，并给出了一个例子，通过对不可辨别关系的改进，摒弃了基于典型情况的归纳推理规则。

本书的方法在先前的模态逻辑方法基础上，提出一个新的模态逻辑的推理通用框架，这意味着标准的非经典逻辑，即模态逻辑，必须发展新的非单调性理论。

在单一框架中，同时描述演绎、归纳和溯因很难达到统一。例如，经典逻辑适用于演绎，但无法对归纳和推理建模。这是因为经典逻辑基于形式化数学推理。

还有其他类型的归纳和推理逻辑，例如，归纳往往需要模糊（或概率）公式，推理通常需要特定的形式化，即推理逻辑。归纳和归纳的逻辑可以从不同角度来理解，这方面研究也很多。

还必须考虑非单调性，这是常识推理的基础。众所周知，非单调逻辑依赖于形式化非单调推理。本书方法表明，可以不考虑非单调逻辑等非标准逻辑。

本书讨论了背景知识在各种推理中的作用，介绍了客观和主观两个层次的背景知识，选择哪个层次取决于所研究的应用领域，还讨论了背景知识在 Kansei 工程中的作用。

我们相信，粗糙集理论具有统一的推理基础，即基于粒度的框架公式，具有以上优点。

6.2 展望

本书中所作的研究为粗糙集理论的一般推理奠定了基础，不仅可以处理人工智能及相关领域的各类推理，而且开辟了许多理论和实践问题，待今后研究解决。

最重要的方向之一是所提出的框架中演绎、归纳和溯因的迭代处理。本书中讨论的所有的推理过程都是一步推理，即在演绎、归纳或溯因一次后，推理过程就完成了。但是，在实际应用中，必须处理演绎、归纳和溯因的迭代。

因此，必须对框架迭代多步推理，这个扩展与信念修正[1, 2] 和信念更新[3]密切相关。

Segerberg[4]提出了信念修正的动态信念逻辑，对客观层面的初始信念进行了修正，因此，有可能将模糊（或概率）测度引入 Segerberg 的逻辑中。

注意，$\alpha \in 0.5,1$ 的选择直接影响推理结果，即是否允许以及在多大程度上允许典型情况存在例外。本书中给出了 α，但未讨论如何选择 α，因此，考虑 α 的选择标准对于框架也很重要。

在框架中，使用了基于 α-模糊测度模型的模态逻辑及其公理化。虽然没有完全展示出来，但也足以证明它的重要意义。在应用中，需要使用序列和表列演算来找出实用的证明方法。

模态逻辑可以应对模糊性，并与相关逻辑（如分级模态逻辑）密切相关。因此，需要明确模态逻辑和相关逻辑之间的精确关系。

本书的框架可以适应协调一致性和准完备性，意味着可以形式化智能系统中的不完整和不一致信息。在形式逻辑中，已经研究了几种非经典逻辑概念。但是，这些逻辑关系并不明显，需要进行区分。

尽管本书框架基于模态逻辑的可能域语义，但研究可替代基础仍很有意义，这方面的研究也有一些。Orlowska 知识推理逻辑的知识表示非常有用，值得进一步研究。特别是，必须证明其完整公理化，并将知识的各种逻辑与粗糙集理论进行对比。

对于其他非经典逻辑，多值逻辑更有意义，这方面研究工作在三值逻辑中完成，如 Avron 和 Knonikowska 方法，并支持多种形式的扩展，扩展到四值逻辑和其他多值逻辑。

还需要注意到，在相关逻辑和协调一致性逻辑的基础上，研究粗糙集逻辑替代表述也很有必要。关联逻辑解释离不开对含义的正确理解以及关联规则的制定。协调一致性逻辑可用于处理粗糙集理论中的不一致性。

最近，Lin 提出了粗糙集理论粒度计算[5]，这非常有意义，可以将粒度计算思想应用于各种（人类）推理过程中，参见 Murai 等的文献 [6,7]。很明显，这些方法与 Kansei 工程密切相关，但需要投入更多研究。

希望在未来的论文和专著中能够解决这些问题。并运用以上框架，在人工智能和工程等多个领域开发更多应用程序。

参考文献

1. Gärdenfors, P.: Knowledge in Flux: Modeling the Dynamics of Epistemic States. MIT Press, Cambridge, Mass (1988)
2. Katsuno, H., Mendelzon, A.: Propositional knowledge base revision and minimal change. Artif. Intell. **52**, 263–294 (1991)
3. Katsuno, H., Mendelzon, A.: On the difference between updating a knowledge base and revising it. In: Gärdenfors, P. (ed.) Belief Revision. Cambridge University Press, Cambridge (1992)
4. Segerberg, K.: Irrevocable belief revision in dynamic doxastic logic. Notre Dame J. Form. Logic **39**, 287–306 (1998)
5. Lin, T.: Granular computing on baniary relation, I and II. In: Polkowski et al. (eds.) Rough Sets in Knowledge Discovery pp. 107–121, 122–140. Physica-Verlag (1998)
6. Murai, T., Nakata, M., Sato: A note on filtration and granular resoning. In: Terano et al. (eds.) New Frontiers in Artificial Intelligence, LNAI 2253, pp. 385–389. (2001)
7. Murai, T., Resconi, G., Nakata, M. and Sato, Y.: Operations of zooming in and out on possible worlds for semantic fields, E. Damiani et al. (eds.), *Knowledge-Based Intelligent Information Engineering Systems and Allied Technology*, 1083–1087, IOS Press, 2002

参考文献

1. Abe, J.M.: On the foundations of annotated logics (in Portuguese). Ph.D. thesis, University of São Paulo, Brazil (1992)
2. Abe, J.M., Akama, S., Nakamatsu, K.: Introduction to Annotated Logics. Springer, Heidelberg (2015)
3. Adsiaans, P., Zantinge, D.: Data Mining. Addison-Wesley, Reading, Mass (1996)
4. Agrawal, R., Imielinski, T., Swami, A.: Mining association rules between sets of items in large databases. In: Proceedings of the ACM SIGMOD Conference on Management of Data, pp. 207–216 (1993)
5. Akama, S.: Resolution in constructivism. Log. et Anal. **120**, 385–399 (1987)
6. Akama, S.: Constructive predicate logic with strong negation and model theory. Notre Dame J. Form. Log. **29**, 18–27 (1988)
7. Akama, S.: On the proof method for constructive falsity. Z. für Math. Log. und Grundl. der Math. **34**, 385–392 (1988)
8. Akama, S.: Subformula semantics for strong negation systems. J. Philos. Log. **19**, 217–226 (1990)
9. Akama, S.: Constructive falsity: foundations and their applications to computer science. Ph.D. thesis, Keio University, Yokohama, Japan (1990)
10. Akama, S.: The Gentzen-Kripke construction of the intermediate logic LQ. Notre Dame J. Form. Log. **33**, 148–153 (1992)
11. Akama, S.: Nelson's paraconsistent logics. Log. Log. Philos. **7**, 101–115 (1999)
12. Akama, S., Murai, T.: Rough set semantics for three-valued logics. In: Nakamatsu, K., Abe, J.M. (eds.) Advances in Logic Based Intelligent Systems, pp. 242–247. IOS Press, Amsterdam (2005)
13. Akama, S., Murai, T. and Kudo, Y.: Heyting-Brouwer rough set logic. In: Proceedings of KSE2013, Hanoi, pp. 135–145. Springer, Heidelberg (2013)
14. Akama, S., Murai, T., Kudo, Y.: Da Costa logics and vagueness. In: Proceedings of GrC2014, Noboribetsu, Japan (2014)
15. Almukdad, A., Nelson, D.: Constructible falsity and inexact predicates. J. Symb. Log. **49**, 231–233 (1984)
16. Anderson, A., Belnap, N.: Entailment: The Logic of Relevance and Necessity I. Princeton University Press, Princeton (1976)
17. Anderson, A., Belnap, N., Dunn, J.: Entailment: The Logic of Relevance and Necessity II. Princeton University Press, Princeton (1992)
18. Apt, K., Blair, H., Walker, A.: Towards a theory of declarative knowledge. In Minker, J. (ed.), Foundations of Deductive Databases and Logic Programming pp. 89–148. Morgan Kaufmann, Los Altos (1988)
19. Arieli, O., Avron, A.: Reasoning with logical bilattices. J. Log. Lang. Inf. **5** 25–63 (1996)
20. Arieli, O., Avron, A.: The value of fur values. Artif. Intell. **102**, 97–141 (1998

21. Apt, K.R., van Emden, M.H.: Contributions to the theory of logic programming J. ACM **29**, 841–862 (1982)
22. Armstrong, W.: Dependency structures in data base relationships. In: IFIP'74 pp. 580–583 (1974)
23. Arruda, A.I.: A survey of paraconsistent logic. In: Arruda, A., da Costa, N., Chuaqui, R. (eds.) Mathematical Logic in Latin America, pp. 1–41. North-Holland, Amsterdam (1980)
24. Atnassov, K.: Intuitionistic Fuzzy Sets. Physica, Haidelberg (1999)
25. Asenjo, F.G.: A calculus of antinomies. Notre Dame J. Form. Log. **7**, 103–105 (1966)
26. Avron, A., Konikowska, B.: Rough sets and 3-valued logics. Stud. log **90**, 69–92 (2008)
27. Avron, A., Lev, I.: Non-deterministic multiple-valued structures. J. Logic Comput. **15**, 241–261 (2005)
28. Balbiani, P.: A modal logic for data analysis. In: Proceedings of MFCS'96, LNCS 1113, pp. 167–179. Springer, Berlin.
29. Batens, D.: Dynamic dialectical logics. In: Priest, G., Routley, R., Norman, J. (eds.) Paraconsistent Logic: Essay on the Inconsistent, pp. 187–217. Philosophia Verlag, München (1989)
30. Batens, D.: Inconsistency-adaptive logics and the foundation of non-monotonic logics. Log. et Anal. **145**, 57–94 (1994)
31. Batens, D.: A general characterization of adaptive logics. Log. et Anal. **173–175**, 45–68 (2001)
32. Belnap, N.D.: A useful four-valued logic. In: Dunn, J.M., Epstein, G. (eds.) Modern Uses of Multi-Valued Logic, pp. 8–37. Reidel, Dordrecht (1977)
33. Belnap, N.D.: How a computer should think. In: Ryle, G. (ed.) Contemporary Aspects of Philosophy, pp. 30–55. Oriel Press (1977)
34. Besnard, P.: Introduction to Default Logic. Springer, Berlin (1989)
35. Bit, M., Beaubouef, T.: Rough set uncertainty for robotic systems. J. Comput. Syst. Coll. **23**, 126–132 (2008)
36. Blair, H.A., Subrahmanian, V.S.: Paraconsistent logic programming. Theor. Comput. Sci. **68**, 135–154 (1989)
37. Carnielli, W., Coniglio, M., Marcos, J.: Logics of formal inconsistency. In: Gabbay, D., Guenthner, F. (eds.) Handbook of Philosophical Logic, vol. 14, 2nd edn, pp. 1–93. Springer, Heidelberg (2007)
38. Carnielli, W., Marcos, J.: Tableau systems for logics of formal inconsistency. In: Abrabnia, H.R. (ed.) Proceedings of the 2001 International Conference on Artificial Intelligence, vol. II, pp. 848–852. CSREA Press (2001)
39. Chellas, B.: Modal Logic: An Introduction. Cambridge University Press, Cambridge (1980)
40. Clark, K.: Negation as failure. In: Gallaire, H., Minker, J. (eds.) Logic and Data Bases, pp. 293–322. Plenum Press, New York (1978)
41. Codd, E.: A relational model of data for large shared data banks. Commun. ACM **13**, 377–387 (1970)
42. Colmerauer, A., Kanoui, H., Pasero, R., Roussel, P.: Un Systeme de Comunication Homme-machine en Fracais. Universite d'Aix Marseille (1973)
43. Cornelis, C., De Cock, J., Kerre, E.: Intuitionistic fuzzy rough sets: at the

crossroads of imperfect knowledge. Expert Syst. **20**, 260–270 (2003)
44. de Caro, F.: Graded modalities II. Stud. log **47**, 1–10 (1988)
45. da Costa, N.C.A.: α-models and the system T and T^*. Notre Dame J. Form. Log. **14**, 443–454 (1974)
46. da Costa, N.C.A.: On the theory of inconsistent formal systems. Notre Dame J. Form. Log. **15**, 497–510 (1974)
47. da Costa, N.C.A., Abe, J.M., Subrahmanian, V.S.: Remarks on annotated logic. Z. für Math. Log. und Grundl. der Math. **37**, 561–570 (1991)
48. da Costa, N.C.A., Alves, E.H.: A semantical analysis of the calculi C_n. Notre Dame J. Form. Log. **18**, 621–630 (1977)
49. da Costa, N.C.A., Subrahmanian, V.S., Vago, C.: The paraconsistent logic $\mathcal{PT}$. Z. für Math. Log. und Grundl. der Math. **37**, 139–148 (1991)
50. Dempster, A.P.: Upper and lower probabilities induced by a multivalued mapping. Ann. Math. Stat. **38**, 325–339 (1967)
51. Dubois, D., Prade, H.: Possibility Theory: An Approach to Computerized Processing of Uncertainty. Springer, Berlin (1988)
52. Dubois, D., Prade, H.: Rough fuzzy sets and fuzzy rough sets. Int. J. Gen. Syst. **17**, 191–209 (1989)
53. Dummett, M.: A propositional calculus with denumerable matrix. J. Symb. Log. **24**, 97–106 (1959)
54. Dunn, J.M.: Relevance logic and entailment. In: Gabbay, D., Gunthner, F. (eds.) Handbook of Philosophical Logic, vol. III, pp. 117–224. Reidel, Dordrecht (1986)
55. Düntsch, I.: A logic for rough sets. Theor. Comput. Sci. **179**, 427–436 (1997)
56. Etherington, D.W.: Reasoning with Incomplete Information. Pitman, London (1988)
57. Fagin, R., Halpern, J., Moses, Y., Vardi, M.: Reasoning About Knowledge. MIT Press, Cambridge, Mass (1995)
58. Fariñas del Cerro, L., Orlowska, E.: DAL-a logic for data analysis. Theor. Comput. Sci. **36**, 251–264 (1985)
59. Fattorosi-Barnaba, M., Amati, G.: Modal operators with probabilistic interpretations I. Stud. Log. **46**, 383–393 (1987)
60. Fattorosi-Barnaba, M., de Caro, F.: Graded modalities I. Stud. Log. **44**, 197–221 (1985)
61. Fattorosi-Barnaba, M., de Caro, F.: Graded modalities III. Stud. Log. **47**, 99–110 (1988)
62. Fitting, M.: Intuitionisic Logic, Model Theory and Forcing. North-Holland, Amsterdam (1969)
63. Fitting, M.: Bilattices and the semantics of logic programming. J. Log. Program. **11**, 91–116 (1991)
64. Fitting, M.: A theory of truth that prefers falsehood. J. Philos. Log. **26**, 477–500 (1997)
65. Gabbay, D.M.: Theoretical foundations for non-monotonic reasoning in expert systems. In: Apt, K.R. (ed.) Logics and Models of Concurrent Systems, pp. 439–459. Springer (1984)
66. Ganter, B., Wille, R.: Formal Concept Analysis. Springer, Berlin (1999)

67. Gärdenfors, P.: Knowledge in Flux: Modeling the Dynamics of Epistemic States. MIT Press, Cambridge, Mass (1988)
68. Gentzen, G.: Collected papers of Gerhard Gentzen. In: Szabo, M.E. (ed.). North-Holland, Amsterdam (1969)
69. Gelfond, M., Lifschitz, V.: The stable model semantics for logic programming. In: Proceedings of ICLP'88, pp. 1070–1080 (1988)
70. Gelfond, M., Lifschitz, V.: Logic programs with classical negation. In: Proceedings of ICLP'90, pp. 579–597 (1990)
71. Ginsberg, M.: Multivalued logics. In: Proceedings of AAAI 1986, pp. 243–247. Morgan Kaufman, Los Altos (1986)
72. Ginsberg, M.: Multivalued logics: a uniform approach to reasoning in AI. Comput. Intell. **4**, 256–316 (1988)
73. Halpern, J., Moses, Y.: Towards a theory of knowledge and ignorance: preliminary report. In: Apt, K. (ed.) Logics and Models of Concurrent Systems, pp. 459–476. Springer, Berlin (1985)
74. Halpern, J., Moses, Y.: A theory of knowledge and ignorance for many agents. J. Logic Comput. **7**, 79–108 (1997)
75. Heyting, A.: Intuitionism. North-Holland, Amsterdam (1952)
76. Hintikka, S.: Knowledge and Belief. Cornell University Press, Ithaca (1962)
77. Hirano, S., Tsumoto, S.: Rough representation of a region of interest in medical images. Int. J. Approx. Reason. **40**, 23–34 (2005)
78. Hughes, G. and Cresswell, M.: An Introduction to Modal Logic. Methuen, London (1968)
79. Hughes, G., Cresswell, M.: A New Introduction to Modal Logic. Routledge, New York (1996)
80. Iturrioz, L.: Rough sets and three-valued structures. In: Orlowska, E. (ed.) Logic at Work: Essays Dedicated to the Memory of Helena Rasiowa, pp. 596–603. Physica-Verlag, Heidelberg (1999)
81. Iwinski, T.: Algebraic approach to rough sets. Bull. Pol. Acad. Math. **37**, 673–683 (1987)
82. Jaffar, J., Lassez, J.-L., Lloyd, J.: Completeness of the negation as failure rule. In: Proceedings of IJCAI'83, pp. 500–506 (1983)
83. Järvinen, J., Pagliani, P., Radeleczki, S.: Information completeness in Nelson algebras of rough sets induced by quasiorders. Stud. Log. **101**, 1073–1092 (2013)
84. Jaśkowski, S.: Propositional calculus for contradictory deductive systems (in Polish). Stud. Soc. Sci. Tor. Sect. A **1**, 55–77 (1948)
85. Jaśkowski, S.: On the discursive conjunction in the propositional calculus for inconsistent deductive systems (in Polish). Stud. Soc. Sci. Tor. Sect. A **8**, 171–172 (1949)
86. Katsuno, H., Mendelzon, A.: Propositional knowledge base revision and minimal change. Artif. Intell. **52**, 263–294 (1991)
87. Katsuno, H., Mendelzon, A.: On the difference between updating a knowledge base and revising it. In: Gärdenfors, P. (ed.) Belief Revision. Cambridge University Press, Cambridge (1992)
88. Kifer, M., Subrahmanian, V.S.: On the expressive power of annotated logic programs. In: Proceedings of the 1989 North American Conference on Logic

Programming, pp. 1069–1089 (1989)
89. Kleene, S.: Introduction to Metamathematics. North-Holland, Amsterdam (1952)
90. Konikowska, B.: A logic for reasoning about relative similarity. Stud. Log. **58**, 185–228 (1997)
91. Konolige, K.: On the relation between default and autoepistemic logic. Artif. Intell. **35**, 343–382 (1989)
92. Kotas, J.: The axiomatization of S. Jaskowski's discursive logic. Stud. Log. **33**, 195–200 (1974)
93. Kowalski, R.: Predicate logic as a programming language. In: Proceedings of IFIP'74, pp. 569–574 (1974)
94. Kowalski, R.: Logic for Problem Solving. North-Holland, Amsterdam (1979)
95. Kowalski, R., Sadri, F.: Logic programs with exceptions. In: Proceeding of ICLP'90, pp. 598–613 (1990)
96. Kraus, S., Lehmann, D., Magidor, M.: Non-monotonic reasoning, preference models and cumulative reasoning. Artif. Intell. **44**, 167–207 (1990)
97. Krisel, G., Putnam, H.: Eine unableitbarkeitsbeuwesmethode für den intuitinistischen Aussagenkalkul. Arch. für Math. Logik und Grundlagenforschung **3**, 74–78 (1967)
98. Kripke, S.: A complete theorem in modal logic. J. Symb. Log. **24**, 1–24 (1959)
99. Kripke, S.: Semantical considerations on modal logic. Acta Philos. Fenn. **16**, 83–94 (1963)
100. Kripke, S.: Semantical analysis of modal logic I. Z. für math. Logik und Grundl. der Math. **8**, 67–96 (1963)
101. Kripke, S.: Semantical analysis of intuitionistic logic. In: Crossley, J., Dummett, M. (eds.) Formal Systems and Recursive Functions, pp. 92–130. North-Holland, Amsterdam (1965)
102. Kripke, S.: Outline of a theory of truth. J. Philos. **72**, 690–716 (1975)
103. Kudo, Y., Murai, T., Akama, S.: A granularity-based framework of deduction, induction, and abduction. Int. J. Approx. Reason. **50**, 1215–1226 (2009)
104. Kudo, Y., Amano, S., Seino, T., Murai, T.: A simple recommendation system based on rough set theory. Kansei Eng. **6**, 19–24 (2006)
105. Lewis, D.: Counterfactuals. Blackwell, Oxford (1973)
106. Lehmann, D., Magidor, M.: What does a conditional knowledge base entail? Artif. Intell. **55**, 1–60 (1992)
107. Levesque, H.: All I know: a study in autoepistemic logic. Artif. Intell. **42**, 263–309 (1990)
108. Liau, C.-J.: An overview of rough set semantics for modal and quantifier logics. Int. J. Uncertain. Fuzziness Knowl. -Based Syst. **8**, 93–118 (2000)
109. Lifschitz, V.: Computing circumscription. In: Proceedings of IJCAI'85, pp. 121–127 (1985)
110. Lin, T.: Granular computing on baniary relation, I and II. In: Polkowski et al. (eds.) Rough Sets in Knowledge Discovery pp. 107–121, 122–140. Physica-Verlag (1998)
111. Lin, T., Cercone, N. (eds.): Rough Sets and Data Mining. Springer, Berlin (1997)
112. Lloyd, J.: Foundations of Logic Programming. Springer, Berlin (1984)

113. Lloyd, J.: Foundations of Logic Programming, 2nd edn. Springer, Berlin (1987)
114. Łukasiewicz, J.: On 3-valued logic 1920. In: McCall, S. (ed.) Polish Logic, pp. 16–18. Oxford University Press, Oxford (1967)
115. Łukasiewicz, J.: Many-valued systems of propositional logic, 1930. In: McCall, S. (ed.) Polish Logic. Oxford University Press, Oxford (1967)
116. Lukasiewicz, W.: Considerations on default logic. Comput. Intell. **4**, 1–16 (1988)
117. Lukasiewicz, W.: Non-Monotonic Reasoning: Foundation of Commonsense Reasoning. Ellis Horwood, New York (1992)
118. Makinson, D.: General theory of cumulative inference. In: Proceedings of the 2nd International Workshop on Non-Monotonic Reasoning, pp. 1–18. Springer (1989)
119. Makinson, D.: General patterns in nonmonotonic reasoning. In: Gabbay, D., Hogger, C., Robinson, J.A. (eds.) Handbook of Logic in Artificial Intelligence and Logic Programming, vol. 3, pp. 25–110. Oxford University Press, Oxford (1994)
120. Marek, W., Shvartz, G., Truszczynski, M.: Modal nonmonotonic logics: ranges, characterization, computation. In: Proceedings of KR'91, pp. 395–404 (1991)
121. Mendelson, E.: Introduction to Mathematical Logic, 3rd edn. Wadsworth and Brooks, Monterey (1987)
122. McCarthy, J.: Circumscription—a form of non-monotonic reasoning. Artif. Intell. **13**, 27–39 (1980)
123. McCarthy, J.: Applications of circumscription to formalizing commonsense reasoning. Artif. Intell. **28**, 89–116 (1984)
124. McDermott, D.: Nonmonotonic logic II. J. ACM **29**, 33–57 (1982)
125. McDermott, D., Doyle, J.: Non-monotonic logic I. Artif. Intell. **13**, 41–72 (1980)
126. Minker, J.: On indefinite deductive databases and the closed world assumption. In: Loveland, D. (ed.), Proceedings of the 6th International Conference on Automated Deduction, pp. 292–308. Springer, Berlin (1982)
127. Minsky, M.: A framework for representing knowledge. In: Haugeland, J. (ed.), Mind-Design, pp. 95–128. MIT Press, Cambridge, Mass, (1975)
128. Miyamoto, S., Murai, T., Kudo, Y.: A family of polymodal systems and its application to generalized possibility measure and multi-rough sets. JACIII **10**, 625–632 (2006)
129. Moore, R.: Possible-world semantics for autoepistemic logic. In: Proceedings of AAAI Non-Monotonic Reasoning Workshop, pp. 344–354 (1984)
130. Moore, R.: Semantical considerations on nonmonotonic logic. Artif. Intell. **25**, 75–94 (1985)
131. Munkers, J.: Topology, 2nd edn. Prentice Hall, Upper Saddle River, NJ (2000)
132. Murai, T., Kudo, Y., Akama, S.: Towards a foundation of Kansei representation in human reasoning. Kansei Eng. Int. **6**, 41–46 (2006)
133. Murai, T., Miyakoshi, M., Shinmbo, M.: Measure-based semantics for modal logic. In: Lowen, R., Roubens, M. (eds.) Fuzzy Logic: State of the Arts. pp. 395–405. Kluwer, Dordrecht (1993)
134. Murai, T., Miyamoto, S., Kudo, Y.: A logical representation of images by means of multi-rough sets for Kansei image retrieval. In: Proceedings of RSKT 200,

pp. 244–251. Springer, Heidelberg (2007)
135. Murai, T., Miyakoshi, M., Shimbo, M.: Soundness and completeness theorems between the Dempster-Shafer theory and logic of belief. In: Proceedings of the 3rd FUZZ-IEEE on World Congress on Computational Intelligence (WCCI), pp. 855–858 (1994)
136. Murai, T., Miyakoshi, M. and Shinmbo, M.: A logical foundation of graded modal operators defined by fuzzy measures. In: Proceedings of the 4th FUZZ-IEEE, pp. 151–156 (1995). (Semantics for modal logic, Fuzzy Logic: State of the Arts, pp. 395–405. Kluwer, Dordrecht (1993))
137. Murai, T., Nakata, M., Sato: A note on filtration and granular resoning. In: Terano et al. (eds.) New Frontiers in Artificial Intelligence, LNAI 2253, pp. 385–389 (2001)
138. Murai, T., Resconi, G., Nakata, M. and Sato, Y.: Operations of zooming in and out on possible worlds for semantic fields. In: Damiani, E., et al. (ed.) Knowledge-Based Intelligent Information Engineering Systems and Allied Technology, pp. 1083–1087. IOS Pres (2002)
139. Murai, T. and Sato,Y.: Association rules from a point of view of modal logic and rough sets. In: Proceeding 4th AFSS, pp. 427–432 (2000)
140. Murai, T., Nakata,M., and Sato, Y.: A note on conditional logic and association rules. In: Terano, T., et al.(ed.) New Frontiers in Artificial Intelligence, LNAI 2253, pp. 390–394. Springer, Berlin (2001)
141. Murai, T., Nakata, M., and Sato, Y.: Association rules as relative modal sentences based on conditional probability. Commun. Inst. Inf. Comput. Maçh. **5**, 73–76 (2002)
142. Murai, T., Sato, Y., Kudo,Y.: Paraconsistency and neighborhood models in modal logic. In: Proceedings of the 7th World Multiconference on Systemics, Cybernetics and Informatics, vol. XII, pp. 220–223 (2003)
143. Nakamura, A., Gao, J.: A logic for fuzzy data analysis. Fuzzy Sets Syst. **39**, 127–132 (1991)
144. Negoita, C., Ralescu, D.: Applications of Fuzzy Sets to Systems Analysis. Wiley, New York (1975)
145. Nelson, D.: Constructible falsity. J. Symb. Log. **14**, 16–26 (1949)
146. Nelson, D.: Negation and separation of concepts in constructive systems. In: Heyting, A. (ed.) Constructivity in Mathematics, pp. 208–225. North-Holland, Amsterdam (1959)
147. Ore, O.: Galois connexion. Trans. Am. Math. Soc. **33**, 493–513 (1944)
148. Orlowska, E.: Kripke models with relative accessibility relations and their applications to inferences from incomplete information. In: Mirkowska, G., Rasiowa, H. (eds.) Mathematical Problems in Computation Theory, pp. 327–337. Polish Scientific Publishers, Warsaw (1987)
149. Orlowska, E.: Logical aspects of learning concepts. Int. J. Approx. Reason. **2**, 349–364 (1988)
150. Orlowska, E.: Logic for reasoning about knowledge. Z. für Math. Log. und Grund. der Math. **35**, 559–572 (1989)
151. Orlowska, E.: Kripke semantics for knowledge representation logics. Stud. Log. **49**, 255–272 (1990)

152. Orlowska, E., Pawlak, Z.: Representation of nondeterministic information. Theor. Comput. Sci. **29**, 27–39 (1984)
153. Pagliani, P.: Rough sets and Nelson algebras. Fundam. Math. **27**, 205–219 (1996)
154. Pagliani, P., Intrinsic co-Heyting boundaries and information incompleteness in rough set analysis. In: Polkowski, L., Skowron, A. (eds.) Rough Sets and Current Trends in Computing, pp. 123–130. Springer, Berlin (1998)
155. Pal, K., Shanker, B., Mitra, P.: Granular computing, rough entropy and object extraction. Pattern Recognit. Lett. **26**, 2509–2517 (2005)
156. Pawlak, P.: Information systems: theoretical foundations. Inf. Syst. **6**, 205–218 (1981)
157. Pawlak, P.: Rough sets. Int. J. Comput. Inf. Sci. **11**, 341–356 (1982)
158. Pawlak, P.: Rough Sets: Theoretical Aspects of Reasoning about Data. Kluwer, Dordrecht (1991)
159. Peirce, C: Collected Papers of Charles Sanders Peirce, vol. 8. In: Hartshone, C., Weiss, P., Burks, A. (eds.). Harvard University Press, Cambridge, MA (1931–1936)
160. Polkowski, L.: Rough Sets: Mathematical Foundations. Pysica-Verlag, Berlin (2002)
161. Pomykala, J., Pomykala, J.A.: The stone algebra of rough sets. Bull. Pol. Acad. Sci. Math. **36**, 495–508 (1988)
162. Priest, G.: Logic of paradox. J. Philos. Log. **8**, 219–241 (1979)
163. Priest, G.: Paraconsistent logic. In: Gabbay, D., Guenthner, F. (eds.) Handbook of Philosophical Logic, 2nd edn, pp. 287–393. Kluwer, Dordrecht (2002)
164. Priest, G.: In Contradiction: A Study of the Transconsistent, 2nd edn. Oxford University Press, Oxford (2006)
165. Quafafou, M.: α-RST: a generalizations of rough set theory. Inf. Sci. **124**, 301–316
166. Rasiowa, H.: An Algebraic Approach to Non-Classical Logics. North-Holland, Amsterdam (1974)
167. Reiter, R.: On closed world data bases. In: Gallaire, H., Minker, J. (eds.) Logic Data Bases, pp. 55–76. Plenum Press, New York (1978)
168. Reiter, R.: A logic for default reasoning. Artif. Intell. **13**, 81–132 (1980)
169. Robinson, J.A.: A machine-oriented logic based on the resolution principle. J. ACM **12**, 23–41 (1965)
170. Routley, R., Plumwood, V., Meyer, R.K., Brady, R.: Relevant Logics and Their Rivals, vol. 1. Ridgeview, Atascadero (1982)
171. Sendlewski, A.: Nelson algebras through Heyting ones I. Stud. Log. **49**, 105–126 (1990)
172. Segerberg, K.: Irrevocable belief revision in dynamic doxastic logic. Notre Dame J. Form. Log. **39**, 287–306 (1998)
173. Shafer, G.: A Mathematical Theory of Evidence. Princeton University Press, Princeton (1976)
174. Shen, Y., Wang, F.: Variable precision rough set model over two universes and its properties. Soft. Comput. **15**, 557–567 (2011)
175. Shoham, Y.: A semantical approach to nonmonotonic logics. Proc. Log. Comput. Sci., 275–279 (1987)

176. Slowinski, R., Greco, S., Matarazzo, B.: Rough sets and decision making. In: Meyers, R. (ed.) Encyclopedia of Complexity and Systems Science, pp. 7753–7787. Springer, Heidelberg (2009)
177. Stalnaker, R.: A note on non-monotonic modal logic. Artif. Intell. **64**, 183–1963 (1993)
178. Subrahmanian, V.: On the semantics of quantitative logic programs. In: Proceedings of the 4th IEEE Symposium on Logic Programming, pp. 173–182 (1987)
179. Stoy, J.: Denotational Semantics: The Scott-Strachey Approach to Programming Language Theory. MIT Press, Cambridge Mass (1977)
180. Tsumoto, S.: Modelling medical diagnostic rules based on rough sets. In: Rough Sets and Current Trends in Computing, pp. 475–482. (1998)
181. Yao, Y., Lin, T.: Generalization of rough sets using modal logics. Intell. Autom. Soft Comput. **2**, 103–120 (1996)
182. van Emden, M., Kowalski, R.: The semantics of predicate logic as a programming language. J. ACM **23**, 733–742 (1976)
183. Van Gelder, A., Ross, K., Schipf, J.: The well-founded semantics for general logic programs. J. ACM **38**, 620–650 (1991)
184. Vakarelov, D.: Notes on constructive logic with strong negation. Stud. Log. **36**, 110–125 (1977)
185. Vakarelov, D.: Abstract characterization of some knowledge representation systems and the logic NIL of nondeterministic information. In: Skordev, D. (ed.) Mathematical Logic and Applications. Plenum Press, New York (1987)
186. Vakarelov, D.: Modal logics for knowledge representation systems. Theor. Comput. Sci. **90**, 433–456 (1991)
187. Vakarelov, D.: A modal logic for similarity relations in Pawlak knowledge representation systems. Stud. Log. **55**, 205–228 (1995)
188. Vasil'ev, N.A.: Imaginary Logic. Nauka, Moscow (1989). (in Russian)
189. Wansing, H.: The Logic of Information Structures. Springer, Berlin (1993)
190. Wong, S., Ziarko, W.: Comparison of the probabilistic approximate classification and the fuzzy set model. Fuzzy Sets Syst. **21**, 357–362 (1987)
191. Zadeh, L.: Fuzzy sets. Inf. Control **8**, 338–353 (1965)
192. Zadeh, L.: Fuzzy sets as a basis for a theory of possibility. Fuzzy Sets Syst. **1**, 3–28 (1976)
193. Ziarko, W.: Variable precision rough set model. J. Comput. Syst. Sci. **46**, 39–59 (1993)

索引

A

Abduction，溯因

Abnormality，异常

Absolute boundary，绝对边界

Accessibility relation，可达性关系

Accuracy，准确性，精度

Adaptative logic，自适应逻辑

Adaptive，自适应

Adaptive strategy，适应性策略

Adjunction，附注

Admissible，可达性

Algebraic rough set model，代数粗糙集模型

α-rough set theory，α-粗糙集理论

And，与

Annotated atom，注释原子

Annotated logic，注释逻辑

Answer set semantics，答案集语义

Antecedent，先验

Antinomy，悖论

Approximation lattice，近似格

Arrow relation，箭头关系

Association rule，关联规则

Attribute，属性

Attribute implication，属性蕴涵，属性含义

Autoepistemic interpretation，自认知解释

Autoepistemic logic，自认知逻辑

Autoepistemic model，自认知模型

Autoepistemic reasoning，自认知推理

Axiom，公理

B

B，集合 B

Basic category，基本范畴

Basic knowledge，基础知识

Belief function，置信函数

Belief revision，信念修正

Belief update，信念更新

Bi-consequence system，双结果系统

Bilattice，双格

Body，身体

Boolean element，布尔元素

C

C-system，C-系统

Category，类别

Cautious Monotonicity，严格单调性

Center，中心

Characteristic formula，特征公式

Circumscription，约束

Clarified，阐明，证明

Clause，子句

Closed default，封闭缺省值，封闭默认值

Closed world assumption，封闭域假设

Closure operator，闭包算子

Column reducible，可约列

Commute，互换，交换

Complementary property，互补性质

Complete，完备

Complete database，完备数据库

Complete definition，完整定义

Complete lattice，完全格

Complete S5 model，完备 S5 模型

Completion，补全

Complex formula，复合公式

Concept，概念

Concept lattice，概念格

Condition，条件

Conditional probability，条件概率

Conflation，合并
Conflict resolution，冲突消解
Consequent，结论，结果
Consistency operator，一致性算子
Consistent，一致
Constructive logic with strong negation，强否定构造逻辑
Continuous，连续
Core，核
Cut，切割，截

D

D，D
Data mining，数据挖掘
Database，数据库
Decision，决策
Decision algorithm，决策算法
Decision class，决策类
Decision logic，决策逻辑
Decision making，决策
Decision rule，决策规则
Decision support system，决策支持系统
Decision table，决策表
Declarative semantics，声明性语义
Deduction，演绎
Deduction theorem，演绎定理
Deductive database，演绎数据库
Default，默认值，缺省值
Default logic，默认逻辑，缺省逻辑
Default proof，默认证据，缺省证据
Default theory，默认理论，缺省理论
Dempster-Shafer theory of evidence，D-S 证据理论
Denotational semantics，指称语义
Dependency，依赖性
Dependent，依赖
Deterministic information system，确定的信息系统
Dialetheism，辩证法
Discursive logic，话语逻辑
Disjoint representation，不交

Dispensable，必要的
Domain closure axiom，域闭包公理
Double stone algebra，双 Stone 代数
Dynamic dialectical logic，动态辩证逻辑
Dynamic doxastic logic，动态信念的逻辑
E
Effective lattice，有效格
EMND5
EMNP
Epistemic structure，认知结构
Epistemic system，认知系统
Equivalence，等价
Equivalence relation，等价关系
Exact，准确
Extended logic programming，扩展逻辑程序设计
Extension，扩展，延伸，改进
Extent，范围
External dynamics，外部动态
F
Fair，公平
Finite annotation property，有限标记性质
First-degree entailment，一级蕴涵
Fixpoint，定点
Fixpoint semantics，定点语义
Fixpoint theorem，不动点定理
Floundering，深陷困境
Formal concept，形式概念
Formal concept analysis，形式概念分析
Formal context，形式背景
Formula circumscription，公式约束
Four-valued logic，四值逻辑
Future contingents，未来或然
Fuzzy logic，模糊逻辑
Fuzzy measure，模糊测度
Fuzzy rough set，模糊粗糙集
Fuzzy set，模糊集
Fuzzy set theory，模糊集理论

G

Galois connection，Galois 联络
Generalized annotated logics，广义注释逻辑
Generalized closed world assumption，广义闭合域假设
Generalized rough set，广义粗糙集
Goal clause，目标子句
Gödel-dummett logic，Gödel-Dummett 逻辑
Granular computing，粒计算
Greatest fixpoint，最大定点
Groundedness，有根性

H

Head，头
Herbrand interpretation，Herbrand 解释
Herbrand model，Herbrand 模型
Herbrand rule，Herbrand 规则
Heyting algebra，Heyting 代数
Hilbert system，Hilbert 系统
Horn clause，Horn 子句
Hyper-literal，Hyper-文字
Hypothesis reasoning，假设推理

I

Image processing，图像处理
Imaginary logic，想象逻辑
Incomplete，不完备
Inconsistency-adaptive logic，不一致性-自适应逻辑
Inconsistent，不一致
Increasing representation，递增表示
Indefinite deductive database，不定演绎数据库
Independent，独立
Indiscernibility relation，不可分辨关系
Indiscernibility space，不可分辨空间
Indispensable，必要
Induction，归纳
Infinite-valued logic，无穷值逻辑
Information system，信息系统
Integrity constraint，完备性约束

Intensional concept，内涵概念
Intent，意向
Intermediate logic，中间逻辑
Internal dynamics，内部动力
Interpretation，解释
Intuitionism，直觉主义
Intuitionistic fuzzy rough set，直觉模糊粗糙集
Intuitionistic fuzzy set，直觉模糊集
Intuitionistic logic，直觉逻辑
Item，项目
Itemset，项目集

J

Justification，理由

K

Kansei engineering，Kansei 工程
Karnaugh map，Karnaugh 地图
Kleene algebra，Kleene 代数
Knowledge，知识
Knowledge base，知识库
Knowledge discovery in database，数据库知识发现
Knowledge reduction，知识约简
Knowledge representation system，知识表达系统
Kreisel-putnam logic，Kreisel-Putnam 逻辑
Kripke frame，Kripke 框架
Kripke model，Kripke 模型
Kripke semantics，Kripke 语义

L

Label，标签
Lattice，格
Lattice of truth-values，真值格
Law of double negation，双重否定定律
Law of excluded middle，排中定律
Least fixpoint，最小定点
Least herbrand model，最小 Herbrand 模型
Least upper bound，最小上界
Left logical equivalence，左逻辑等价
Liar sentence，说谎者

Local agreement，本地协议
Logic database，逻辑数据库
Logic of paradox，悖论逻辑
Logic of the weak excluded middle，弱排中逻辑
Logic program，逻辑程序
Logic programming，逻辑程序设计
Logic programming with exceptions，异常逻辑程序设计
Logical lattice，逻辑格
Logical rule，逻辑规则
Logics of formal inconsistency，非协调形式逻辑
Lower approximation，下近似
Lower limit logic，下限逻辑

M

M，M
Machine learning，机器学习
Majority，多数
Many-valued logic，多值逻辑
Mathematics，数学
Meaning，意思
Measure-based conditional model，基于测度的条件模型
Measure-based semantics，基于测度的语义
Medicine，医学
Minimal conditional models，最小条件模型
Minimal entailment，最小蕴涵
Minimal model，最小模型
Modal logic，模态逻辑
Model，模型
Model intersection property，模型相交性
Model structure，模型结构
Model-theoretic semantics，模型理论语义
Modus ponens，假言推理
Monotoic，单调
Multi-rough sets，多粗糙集

N

N，N
Natural deduction，自然演绎
Necessitation，必要性

Negation as failure，否定即失败

¬-inconsistent，不一致

Nelson algebra，Nelson 代数

Non-alethic，非真性

Non-alethic logic，非真性逻辑

Non-classical logic，非经典逻辑

Non-deterministic information system，不确定性逻辑矩阵

Non-deterministic logical matrix，非确定性逻辑矩阵

Non-monotonic inference relation，非单调推理关系

Non-monotonic logic，非单调逻辑

Non-monotonic reasoning，非单调推理

Non-monotonicity，非单调性

Non-trivial，非平凡

Normal default，默认值

Normal form，标准形式

Normal modal logic，标准模态逻辑

Null value，空值

O

Object，对象

Open default，打开默认值

Operational semantics，操作语义

Or，或者，或

P

P，P

Paracomplete，弗完全

Paracomplete logic，弗完全逻辑

Paraconsistent，弗协调

Paraconsistent logic，弗协调逻辑

Paraconsistent logic programming，弗协调逻辑程序

Paradox of implications，蕴涵悖论

Pattern recognition，模式识别

Pawlak rough sets，Pawlak 粗糙集

P-basic knowledge，P-基本知识

Pierce's law，Pierce 定律

Plausibility function，似然函数

P-normal form，P-范式

Positive region，正域

Possible world，可能域
P-positive region，P-正域
PQ-basic decision rule，PQ-基本决策规则
PQ-decision algorithm，PQ-决策算法
Pre-bilattice，前双格
Predecessor，前件
Predicate circumscription，谓词约束
Preference consequence relation，结果偏好关系
Preference logic，偏好逻辑
Prerequisite，前提条件
Principle of excluded middle，排中原则
Principle of non-contradiction，非矛盾原则
Prioritized circumscription，优先约束
Probabilistic logic，概率逻辑
Program clause，程序子句
Prolog，序言
Proof，证明，证据
Pseudocomplement，伪补

Q

Quality，质量
Quotient set，商集

R

Range，范围
Rational agent，理性代理
Rational consequence relation，有理推论关系
Rational Monotonicity，有理单调性
R-borderline region，R-边界区域
R-definable，R-可定义的
RE，RE
Reducible，可约简的
Reduct，约简
Reductio ad abusurdum，归谬法，间接证明法
Reflexivity，自反性
Regular，正则
Relational database，关系数据库
Relative pseudocomplement，相对伪补
Relevance logic，关联逻辑

Relevant logic，相关逻辑
Resolution principle，归结原理
Restricted monotonicity，有限单调性
R-exact set，R-精确集
Right weakning，右弱化
R-inexact，R-不精确
R-lower approximation，R-下近似
R-negative region，R-负域
Robotics，机器人
Rough，粗糙
Rough fuzzy set，粗糙模糊集
Rough set，粗糙集
Rough set logic，粗糙逻辑
Rough set theory，粗糙集理论
Routley-meyer semantics，Routley-meyer 语义
Row reducible，行可约的
R-positive region，R-正域
R-rough，R-粗糙
Rule，规则
Rules of inference，行可约
R-upper approximation，R-上近似

S

S4，S4
S5，S5
Safe，安全的
Semantic closure，语义闭包
Semantic consequence，语义结果
Semantically closed，语义封闭
Semantically complete，语义完备
Semi-normal，半正规
Semi-simple，半单
Sequent，序列
Sequent calculus，相继式演算
Set theory，集合论
Setup，设置
Similarity relation，相似度关系
SL resolution，SL 解析

SLD derivation，SLD 推导
SLD finitely failed set，SLD 有限失败集
SLD refutation，SLD 反驳
SLD resolution，SLD 解析
SLDNF derivation，SLDNF 推导
SLDNF refutation，SLDNF 反驳
SLDNF resolution，SLDNF 解析
Soft computing，软计算
Specified majority，特定多数
Stable，稳定
Stable expansion，稳定扩展
Stable model semantics，稳定模型语义
Standard conditional model，标准条件模型
Stratified database，分层数据库
Strong negation，强否定
Structural rule，结构规则
Submodel，子模型
Succedent，后项
Success set，成功集
Successor，继任者
Switching circuit，开关电路
Syntactic closure，语法闭包
Syntactic consequence，语法推论
Syntactic consequence relation，语法结论关系
Syntactically closed，语法封闭

T

T，T
Tautological entailment，同义反复蕴涵
Theorem，定理
Theory of possibility，可能性理论
Theory of truth，真理理论
Three-valued logic，三值逻辑
Transaction，事务
Trivial，平凡
Truth set，真理集
Tuple，元组

U

Uniform，一致

Unique name axiom，唯一名称公理

Unit clause，单位子句

Universe of discourse，论域

Upper approximation，上近似

Upper limit logic，上限逻辑

V

Valid，有效

Valuation，估值

Variable precision rough set model，变精度粗糙集模型

W

Weak relative pseudocomplementation，弱相对伪补

Weak S5，弱 S5

Well-founded semantics，良序模型语义